U0239447

中国水利古籍版本丛谈

石光明　肖克之　著

中国农业出版社

图书在版编目（CIP）数据

中国水利古籍版本丛谈 / 石光明，肖克之著 . 一北
京：中国农业出版社，2018.3
ISBN 978-7-109-23810-7

Ⅰ．①中… Ⅱ．①石…②肖… Ⅲ．①水利史 – 古籍
– 版本学 – 研究 – 中国 Ⅳ.①TV-092②G256.22

中国版本图书馆CIP数据核字（2017）第327862号

中国农业出版社出版

（北京市朝阳区麦子店街18号楼）

（邮政编码 100125）

责任编辑 孙鸣凤

———————————————————

中国农业出版社印刷厂印刷 新华书店北京发行所发行
2018年3月第1版 2018年3月北京第1次印刷

开本：700mm×1000mm 1/16 印张：22
字数：400千字
定价：68.00元

（凡本版图书出现印刷、装订错误，请向出版社发行部调换）

前　　言

　　《中国水利古籍版本丛谈》收水利古籍70种，涉及宋至民国的水利著作，所谈是撰者常年工作之实践，不务虚名，注重实用。附录历代水利著作目录、历代河图目录。内容涉及水文、水学、水利、河务、汛图、河道、海域、船政、航运、港口、江河、漕运、湖淀、溪泉、堤、坝、塘、堰、闸、埝、沟、渠、井、池、圩、陂、溇、港、浦、渎、泾、山水、桥涵、碑记、灾害、人物等。

　　水的利用与治理在中国有着悠久历史，有与治国安邦齐名的地位，历代统治者都非常重视，视为国之根本。从传说中的大禹治水开始，战国时期有了李冰主持兴建举世闻名的都江堰，郑国兴建了关中第一条大型灌溉渠道郑国渠，召信臣在汉元帝时兴建南阳灌区，东汉初王景治理了黄河和汴渠，唐代姜师度在海河和黄河等流域兴建了许多水利工程，北宋高超发明压埽堵合法，元代贾鲁治理黄河使之复归故道，明代潘季驯"束水攻沙"至今仍然不失其参考价值，清康熙时靳辅治理苏北地区黄河、淮河、运河，从而减少了灾情，保障了运河通航。民国时期时间虽短，治水不辍，名人辈出，但在治水理论和实践方面成果丰硕，超越了前人。历代治水文献，是一笔无法计数的丰富的遗产。这笔遗产不仅是先人发现自然、认识自然与自然和谐共处能力的记述，更是先人对世界文明的创造，是推动社会变革的证明。

　　我国是一个洪涝灾害多发的国家，有关大洪水的记载史不绝书。因此，防洪自古以来就是中华民族最主要的治水活动之一。远古时期，先民择丘陵而处，躲避江河洪水泛滥，以逃避作为防洪的手段。进入农耕社会后，由于适宜耕作的地区多处在河谷低地，洪水对农业生产和人类生命财产安全威胁很大。与洪水作斗争，成为人类生存和社会经济发展的必要条件。没有洪水就没有治水，就不会产生中国特色的农业——治水文化特征。

我国是一个以农业立国的文明古国，农业一直是中国古代经济发展的基础，农业的兴衰关系着民生，更关系着一个王朝政权的兴亡。农业生产是否能得到稳定发展至关国家的根本。农业对水的依赖直接导致了"治水平土"活动在华夏大地上大规模的展开。治水是中华民族顺应自然、利用自然的伟大实践活动，在治水过程中不仅创造了伟大的物质文明，也创造了伟大的精神文明。研究古代治水不仅对古代社会经济及其文化有重要意义，而且对当今时代也具有借鉴意义。

我国古代水利工程主要分防洪、灌溉、航运三大类。著名的防洪工程有起源于春秋战国时代的黄河大堤，始于东晋的荆江大堤，开创于汉代的江浙海塘。灌溉工程有春秋时孙叔敖在今安徽寿县修建的芍陂，战国时期西门豹在今河北临漳县开凿的引漳十二渠，战国末年李冰修建的四川都江堰，秦朝郑国在关中修建的郑国渠，还有起源于汉代的新疆坎儿井等。水运工程有春秋战国至秦汉修建的邗沟、鸿沟、灵渠、关中漕渠等，特别是隋、唐至元代完成的京杭大运河，堪与中国古代另一伟大工程长城相媲美。这些大大小小、功能各异的水利工程，是建筑在人类的生存、发展需要以及对水的特点认识基础上的。它们有的已成为历史的遗迹，有的经我国人民世世代代不断的建设和维护，至今仍在造福人民，如黄河大堤、四川都江堰、京杭大运河等。

我国古代的治水活动，对科学技术的发展特别是水利科学技术的发展也起到了十分直接而重要的作用。在中华水利文明中，水利文献是不可或缺的重要组成部分，并形成了相当丰富的治水文献，成为中华文化宝库的瑰宝。先秦时期，尽管没有水利方面的专著，但在文献典籍中有不少关于水利方面的内容，如《山海经》，《尚书·禹贡》,《周礼》中《职方氏》、《遂人》、《稻人》、《雍氏》、《匠人》,《管子·度地》,《尔雅·释水》,《左传》,《国语》等。公元前1世纪,司马迁所著《史记·河渠书》问世,开史书专门记述水利史的先河。太史公在书中发出了这样的感慨:"甚哉,水之为利害也!"之后的《汉书》、《宋史》、《金史》、《元史》、《明史》、《清史稿》等史书中,均有河渠水利专篇;另外,《新唐书·地理志》也按地域记述了唐代主要水利工程。这些专篇基本概括了我国2 000多年来水利发展的情况,是权威性的水利通史。除此之外,在"食货"、"五行"等志以及有关"纪"、"传"中,也分散记述了一些水利史实。古农书中也有不少水利专篇,如元王祯《农书》、明徐光启《农政全书》等,均有水利方面的内容。《水经》是我国第一部记述全国河道水系的专著。据《唐六典》卷7水部郎中员外郎条注称,该书"所引天下之水百三十七",每水各成一篇,并附《〈禹贡〉山水泽地所在》凡60条,今本只存123篇。《水经注》全书是对《水经》的注释;但在内容上,它不仅比《水经》容量大20多倍,而且丰富生动,文笔流畅,是一部脍炙人口的不朽巨著。同时,现存的8 000多种古方志中,每部书中或多或少地都有水利方面的内容。此外,古代类书及"经世文编"中也有关于水利方面的文献,如唐《艺文类聚》、宋《太平御览》以及明清《经世文编》等。

黄河是中华民族的母亲河,也是世界上最难治理的大河,因此研究治黄方面的专著很多,是中国现存水利古籍的重点,包括了历代官方和民间的治水方略和史料,较著名的除《河防通议》《问水集》《治水筌蹄》《河防一览》《治河方略》《南河成案》及《豫河志》,还有《治河图略》《河防疏略》《河防志》《河渠纪闻》《黄运河口古今图说》《河工器具图说》《回澜纪要》《安澜纪要》等。这些著作以浓重的笔墨给中国水利史留下了精彩篇章,如成书于庆历八年(1048)的《河防通议》,是宋、金、元三代(10—14世纪)治理黄河的工程规章制度、工程规范汇编,是现存最早的治河工程规范和治河经验总结，对后世治河有重要的指导意义。

京杭大运河是中华民族创造出的最伟大的水利工程之一，关于运河方面的著述也颇为丰富，如《漕河图志》、《北河纪》、《北河续记》、《山东运河备览》、《漕运全书》、《通惠河志》等。《山东运河备览》是京杭运河山东河段的水利专著。清陆燿撰，乾隆四十年（1775）成书，凡12卷，22万字。是书内容：①序、凡例、目录以及山东运河等4图和说明。②沿革表，职官表。以年表形式记述元至元十六年（1279），迄清乾隆四十年（1775）的运道工程沿革、主管官员姓名及任职年份。这两种表在此前多种专著里尚无先例，系此书新创。③从南向北依次记述加河厅、运河厅、捕河厅、上河厅、下河厅、泉河厅、沂河厅等河段的水利工程和航运管理，特别对峄县至临清间49座单式船闸的启闭运用，以及济运水源、水柜的调节蓄地等经验教训，记述更详。④有关挑河事宜、财务管理等规章制度。⑤对运河有过贡献的主管官员，分别编写小传，计元代14人，明代25人，清代16人。⑥辑录前人论述黄运关系、运河大势、经理漕河、疏浚泉源、清理水柜、南旺大挑、速漕诸法等方面的文章，连同本书引用的有关文献古籍多达80种。

我国滨海地区尤其是江浙一带普遍设有海塘工程，因此也有不少海塘建设方面的水利专著问世，如《海塘录》、《两浙海塘通志》、《海塘新志》等。《两浙海塘通志》为清方观承修，查祥、杭世骏等纂，乾隆十六年（1751）刊。记述范围虽涉及杭州、嘉兴、绍兴、宁波、台州、温州6属海塘，但以钱塘江北岸海塘为主。记叙时段，上起汉、唐，下迄清乾隆十四年（1749）。内容除修筑史实，尚有清世宗、高宗的有关诏谕以及筑塘图说、工程、物料、坍涨、场灶、职官、潮汐、祠庙、兵制、艺文等。

流域和地方性记载水利的文献更是汗牛充栋，流域性的如《畿辅安澜志》、《永定河志》、《三吴水利录》等，为专门记载流域（水系）水利方面的专著；地方性的如《长安志图·泾渠图说》、《华阳国志》、《元和郡县志》、《太平寰宇记》、《一统志》等，都有相当篇幅记载水利情况。18世纪以来这方面著作有《行水金鉴》、《续行水金鉴》等。其中《行水金鉴》为清雍正三年（1725）成书，傅泽洪主编，郑元庆编辑。全书约120万字，所收资料上起《禹贡》，下至康熙末年（1721），包括黄河、长江、淮河、运河和永定河等水系的源流、变迁和施工经过等，按河流分类，按朝代年份编排。编辑这样的资料书，在当时是创举，其体例多为后世所沿用。后人又编有雍正初到嘉庆的资料《续行水金鉴》（清黎世序等人纂修）和民国时期的《再续行水金鉴》（武同举等人编辑）等。这些都是中国水利史上的经典之作。《永定河志》是第一部关于永定河治理的专著，清李逢亨撰，书成于嘉庆二十年（1815）。全书除两册专门记录清前期几个皇帝关于永定河治理的谕旨和诗文外，共有32卷，分绘图、集考、工程、经费、建置、职官、奏议、附录8个门类。集中记述了清前期治理永定河的各种思想方略、工程措施及经验教训，是北京地区防洪的重要参考书籍。此外，两册皇帝的谕旨和诗文中，体现了清代最高统治者为京城防洪安全，对永定河的高度重视及治理的主导思想。清后期，朱其诏有《永定河续志》问世，内容上接《永定河志》，下至光绪八年（1882），体例大致相同。1933年，由华北水利委员会编纂的《永定河治本计划》是运用现代科学技术结合历史经验而起草的比较全面的一份流域规划和治理大纲，但未能全部付诸实施。

　　水利文献浩若星辰，但相关工具书寥寥少见，而民国期间有不少人在这方面有所建树。曾有胡希定编《中华水利书目》，茅乃文编《中国河渠水利工程书目》、《中国河渠书提要》和《历代河渠书目提要》，燮廷撰《中国水利掌故与书籍》，汪胡桢主编《中国水利珍本丛书》，中央水利试验处编《中国水利图书提要》，文静撰《中国水利书籍提要拾零：河议本末、河防摘要、治河管见》，全国经济委员会水利处编《全国经济委员会水利处图书室中国河渠水利书目》，国立北平图书馆辑《国立北平图书馆筹赈水灾展览会水利图书目录（附补遗）》，沙玉清编《中国水利旧籍书目》，朱启钤撰《存素堂入藏图书河渠之部目录》，以及全国经济委员会水利处编《水利论文索引（第1辑）》。遗憾的是，所收著作百部为多，收录内容欠丰。

　　《中国水利古籍版本丛谈》的问世，使我们相信仍有人在踏踏实实、自持信念、淡定治学，遵循品德和良知。这股幽兰之气定会洁净恩慈、厚德载物，绵长留存。

编辑说明

一、本书收集河渠水利类古籍70种。

二、全书分为：

    （一）河渠

        1.总论5种。

        2.各省区境内之河水（包括湖水）12种。

    （二）水利

        1.总论6种。

        2.黄河12种。

        3.运河（包括漕运）4种。

        4.各省区境内之水利（包括海塘）31种。

三、排序参考《中国古籍总目》。

四、各条目下所列"现存主要版本"参考《中国古籍总目》。

五、"现存主要版本"中行款的著录仅限于古籍，非古籍及钞、稿本不著录。

六、附录：《历代水利著作目录》2 077种，《历代河图目录》873种。

七、在本书版本核对过程中，得到天津图书馆历史文献部主任李国庆研究员的热心帮助；国家图书馆古籍馆副主任谢东荣研究员对本书提出了宝贵意见，在此一并表示衷心的感谢。

编　者

2017年8月

目　录

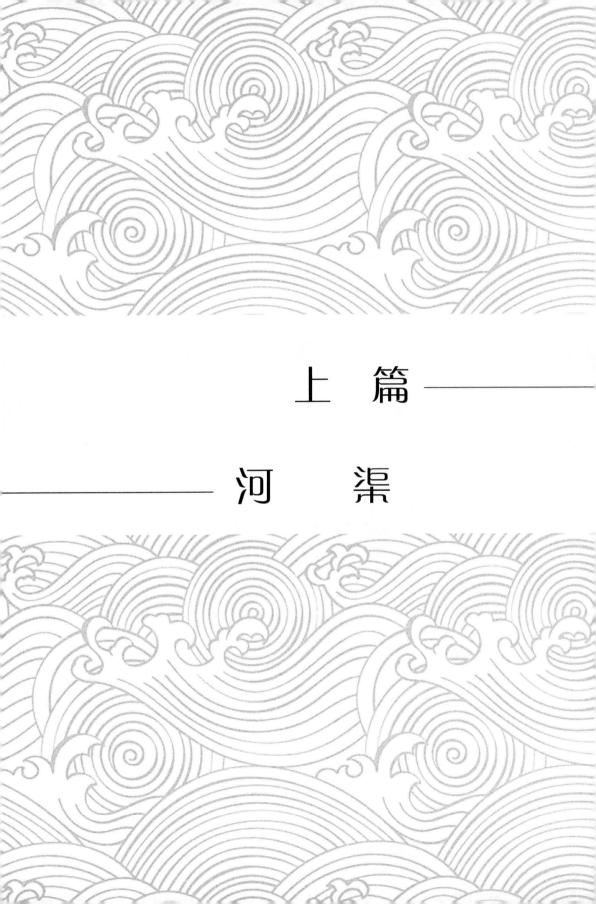

上　篇

河　渠

郦道元与《水经注》

郦道元（466或472—527），生活于南北朝北魏时期，出生在范阳郡（今河北省涿州市境内）一个官宦世家，世袭永宁侯。少年时代就喜爱游览。后来他做了官，就到各地游历，每到一地除参观名胜古迹外，还用心勘察水流地势，了解沿岸地理、地貌、土壤、气候，人民的生产生活，地域的变迁等。他发现了古代的地理书《水经》，认为该书虽然对大小河流的来龙去脉准确记载，但由于时代更替，城邑兴衰，有些河流改道，名称也变了，但书中却未加补充和说明。甚至连作者历来说法也不一，有说是汉桑钦撰，有说是晋郭璞撰，又有说桑钦撰，郭璞注。郦道元于是给《水经》作注，名为《水经注》。他阅读了相关书籍达400多种，查阅了所能见到的地图，研究了大量文物资料，还亲自到实地考察，核实书上的记载。《水经》原来记载的大小河流有137条，1万多字，经过郦道元注释以后，大小河流增加到1 252条，共30多万字，比原著增加20倍。书中记述了各条河流的发源与流向，各流域的自然地理和经济地理状况，以及火山、温泉、水利工程等，还涉及当时不少域外地区，包括今印度、中南半岛和朝鲜半岛若干地区，覆盖面积实属空前。所记述的时间幅度上起先秦，下至南北朝时期，上下2 000多年。它所包容的内容十分广泛，包括自然地理、人文地理、山川胜景、历史沿革、风俗习惯、人物掌故、神话故事等，是我国6世纪的一部地理百科全书，且文字优美生动，也可以说是一部文学著作。

《水经注》原有四十卷，宋初已缺五卷，后人将其所余三十五卷，重新编定成四十卷，分为：卷一至五河水；卷六汾水、浍水、涑水、文水、原公水、洞过水、晋水、湛水；卷七至八济水；卷九清水、沁水、淇水、荡水、洹水；卷十浊漳水、清漳水；卷十一易水、滱水；卷十二圣水、巨马水；卷十三漯水；卷十四湿余水、沽河、鲍丘水、濡水、大辽水、小辽水、浿水；卷十五洛水、伊水、瀍水、涧水；卷十六榖水、甘水、漆水、浐水、沮水；卷

三成崑崙丘崑崙者崑崙之山三級下曰樊桐

去嵩高五萬里地之中也

禹本紀與此同高誘稱河出崑山伏流地中萬三千

是爲太帝之居

一名板松二曰玄圃一名閬風上曰增城一名天庭

閬闕之中山上有增城九重其高萬一千里百十四步

安在增城之上有木禾其脩五尋珠樹玉樹璇樹不死樹在其西沙棠琅玕在其東絳樹在其南碧樹瑤樹在其北

梅但未聞板松

梅旋或字誤焉

水經卷六

漢桑欽撰

後魏酈道元注

汾水　澮水　涑水　文水

原公水　洞渦水　晉水　湛水

汾水出太原汾陽縣北管涔山

山海經曰北次二經之首在河之東其東首枕汾其

名曰管涔之山其上無草木而下多玉汾水出焉而

流注於河十三州志曰出武州之燕京山亦管涔之

異名也其山重阜修巖有草無木泉源潈於南麓之

下蓋稽水潒流耳又西南夾岸連山聯峰接勢劉淵

族子曜嘗隱居於管涔之山夜中忽有二童子入跪

漳水、夏水、羌水、涪水、梓潼水、涔水；卷三十三至三十五江水；卷三十六青衣水、桓水、若水、沫水、延江水、存水、温水；卷三十七淹水、叶榆河、夷水、油水、澧水、沅水、浪水；卷三十八资水、涟水、湘水、漓水、溱水；卷三十九洭水、深水、钟水、耒水、洣水、漉水、浏水、澴水、赣水、庐江水；卷四十渐江水、斤江水、江以南至日南郡二十水、《禹贡》山水泽地所在。由于迭经传抄翻刻，错伪十分严重，有些章节甚至难以辨读。明清时不少学者为研究《水经注》做了大量工作，有的订正了经注混淆500余处，使其基本恢复了原来面貌。

《水经注》成书于1400多年以前，当时雕版印刷尚未出现，一切书籍的流传都是通过传抄来实现的，《水经注》写成以后不久，郦道元就遇害，当时这部著作有几种抄本，已不得而知。隋统一全国，整理国家藏书，《隋书·经籍志》著录有《水经注》一书的钞本，卷数为四十，是完整无缺的本子，这也是目前所知《水经注》最早的钞本。唐代《水经注》成为唐朝的国家藏书。《旧唐书·经籍志》与《新唐书·经籍志》均著录为四十卷。唐后经五代至北宋初，《水经注》的钞本仍为足本，被作为历朝的国家藏书代代相传。北宋景祐年间（1034—1038），崇文院整理藏书，编制《崇文总目》，《水经注》被著录为三十五卷。从这个时候开始，北宋以前的一些类书和地理书所引《水经注》中的泾水、滹沱水、洛水等卷篇就不见了。事实上《水经注》的钞本，并不为历代朝廷所独有，民间也有流传。是否为隋之后，从朝廷流落民间，尚不清楚；是足本还是残本，亦不能确定。可以确定的是，在唐朝后期，《水经注》已为一般知识分子所见，唐代诗人陆龟蒙有诗"山经水疏不离身"，说明《水经注》已有民间的钞本；到了北宋，此书在民间的流传只会更为广泛，苏东坡《石钟山记》有文"郦元以为下临深潭……"，就引了一整段《水经注》的文字。然而，这些钞本，现在早已不传。从宋代钞本中抄出的本子，现在也绝无所见。元代也没有钞本流传。到了明代纂修《永乐大典》，《水经注》被抄录在内，这个钞本一直流传了下来，人们称它为"永乐大典本"。这是所知的现存的最早的《水经注》的钞本。除了"永乐大典本"外，明代还有一些郦学家的私人钞本。比较著名的有柳大中的影宋校本和赵琦美的三校本等，后来也都已失传。《水经注》的刊印，出现在北宋中后期。现在所知道的《水经注》的最早刻本是成都府学刻本，刊印年代不得而知，而且早已亡佚。第二刻刻本于北宋元祐二年（1087）也已亡佚。现存最早的宋代刻本为国家图书馆所藏残本。明清时期，随着郦学研究的兴起，《水经注》的刻本也日益增多。特别是明万历至清乾隆间出现的数种《水经注》的笺注本，将郦学研究推入了全盛期。

现存主要版本

一、北魏郦道元注本

1.宋刻本（存卷：五至八、十六至十九、三十四、三十八至四十）
半叶十一行，行二十字，白口，左右双边，单鱼尾。

2.明嘉靖十三年（1519）吴郡黄氏刻《山水二经合刻》本
半叶十二行，行二十字，白口，左右双边，单鱼尾。

3.明万历十三年（1585）吴琯刻《合刻山海经水经》本
半叶十行，行二十字，白口，左右双边，单鱼尾。

4.明崇祯二年（1629）严忍公等刻本
半叶九行，行二十字，白口，四周单边，单鱼尾。

5.明练湖书院钞本

6.明钞本

7.清乾隆三十八年（1773）抄《摛藻堂四库全书荟要》本

8.清乾隆间写《四库全书》本

9.清乾隆间天都黄氏槐荫草堂刻《山水二经合刻》本
半叶十一行，行二十一字，小字双行同，黑口，四周单边，单鱼尾。

10.民国二十四年（1935）上海商务印书馆影印《续古逸丛书》本

二、北魏郦道元注　明朱谋㙔笺注本

1.明万历四十三年（1615）李长庚本
半叶十行，行二十字，小字双行同，白口，左右双边，单鱼尾。

2.清康熙五十三至五十四年（1714—1715）歙县项絪群玉书堂刻本
半叶十一行，行二十一字，小字双行同，白口，四周单边，单鱼尾。

3.清乾隆间古闽晏湖张氏励志书屋刻本
半叶十一行，行二十一字，小字双行同，黑口，四周单边，单鱼尾。

三、北魏郦道元注　清戴震校注本

1.清乾隆间曲阜孔氏刻本

半叶十行，行二十一字，白口，左右双边，单鱼尾。

2.清乾隆间武英殿木活字印《武英殿聚珍版书》本

半叶九行，行二十一字，小字双行同，白口，四周双边，单鱼尾。

3.清乾隆间浙江刻《武英殿聚珍版书》本

半叶十行，行二十一字，白口，左右双边，单鱼尾。

4.清咸丰九年（1859）步月楼刻本

半叶九行，行二十一字，小字双行同，白口，四周双边，单鱼尾。

5.清同治十三年（1874）江西书局刻《武英殿聚珍版书》本

半叶九行，行二十一字，小字双行同，白口，四周双边，单鱼尾。

6.清光绪元年（1875）湖北崇文书局刻《崇文书局汇刻书》本

半叶十二行，行二十四字，小字双行同，黑口，四周双边，双鱼尾。

7.清乾隆四十二年（1777）福建刻道光同治递修光绪二十一年（1895）增刻《武英殿聚珍版书》本

半叶九行，行二十一字，白口，四周双边，单鱼尾。

8.清光绪二十五年（1899）广雅书局刻《武英殿聚珍版书》本

半叶九行，行二十一字，小字双行同，白口，四周双边，单鱼尾。

9.民国八年（1919）上海商务印书馆影印《四部丛刊》本

10.民国十八年（1929）上海商务印书馆影印《四部丛刊》本

11.民国二十五年（1936）上海商务印书馆缩印《四部丛刊》本

四、北魏郦道元注　清全祖望校注本

清光绪十四年（1888）无锡薛福成刻本

半叶十二行，行二十一字，小字双行同，黑口，左右双边，单鱼尾。

五、北魏郦道元注　王先谦校注本

1.清光绪十八年（1892）长沙王氏思贤讲舍刻本

半叶十一行，行二十四字，小字双行同，黑口，左右双边，单鱼尾。

2.清光绪二十年（1894）宝善书局石印本

半叶十一行，行二十四字，小字双行同，黑口，左右双边，单鱼尾。

3.清光绪二十三年（1897）新化三味书室刻本

半叶十一行，行二十四字，小字双行同，黑口，左右双边，单鱼尾。

4.民国二十五年（1936）上海中华书局铅印《四部备要》本

六、北魏郦道元注　清赵一清注释本（题名《水经注释》）

1.清乾隆五十一年（1786）仁和赵氏小山堂刻本

半叶十行，行二十二字，小字双行同，白口，左右双边，单鱼尾。

2.清乾隆五十三年（1788）仁和赵氏小山堂刻本

半叶十行，行二十二字，小字双行同，白口，左右双边，单鱼尾。

3.清乾隆五十九年（1794）仁和赵氏小山堂刻本

半叶十行，行二十二字，小字双行同，白口，左右双边，单鱼尾。

4.清光绪六年（1880）蛟川张寿荣华雨楼刻本

半叶十行，行二十二字，小字双行同，白口，左右双边，单鱼尾。

5.清光绪六年（1880）会稽章寿康刻本

半叶十行，行二十二字，小字双行同，白口，左右双边，单鱼尾。

黄宗羲与《今水经》

黄宗羲（1610—1695），字太冲，号梨州，学者称南雷先生，私谥文孝，浙江余姚黄竹浦人。是明清之际伟大的启蒙主义思想家、史学家、文学家、教育家与自然科学家。他生长于书香小康之家，父亲黄尊素为明万历四十四年（1616）进士，天启间为御史，东林党人，因弹劾魏忠贤而被削职归籍，不久又下狱，受酷刑而死。年仅十九岁的黄宗羲，"袖长锥，草疏，入都讼冤"，击杀狱卒，哭祭于诏狱中门，浩气震动内外，崇祯帝叹称其为"忠臣孤子"。归乡之后，发愤读书，"愤科举之学锢人，思所以变之。既尽发家藏书读之，不足，则钞之同里世学楼钮氏、澹生堂祁氏，南中则千顷堂黄氏、绛云楼钱氏，且建'续钞堂'于南雷，以承东发之绪"（《清史稿·列传》卷二百六十七）。又从学于著名哲学家刘宗周。十年后，在南京参与140人公布《留都防乱公揭》，揭发阉党阮大铖的祸国殃民之罪，遭到残酷镇压，亡命日本。清顺治二年（1645），清军南下，弘光政权崩溃，鲁王朱以海监国于绍兴。清军入关后，黄宗羲招募里中子弟数百人组成"世忠营"，在余姚举兵抗清，达数年之久，鲁王政权授以监察御史兼职方之职。在配合张煌言进行复国活动失败后，漂泊海上，至顺治十年（1653）始返回故里，课徒授业，著述以终，至死不仕清廷。

黄宗羲的启蒙思想完全没有外来思想的影响，被称为"中国思想启蒙之父"，并与顾炎武、王夫之、方以智并称为清初四大家。其学领域极广，成就宏富，于经史百家及天文、算术、乐律、释道无不涉猎，而史学造诣尤深，清政府撰修《明史》，"史局大议必咨之"。他身历明清更迭之际，认为"国可灭，史不可灭"。他论史注重史法，强调征实可信。在哲学上，认为以气为本，无气则无理，理为气之理，但又认为"心即气"，"盈天地皆心也"。在政治上，他从"民本"的立场深刻批判封建君主专制，提出君为天下之大害，不如无君，主张废除君主"一家之法"，建立万民的"天下之法"。他

黃氏續鈔原本

黃　宗羲　學

北水

河水　源出吐番朵甘思之南曰星宿海四山之間有
泉百餘濼涌出匯而爲澤方七八十里登高望之若列
星故名火敦腦兒譯言其地在中國西南直四川馬湖
府之正西三千餘里雲南麗江府之西北一千五百里
較之崑崙殆爲近焉東北流百餘里匯爲大澤又東流
號赤賓河又東怱蘭水合之乞里出河來入之其流浸大

还提出以学校为议政机构的设想。他精于历法、地理、数学以及版本目录之学，并将其所得运用于治史实践、辨析史事真伪、订正史籍得失，多有卓见，影响及于整个清代。黄宗羲一生著述大致依史学、经学、地理、律历、数学、诗文杂著为类，多至五十余种，三百多卷，其中最为重要的有《宋元学案》、《明儒学案》、《伊川学案》、《明夷待访录》、《南雷文定》、《南雷文案》、《破邪论》、《思旧录》、《易学象数论》、《行朝录》、《四明山志》、《今水经》等。

《今水经》一卷，是专门论述水系分布和状况的著作，成书于康熙三年。是时黄宗羲已八十三岁，并得了重病，他将应酬文字一概摒绝，力疾整理文稿，将平日读《水经注》的心得汇集成书。是书先列表揭示全国水道，分北水、南水两大纲。北水分为：水入黄河者18条，入海者15条；南水分为：水入长江者30条，入海者21条。皆以入河、江、海的水为主流，各支流附于主流之后，入支流各水附于所入的支流下。全书即按表中所列次序叙述，条理清晰，简单明了。前有黄宗羲序，后有其玄孙黄璋之跋。序中开头便写："古者儒墨诸家其所著书，大者以治天下，小者以为民用，盖未有空言无事实者也。"显示了黄宗羲学以致用，抵制空疏的学风。

《四库全书总目》说："是书前列诸水之名，共为一表，皆以入海者为主，而来会者以次附之，如汴入河、须郑入汴、京入郑、索入京之类。自下流记其委也，后各自为说，分南北二条，皆以发源者为主，而所受之水以次附之。如卫河出辉县苏门山，迳卫辉府北，东流淇水来注之，又过浚县内黄界，漳水入焉之类，自上流记其源也。其所说诸水，用今道不用故道，用今地名不用古地名，创例本皆有法。而表不用旁行斜上之体，但直下书之某入海，某入某，某又入某，颇不便检寻。又渭入河，漳、清、汧、泾、沮入渭，洛入河，瀍、涧、伊入洛之类，皆分条。淇、漳、汶、漳、桑入卫，清入淇，沙、易入漳，温、义入易，洋入桑之类，又合条，则排纂未善也。其书作于明末，西嘉峪，东山海，北喜峰，古北居庸，皆不能逾越一步。宗羲生于余姚，又未亲历北方，故河源尚剽《元史》之说，而滦河之类亦沿《明一统志》之旧。松花、黑龙、鸭绿，混同诸江，尤传闻仿佛，不尽可据。我朝幅员广博，古所称绝域，皆入版图，得以验传闻之真妄。《钦定西域图志》、《河源纪略》诸书，勘验精详，昭示万代。儒生一隅之见，付之覆瓿可矣。"

现存主要版本

一、一卷本

1.清乾隆四十二年（1777）曲阜孔继涵钞本

2.清咸丰十一年（1861）翁曾源钞本

3.清钞本

二、一卷表一卷本

1.清乾隆道光间长塘鲍氏刻《知不足斋丛书》本

半叶九行，行二十一字，小字双行同，黑口，左右双边，单鱼尾。

2.清同治二年（1863）长沙余氏刻《明辨丛书》本

半叶九行，行二十一字，小字双行同，白口，左右双边，单鱼尾。

3.清光绪三年（1877）湖北崇文书局刻《崇文书局汇刻书》本

半叶十二行，行二十四字，小字双行同，黑口，四周双边，双鱼尾。

4.清光绪六年（1880）会稽章氏刻本

半叶九行，行二十一字，小字双行同，白口，左右双边，单鱼尾。

5.清光绪二十年（1894）湖南章经济堂刻本

半叶十二行，行二十四字，小字双行同，黑口，四周双边，双鱼尾。

6.清光绪三十一年（1905）杭州群学社石印《黄梨洲遗书》本

半叶十五行，行三十三字，小字双行同，白口，左右双边，单鱼尾。

7.民国四年（1915）上海时中书局铅印《梨洲遗著汇刊》本

8.民国二十四至二十六年（1935—1937）上海商务印书馆铅印《丛书集成初编》本

齐召南与《水道提纲》

齐召南（1703—1768），字次风，号琼台，晚号息园，浙江天台人。清代地理学家，精于舆地之学，又善书法，幼有神童之称。清雍正七年（1729）乡试中副榜贡生，十一年（1733），举博学鸿词；乾隆元年（1736）召试于保和殿，钦定二等第八名，为翰林院庶吉士，授检讨；八年御试翰詹各官，擢中允迁侍读；十二年迁侍读学士；十三年复试翰詹各官，列第一擢内阁学士，命上书房行走，迁礼部侍郎。乾隆三十二年（1767），其族兄齐周华因文字狱祸被凌迟处死，齐召南遭受牵连，革职归乡，不久病卒，葬于天台县街头镇花坑。著作有《宝纶堂集》、《历代帝王年表》、《后汉公卿表》、《重订天台山方外志略》、《水道提纲》、《蒙古五十一旗考》等。

《水道提纲》是一部系统记述我国河流水系的地理名著，书成于乾隆二十六年（1761）。作者于乾隆初年参与《大清一统志》纂修时，以所见内府珍藏全国实测地图《皇舆全图》及各省图籍为据，编纂而成。首列海水，次各省诸水，再次西藏、漠北诸水和西域诸水，皆以巨川为纲，所受支流为目。全书二十八卷，三十多万字，包括自序、目次和正文三部分。虽然是仿《水经注》体例，详于源流分合，"以一水论，发源为纲，其纳受支流为目；以群水论，巨渎为纲，余皆为目；如统域中以论，则会归有极"（引自序）。但在一些具体编目，特别是内容上却突破了《水经注》的范围。如相比于《水经注》，扩大了长江水系的记述，增加了新疆、西藏地区的水道等；再如，齐召南还最早将经纬度应用到水道著作中，在他记述的主要河道中，不少都采用经纬度确定河流位置，使河道的地理位置更为具体准确。

具体内容为：

卷一：海（东北自鸭绿江经盛京、京畿、山东、江南、浙江、福建、广东）。

卷二：盛京诸水（鸭绿江、大辽河），西至京东（滦河、蓟运河）。

卷三：京畿诸水直沽所汇（白河、桑干河、清水河、滹沱河、漳河、卫河）。

原任禮部侍郎　臣　齊召南編錄

海

海爲百川之滙自嗚綠江口西礙　盛京南　京師直
隸東南又南礙山東之北而東古所謂渤海也東爲大
海經其東南又南礙江南浙江之東又南礙福建東折
而西經其南又西礙廣東之南凡兩京五布政司地際
海禹貢冀兖青徐揚五州漢志遼東遼西漁陽廣陽渤
海平原千乘齊郡北海東萊琅琊東海臨淮廣陵會稽

卷四：运河（源自山东之汶上分水，北至天津，南至清口）、山东诸水。

卷五：黄河附河源以北，青海及甘肃不入河诸水（青海、甘肃边地安远堡水、镇番卫水即潴野、永昌卫水、山丹水即弱水、布隆吉河即黑水）。

卷六：入河巨川（洮水、湟水、浩亹水、汾水、北洛水、渭水、泾水、洛水、济水、沁水）。

卷七：淮。入淮巨川（汝水、沙水、颍水）、南运河（邗沟北自淮水，南至大江）。

卷八：江上（自岷山南至叙州府会金沙江）。

卷九：江中（自叙州府东至汉口会汉水）。

卷十：江下（自汉口东至入海）。

卷十一：入江巨川一（涪水、白水、西汉水、嘉陵江、渠江、黔江）。

卷十二：入江巨川二（洞庭所汇：澧水、沅水、湘水、资水）。

卷十三：入江巨川三（汉水、云梦）。

卷十四：入江巨川四（彭蠡所汇：章江、贡江诸水）。

卷十五：江南运河（北自京口，南至浙江）、太湖入海港浦（江以南、浙以北）。

卷十六：浙江、浙东入海诸水，附福宁诸小水。

卷十七：闽江西南至广东潮州府水。

卷十八：粤江上（东江、北江、西江之桂水）。

卷十九：粤江中（西江之柳水、北盘江、南盘江）。

卷二十：粤江下（西江之郁水至浔州府会黔江，又至梧州府会桂水，又至广州府会北江、东江而南入海）；西南至合浦入海诸水。

卷二十一：云南诸水。

卷二十二：西藏诸水。

卷二十三：漠北阿尔泰山以南诸水。

卷二十四：漠北黑龙江。

卷二十五：入黑龙江巨川（克鲁伦河、松花江、嫩江、乌苏里江）。

卷二十六：海至黑龙江口以南诸水、朝鲜国诸水。

卷二十七：塞北各蒙古诸水。

卷二十八：西域诸水。

该书内容丰富，结构严密，叙事简洁精当，井然有序。是继《水经注》后，第一部大规模总记全国性水道著作，对反映当时地理认识，影响深远。

《四库全书总目》（卷六十九·史部二十五）曰："历代史书各志地理，而水道则自《水经》以外无专书。郭璞所注，久佚不传；郦道元所注，详于北而略于南。且距今千载，陵谷改移，即所述北方诸水，亦多非其旧。国初余姚黄宗羲作《今水经》一卷，篇幅寥寥，粗具梗概。且塞外诸水颇有舛讹，不足以资考证。召南官翰林时，预修《大清一统志》，外藩蒙古诸部，是所分校。故于西北地形，多能考验。且天下舆图备于书局，又得以博考旁稽，乃参以耳目见闻，互相钩校，以成是编。首以海，次为盛京至京东诸水，次为直沽所汇诸水，次为北运河，次为河及入河诸水，次为淮及入淮诸水，次为江及入江诸水，次为江南运河及太湖入海港浦，次为浙江、闽江、粤江，次云南诸水，次为西藏诸水，次漠北阿尔泰以南水及黑龙江、松花诸江，次东北海朝鲜诸水，次塞北漠南诸水，而终以西域诸水。大抵通津所注，往往衺延数千里，不可限以疆域。召南所叙，不以郡邑为分，惟以巨川为纲，而以所会众流为目，故曰'提纲'。其源流分合，方隅曲折，则统以今日水道为主，不屑附会于古义，而沿革同异，亦即互见于其间。其自序讥古来记地理者，志在《艺文》，情侈观览。或于神仙荒怪，遥续《山海》；或于洞天梵宇，揄扬仙佛；或于游踪偶及，逞异炫奇。形容文饰，只以供词赋之用。故所叙录，颇为详核，与《水经注》之模山范水，其命意固殊矣。然非召南生逢圣代，当敷天砥属之时，亦不能于数万里外闻古人之所未闻，言之如指诸掌也。"

现存主要版本

1.清乾隆四十一年（1776）杭州刻本
半叶九行，行二十二字，小字双行同，白口，左右双边，单鱼尾。
2.清乾隆间写《四库全书》本
3.清光绪四年（1878）津门徐士銮霞城精舍刻本
半叶九行，行二十二字，小字双行同，白口，左右双边，单鱼尾。
4.清光绪五年（1879） 宏达堂刻本
半叶十三行，行二十二字，小字双行同，黑口，四周双边，双鱼尾。
5.清光绪七年（1881）上海文瑞楼铅印本
半叶十行，行二十二字，小字双行同，白口，左右双边，单鱼尾。
6.清光绪十七年（1891）湖南船山书局刻本
半叶十行，行二十二字，小字双行同，白口，左右双边，单鱼尾。

7.清光绪十七年（1891）湖南崇德书局刻本

半叶十行，行二十二字，小字双行同，白口，左右双边，单鱼尾。

8.清光绪二十三年（1897）上海古香阁书局石印本

半叶十四行，行三十八字，小字双行同，白口，四周双边，单鱼尾。

9.清光绪二十四年（1898）新化三味书室刻本

半叶十一行，行二十四字，小字双行同，黑口，左右双边，单鱼尾。

戴震与《水地记》

　　戴震（1724—1777），字东原、慎修，号杲溪，休宁县（今安徽黄山屯溪区）人。清代著名语言文字学家、哲学家、思想家。他学识渊博，在天文、数学、历史、地理、音韵、文字、训诂等方面均有成就，是"乾嘉学派"的代表人物之一。十七岁时拜婺源江永为师，潜心学问，对礼经制度、名物及天文、地理等均悉心研究，精研汉儒传注及《说文》等书。治学由"声音、文字以求训诂，由训诂以寻义理，实事求是，不主一家。"乾隆十六年（1751）补县学诸生；二十七年乡试中举，其后曾先后六次入京会试，均未及第。三十八年被召为《四库全书》纂修官；四十年，由于其声望，奉乾隆皇帝命，与录取的贡士一同参加殿试，赐同进士出身，授翰林院庶吉士。平生无所嗜好，惟喜读书。馆臣凡有奇文疑义均前往咨访，请为考订始末缘由。乾隆四十二年五月二十七日（1777年7月1日），以积劳致疾病逝，归葬休宁县商山。

　　戴震有着辉煌的学术成就。清人总结其学术成就大约有三：曰小学，曰测算，曰典章制度。小学书有：《六书论》三卷、《声韵考》四卷、《声类表》九卷、《方言疏证》十卷。测算书有：《原象》一卷、《迎日推策记》一卷、《勾股割圜记》三卷、《历问》一卷、《古历考》二卷、《续天文略》三卷、《策算》一卷。典章制度之书有：《诗经二南补注》二卷、《毛郑诗考》四卷、《尚书义考》一卷、《仪经考正》一卷、《考工记图》二卷、《春秋即位改元考》一卷、《大学补注》一卷、《中庸补注》一卷、《孟子字义疏证》三卷、《尔雅文字考》十卷、《经说》四卷、《水地记》一卷、《水经注》四十卷、《九章补图》一卷、《屈原赋注》七卷、《通释》三卷、《原善》三卷、《绪言》三卷、《直隶河渠书》一百二卷、《气穴记》一卷、《藏府算经论》四卷、《葬法赘言》四卷、《文集》十卷。

　　近现代不少学者也非常推崇其学问，梁启超说："苟无戴震，则清学能否

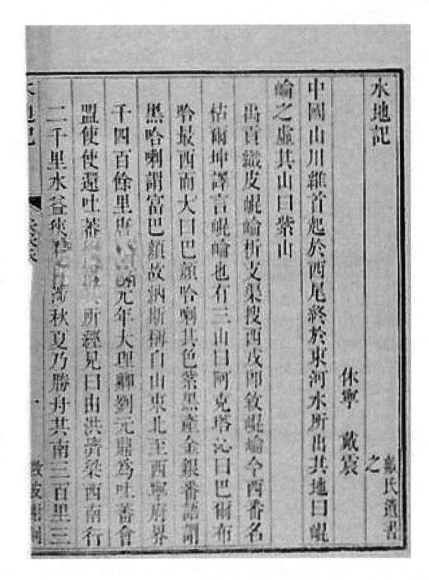

卓然自树立，盖未可知也。"胡适在《清代学者的治学方法》一文中，分析戴震关于《尧典》"光被四表"当作"横被四表"的考据，将其作为清代学者以"科学精神"进行"大胆假设"和"小心求证"的典范

《水地记》一卷，全书共记24条：

1. 中国山川，维首起于西，尾终于东，河水所出，其地曰昆仑之虚，其山曰紫山。

2. 河北之山，昆仑东千里而近曰积石。

3.鲜水西北，白龙堆沙之东曰三危，是山不协《禹贡》之文，其名盖后起也。

4.北迆东曰嘉峪。

5.弱水所出山曰穷石。

6.北迆西曰合黎。

7.河湟之北大山曰祁连山。

8.逾猪野之南，河西大山曰贺兰山。

9.北河之北高阙东曰阴山。

10.河曲外曰缘胡山。

11.汾水所出曰燕京之山，桑乾水所潜也。

12.汾西河东自燕京别，而南离石水所出曰梁山。

13.黄栌之南，胜水所出曰岐山。

14.西望孟门，夹束河流曰壶口。

15.汾水之左，自燕京别而东南，漳水所出曰少山。

16.右转历辚武而西，少水所出曰谒戾之山，少水者泌水也。

17.沁西巇水所出曰霍山，是为太岳中岳也。

18.历东陉而南曰析城。

19.迆东沇水所潜曰王屋。

20.自东泾别而西，洮水所出山曰清野。

21.又西南曰薄山。

22.西抵河曲中，雷水所出曰首山，是为雷首。

23.自辚武、侯甲左转，涑水、蓝水、潞水所出，曰发鸠之山。

24.其南，沁水东，丹水西，曰太行。

本书记录了以当时的条件所能够认知的中国北方大地。这种写法与在他之前的顾祖禹、顾炎武等研究地理的方法不同，顾氏法是"以郡国为主而求山川"，而戴氏则是"以山川为主而求其郡县"，故名其书为《水地记》，是以中华历史文化为贯串来叙述中华大地的山川水流的，体现了他热爱中华大地的广博情怀。段玉裁在其所作《戴东原先生年谱》中曾说："《水地记》，亦《七经小记》之一，使经之言地理者，于此稽焉。"洪榜撰《戴先生行状》则说："《水地记》三十卷，先生卒之前数月，手自整理所著书，命工录写，亦未及竟。"可见其规模之大绝非今之传者。

现存主要版本

一、一卷本

1.稿本

2.清乾隆间曲阜孔氏刻《微波榭丛书》本

半叶十一行，行二十一字，小字双行同，白口，四周双边，单鱼尾。

3.清道光二十四年（1844）吴江沈氏世楷堂刻《昭代丛书》本

半叶九行，行二十字，小字双行同，白口，左右双边，单鱼尾。

4.清光绪三十四年（1908）新昌胡氏京师铅印《问影楼舆地丛书第一集》本

半叶十二行，行三十字，白口，四周双边，单鱼尾。

5.清清湖小华屿吟榭钞本

6.民国二十四至二十六年（1935—1937）上海商务印书馆铅印《丛书集成初编》本

7.民国二十五年（1936）影印《安徽丛书》本

二、三卷本

清乾隆四十三年（1778）曲阜孔继涵钞本

三、五卷本

清钞本

康基田与《河渠纪闻》

　　康基田（1728—1813），字仲耕，号茂园，山西兴县（今山西省吕梁市）人，清乾隆十八年（1753）举人，二十二年进士。先后在江苏、两广、河南等省任知县、知州、通判、知府等地方官。乾隆四十三年（1778）年已五十岁的他，被"授怀庆知府，调开封府，兼办河防事。"四十八年升任河南的河北道。四十九年指挥抢修了兰阳县铜瓦厢和下北河十堡黄河大堤的塌卸埽工，使这两处大堤转危为安。五十一年调任江苏淮徐道，亦兼河务。五十二年擢江苏按察使，成为巡抚之下专管该省司法的正品官员。虽为按察使，仍不离河务。乾隆皇帝命他每年大汛期间赴淮、徐两地协助当地官员治理河务工作。五十三年任江宁布政使，负责江苏省的财政，同时还兼任治河总督职务。五十四年三月短期代理南河道总督之职。五十五年任安徽巡抚，因盗粮案受牵连，贬谪新疆伊犁。后"许赎罪"调回内地以南河同知用。五十六年朝廷降职使用授淮徐道衔。因保护黄河大堤有功赏给按察使职衔。六十年擢升为江苏按察使之职，同年十月调山东，仍兼河、运两河事。嘉庆元年（1796）任山东布政使。朝廷命他往来山东、河南之间，管理河务并处理灾后事宜。七月，江苏丰县黄河泛滥，冲毁堤坝，嘉庆皇帝又派他前去抗洪抢险。五年坝工失火，积料尽焚。康基田被革职留工效用。七年调任江苏巡抚，命其查办黄河口淤积疏浚问题。他上任后，否定了混江龙疏浚法，提出以水攻沙的方案。十六年他已经年逾八旬，要求退休的申请得到皇帝的恩准。为了表示对他的特殊待遇，皇帝安排他在京城颐养天年，"以示优恤"。虽然退休在家，但一些重大的水利决策会议皇帝仍召他参加，让其发表意见。嘉庆十八年（1813）病逝。康基田一生主要功绩大多以治水为主，因其治水浚河功绩突出，多次受到乾隆和嘉庆两位皇帝的嘉奖。他一生不仅勤于政事，而且勤奋治学，刻苦钻研，著书立说，作诗记事，其代表作有《晋乘搜略》、《河渠纪闻》、《合河纪闻》、《茂园自撰年谱》、《霞荫堂诗文集》等。

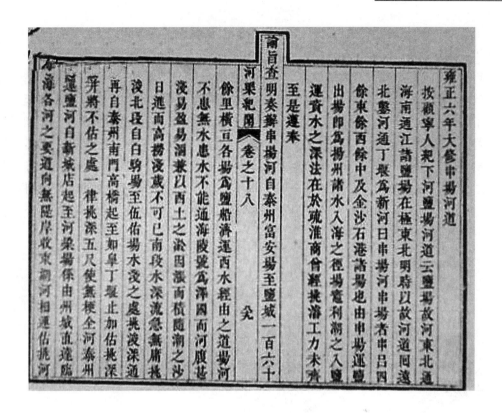

《河渠纪闻》三十一卷，是其毕生从事水利建设事业，研究历代河道水利工程的巨著。上起尧舜时期，下讫清嘉庆十五年（1810）。论述黄河、运河河道的演变和治理过程。书中不仅辑录了大量的水利史资料，而且逐一加上评语，提出了自己的见解。明清以前的内容，多为辑录历代典籍史料。所辑史料并不照引原文，大多不注出处，而是综合改编。明清时期的内容多为当时的政书、档案，内容真实可信，史料性强。它是研究我国水利史的一部重要著作，为后世留下了弥足珍贵的水利科学资料。

具体内容：卷一：舜至夏朝桀五十一年；卷二：商至秦始皇三十二年；卷三：汉高祖五年至王莽三年；卷四：后汉世祖建武十八年至南朝梁武帝天监十三年；卷五：隋文帝开皇三年至五代南唐保大间；卷六：宋太祖建隆二年至宋宁宗嘉定八年；卷七：金世宗大定八年至元至正间；卷八：明太祖洪武元年至明孝宗弘治间；卷九：明武宗正德元年至明世宗嘉靖四十五年；卷十：明穆宗隆庆元年至明神宗万历八年；卷十一：明神宗万历九年至三十年；卷十二：明神宗万历三十一年至明庄烈帝崇祯十七年；卷十三：清顺治元年至

十八年；卷十四：清康熙元年至二十年冬；卷十五：清康熙二十年至三十二年；卷十六：清康熙三十三年至四十年；卷十七：清康熙四十年冬至六十一年；卷十八：清雍正元年至七年；卷十九：清雍正七年至十三年；卷二十：清乾隆元年至七年；卷二十一：清乾隆七年至九年；卷二十二：清乾隆十年至十八年；卷二十三：清乾隆十九年至二十三年；卷二十四：清乾隆二十三年四月至二十七年七月；卷二十五：清乾隆二十七年至三十三年七月；卷二十六：清乾隆三十四年至三十九年：卷二十七：清乾隆四十年至四十三年二月：卷二十八：清乾隆四十三年六月至四十六年；卷二十九：清乾隆四十七年五月至五十年八月；卷三十：清乾隆五十年八月至五十四年；卷三十一：清乾隆五十五年至嘉庆十五年。

现存主要版本

1.清嘉庆九年（1804）霞荫堂刻本
半叶九行，行二十字，白口，四周双边，单鱼尾。
2.民国二十五年（1936）中国水利工程学会南京铅印《中国水利珍本丛书》本

吴省兰与《河源纪略承修稿》

　　吴省兰（1738—1810），字泉之，号稷堂，藏书斋号"听彝堂"，江苏南汇（今属上海）人。乾隆二十八年（1763）举人，三十九年任四库全书馆分校官，四十三年赐进士，四十五年授编修。乾隆四十七年（1782）七月，纪晓岚撰写的《钦定四库全书告成恭进表》，即以陆锡熊和吴省兰二人的名义上奏。历官文渊阁校理，南书房直阁事，擢湖北、顺天、浙江提学使，工部侍郎，降补侍讲，升侍读学士。因任和珅师傅，遂附和权臣和珅。和珅当政时，他与兄吴省钦反拜和珅为师，投靠和珅门下。嘉庆四年（1799）因和珅之事，降为编修，不久去职。自少博闻强记，喜聚书，搜罗文献典籍，收藏颇丰且精，藏数部宋版书，如《毛诗传笺》等。晚年归田后，复置义冢，设与善堂，舍棺施药，待亲故皆有恩谊。更是以书史自娱。著作有《河源纪略承修稿》、《淳化阁法帖释文》、《楚南小记》、《楚峒志略》、《续通志谦略》、《续艺海珠尘》、《五代宫词》、《十国宫词》、《奏御存稿》、《彝听堂全集》等；并辑有《艺海珠尘》（八集）。

　　《河源纪略承修稿》六卷，是吴氏通过对新资料的研究与考证，对历代关于黄河河源的多种记载，加以一一的论证与说明的地理专著。所谓"新资料"的背景是：乾隆间通过对西北及新疆等地的用兵，使清代版图向西发展，这正是黄河发源地的区域，也为进一步实地考察提供了可能。序曰："今自西陲底定葱岭南北咸隶版图。黄流所经无不与史汉相符合。乾隆四十七年又特命侍卫阿弥达至星宿海西三百里阿勒坦郭勒穷溯真源。记以《钦定舆地全图》及《御制河源诗》。"

　　全书分为图说一卷；质实五卷。图说分为：1.河源全图说；2.葱岭河源图说；3.和阗河源图说；4.北山河源图说；5.罗布淖尔图说；6.罗布淖尔东境北路诸泉图说；7.罗布淖尔东南方伏流积沙图说。质实卷一：河水发源回部之西陲，始见于喀什塔什吉布察克诸山，即葱岭也。有二源，其西源为喀什噶尔河。质实卷二：河水既入于罗布淖尔，伏不流，有罗布淖尔东境诸水。质实卷三：罗布淖尔正东偏南有哈拉淖尔。质实卷四：河水自罗布淖尔伏流一千五百里，东南至阿勒坦噶达素齐老流出为阿勒坦郭勒是为河水伏流重出之真源。质实卷五：河水北流100里折西北流140里经察罕丹津南折西流120里绕阿木奈玛勒占木逊山北。

现存主要版本

1.清道光三十年（1850）金山钱氏漱石轩增刻《艺海珠尘》本
半叶十行，行二十一字，小字双行同，白口，左右双边，单鱼尾。

2.民国二十四至二十六年（1935—1937）上海商务印书馆铅印《丛书集成初编》本

刘鹗与《历代黄河变迁图考》

刘鹗（1857—1909），谱名震远，原名孟鹏，字云抟、公约，后更名鹗，字铁云，号老残，署名"洪都百炼生"，清末江苏丹徒（今江苏镇江市）人。被海内外学者誉为"小说家、诗人、哲学家、音乐家、医生、企业家、数学家、藏书家、古董收藏家、水利专家、慈善家"。他是一个官宦子弟，却不是寻欢作乐的"纨绔子弟"，但也不热衷那时读书人的"正途"——科举考试。二十岁时参加乡试，没有考上。三十岁，再次去参加乡试，没有终场就放弃了。他热衷于实用价值的知识，精于考古，在数学、医术、水利等方面多有建树。他还嗜古成痴，喜好金石、碑帖、字画及善本书籍，是早期甲骨文的研究者。光绪二十六年（1900）义和团事起，八国联军侵入北京，他向联军处购得太仓储粟，设平粜局以赈北京饥困。三十四年清廷以"私售仓粟"罪把他充军新疆。发配至新疆之后，他自投迪化西门里的一座城隍庙作为栖身之所。闲时为贫民诊病，他本来就通达医学且又在内地游医多年，有着丰富的临床经验，对贫穷患者分文不取，所以很快便誉满全城。附近的老百姓都知道城隍庙里住着一位"菩萨大夫"，都慕名前来就诊。宣统元年（1909年8月23日）在贫病交加中逝于异乡，终年52岁。著作有：《老残游记》、《勾股天元草》、《孤三角术》、《历代黄河变迁图考》、《治河七说》、《治河续说》、《人命安和集》、《铁云藏龟》、《铁云藏陶》、《铁云泥封》、《铁云诗存》等。

光绪十三年（1887），黄河决口于郑州，河南、安徽、江苏二三十个州县被淹，洪水直注洪泽湖，有东冲下河南灌扬州之势。清廷立刻派大员协助河道总督和地方政府治理洪水，可是忙碌了一年多，决口也没有合龙。朝廷大怒，摘除了多位一品大员的顶戴花翎，并调来广东巡抚吴大澂任署理河道总督，负责河患治理。当时刘鹗正在吴大澂幕府中，参加了治河工作。在治河过程中，他采用科学方法及新材料进口水泥，身先士卒，与工役们一同工作在治河第一线，终于令黄河河堤合龙，河复正流。之后又具体负责测绘河南、山东、直隶三省黄河图，著《历代黄河变迁图考》以及相关治河著作。

　　《历代黄河变迁图考》四卷，是他根据《禹贡》、《水经注》和历代史志，广稽州县方志，博采诸家考述，及亲身参与治理黄河的经历，撰著而成。内容包括：卷一：1.禹贡全河图考；2.禹河龙门至于孟津图考。卷二：1.禹河孟津至于大陆图考；2.禹贡九河逆河图考。卷三：1.周至西汉河道图考；2.东汉以后河道图考；3.唐至宋初河道图考；4.宋二股河图考。卷四：1.南河故道图考；2.见今河道图考。全书采取图加说的形式，对黄河古今水道演变和河道走向、接纳支流情况、两岸堤坝等水利工程等情况详加考证。本书与光绪十六年（1890）完成的《三省黄河全图》奠定了他在黄河水利史上的重要地位。

现存主要版本

1.清光绪十九年（1893）袖海山房石印本

半叶七行，行十九字，白口，四周单边。

2.清宣统二年（1910）山东河工研究所石印本

半叶七行，行十九字，白口，四周单边。

3.民国间油印本

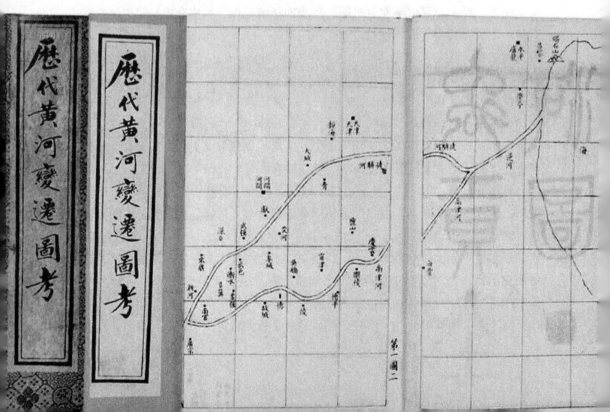

李逢亨与《永定河志》

　　李逢亨（1744—1822），字垣斋，号培园，又号平湖，陕西省平利县人。童年时敏而好学，品学兼优，能诗善文，精通《禹贡》。清乾隆四十四年（1779）拔贡，充四库馆校录议叙，分发北直隶，借补蓟州州判，掌管治河工程。五十七年，调任霸州同知。该州州治为九河趋汇之区，旧设埝以御众流，岁久不治。他与知州商议立法十条，率士民兴筑，是年各河皆涨溢，幸得无虞。迁永定河道三角淀通判。嘉庆六年（1801），任永定河道南岸同知，在任凡九年，筹划悉合机宜，加之士民用命，屡屡化险为夷。十一年，永定河水暴涨，北岸漫溢，南岸下游决堤数十丈。在这个危急时刻，他率士民奋力抢护，遂得平稳。十四年，任河间府知府，是年黄河溃决，缺口多至十余处。他奉旨督筑抢险，其水口为全河险要处，长数百尺，极难措手，他巧法施工，终于顺利合龙堵住缺口，工程结束，嘉庆皇帝即下旨擢升他任永定河道。十六年三月，嘉庆皇帝西巡，指明召见李逢亨"垂询全河形势"，他"敷陈机要，简明、详切，喜动天颜"，于是赏赐他三品顶戴花翎，并颁赠"福字鹿肉"。他趁皇帝高兴，建议在永定河畔修金门闸，以资分洪，在凤河东堤之东，运河西堤之西筑堤御水，以保万全，皇帝欣然采纳。十七年，"黄流顺轨"，"全河得庆安澜"，升黄河总督、左都御史、兵部尚书。在河督任内十年，河不决口，深得嘉庆皇帝赏识，官至直隶总督。二十五年，告老还乡，回到平利，慷慨解囊，拿出积蓄，购王英（出任砖坪都司）之故宅，捐给五峰书院，惠及士林。且与故乡父老，"放怀山水间"，欣赏故乡美好风光，"绝口公事"。道光二年（1822），卒于家，享年七十八岁。著作有：《治河管见》、《黄河志》、《永定河志》、《潭柘山岫云寺志》、《妙峰山志》、《续兴安府志》、《正谊堂诗文集》等。

　　《永定河志》共三十二卷，附录一卷，是其初任永定河道员期间编纂的记录康熙至嘉庆时期有关永定河治理方面的著作。它提供了研究清代永定河河道

故棄人可乎子輿氏稱神禹行所無事而曰行則

必有無事之事所為疏瀹決排者非耶以黃河證之積

石龍門故蹟可按而商患五邊周移千乘即已世近而

事殊厥後赴海南趨殆更藥齊與吳之境離神禹復生

亦難力挽以從其朔第更一境即治一境乃與當年導

源之績等耳豈竟以不治治之耶桑乾派經近圻勢若

建瓴非挾沙將一洩而無餘性挾沙又四出而莫過邇

道民生無隄何賴前此督臣孫嘉淦建議開金門閘上

变迁以及环境变化的文献资料，记述了治理永定河的各种思想方略、工程措施及经验教训，是京津冀地区防洪抗灾的重要史料。本书首列康熙三十一年至嘉庆十九年谕旨110道。卷一：绘图三幅（永定河源流全图、六次改河图、沿河州县分界图）。卷二至四：集考（永定河源流、两岸减河、汇流河淀、河源分野、河源河道考证、历代河防）。卷五至九：工程（石景山工程、则例、桥式、南北两岸工程、疏浚中泓、闸坝式、三角淀工程、疏浚下口、修守事宜）。卷十至十一：经费（岁修抢修疏浚、累年销案、兵饷、河淤地亩、防险夫地、柳隙地租、苇场地亩、香火地亩、祀神公费、香灯银附书吏饭银）。卷十二：建制（碑亭、行宫、祠庙、衙署）。卷十三至十四：职官（总督、河道、厅员、讯员、河营员弁、职官表一、职官表二、职官表三、俸薪养廉）。卷十五至三十：奏议（康熙三十七年至嘉庆二十年）。卷三十一：古迹。卷三十二：碑记。附录一卷：治河摘要。

现存主要版本

清嘉庆二十年刻本
半叶八行，行二十一字，小字双行同，白口，四周双边，单鱼尾。

吴仲与《通惠河志》

吴仲，字亚甫，武进（今江苏省常州市武进区）人，生卒年不详。明正德十二年（1517）进士，官至处州府知府、直隶巡按御史，撰《通惠河志》。

通惠河位于京城的东部，是元代挖建的漕运河道，由郭守敬主持修建。自至元二十九年（1292）开工，到至元三十年完工，元世祖将此河命名为"通惠河"。最早开挖的通惠河自昌平县白浮村神山泉经瓮山泊（今昆明湖）至积水潭、中南海，自文明门（今崇文门）外向东，在今天的朝阳区杨闸村向东南折，至通州高丽庄（今张家湾村）入潞河（今北运河故道），全长82千米。其中从瓮山泊至积水潭这一段河道在元代称为高梁河。

明清建都北京，粮食供应仍依靠漕运。通惠河作为北大运河的北端，也是京城漕运的最重要的河道。明代通惠河由于城内河段划入皇城，船只不再入城。明正统三年（1438）五月，在今东便门外修建大通桥，成为通惠河新的起点，所以明代的通惠河也称大通河。明初大运河的漕粮至张家湾停泊，由陆运至京仓。到成化十一年（1475），明宪宗诏平江伯陈锐等疏浚通惠河，虽有所成效，终因水源不足，且河道狭窄，两年后，河道浅涩如旧，几近湮废，漕粮由陆运进京因而费重民劳，他多次奏请疏浚河道。嘉靖七年（1528），他主持对沿河闸坝进行改造，从二月动工，三个月竣工。这次成功疏治成为明代漕运的重要转折期。他是按照郭守敬的引水路线加以疏通，采取"舟车并进"的措施。首先把码头从张家湾移到通州城北，改原旧土坝为石坝，省去从张家湾至通州的四闸两水关。其二，在通惠河上只保留使用"五闸二坝"，其余闸坝尽行废弃。其三，粮船不再过闸，漕粮由人工搬运到上游停泊的船中，运至上闸，依次办理。另外对闸坝管理也做了改进。据本书载"寻元人故迹，以凿以疏，导神仙、马眼二泉，决榆、沙二河之脉，汇一亩众泉而为七里泊，东贯都城。由大通桥下直至通州高丽庄与白河通。凡一百六十里，为闸二十有四。"漕运得以通畅。吴仲离任前，恐久而其法浸弛，故于舟中撰成此书并上奏朝廷，希望成为定制。到嘉靖十二年（1533）四月工部尚书向皇帝奏表说："数年以来，漕运通行，国计久赖所据吴仲建白勤事之劳，似亦不可泯也。"（《通惠河志·叙》）他修河的功劳受到了朝廷的嘉奖，据明史记载：人思仲德，建祠通州祭拜之。

全书二卷：上卷载通惠河源委图、通惠河考略、闸坝建置、公署建置、修河经用、经理杂记、夫役沿革、部院职制等；下卷收入有关部门历次奏议及碑记诗文等。

现存主要版本

1.明嘉靖间刻隆庆间增修本

半叶九行，行十九字，黑口，四周双边，双鱼尾。

2.民国三十年（1941）上海影印《玄览堂丛书》本

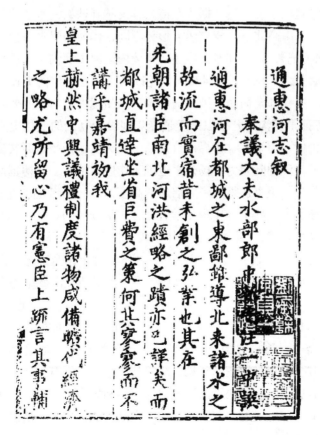

刘文淇与《扬州水道记》

　　刘文淇（1789—1854），字孟瞻，江苏仪征人。嘉庆二十四年（1819）优贡生，候选训导。父业医。舅氏凌晓楼爱其颖悟，自课之。稍长，即精研古籍，贯串群经。于毛郑贾孔之书及宋元以来诸学说，博览冥搜，与刘宝楠齐名，有"扬州二刘"之称。有《读书随笔》二十卷，《青溪旧屋集》十二卷传世；据《史记秦楚之际月表》，知项羽曾都江都，核其时势，推见割据之迹，作《楚汉诸侯疆域志》三卷；据《左传》、《吴越春秋》、《水经注》诸书，知唐宋以前扬州地势南高北下，较分运河形势不同，作《扬州水道记》四卷。

　　《扬州水道记》，是一部考证叙述扬州境内运河（邗沟）水道变迁沿革的重要历史地理著作。邗沟自公元486年开挖以来，随着时代的变迁，发生了天翻地覆的变化。第一部全面而详细考证邗沟（扬州境内运河）的要算是《扬州水道记》。它考证了邗沟自开挖以来至道光年间极为复杂的变化史实，具有极为重要的史料价值，历来在学术界评价甚高，堪为反映扬州运河文化的一部代表作。同为仪征人氏的阮元为《扬州水道记》作序，给予了"博览而又有识，故皆精核"的赞誉。该书还得到了梁启超的高度评价。梁启超在《清代学者整理旧学之总成绩》中，盛赞当年扬州学者在方志学领域的贡献。当时，扬州学者编撰了不少私家著述，"此类作品，体制较为自由，故良著往往间出。"刘文淇的《扬州水道记》为其中之一，评语为："不（肯）作全部志，而摘取志中成有之一篇，为己所研究有得而特别泐成者"，肯定刘文淇此书的自创体例、独具一格。

　　本书有这样一些特色：一是叙述了邗沟即扬州至淮安运河水道的变迁及沿革，旁征博引，追根寻源，正讹纠谬，十分精核；二是记录了围绕水道治理朝廷与地方、水利与漕运的意见、纷争与协调，有理有据，条分缕析，鞭辟入里，鉴前启后；三是反映了沿途城镇的变更和风光民俗，材料丰富，文字生动，间引诗文，涉笔成趣。其学术价值、文献价值都极高，所以一问世便受到

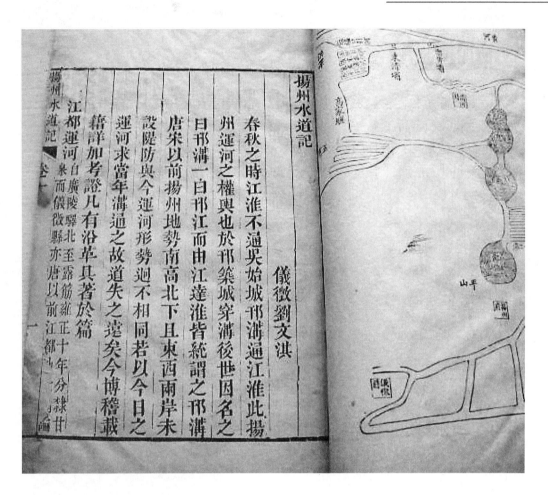

好评。

　　是书内容包括：序（阮元）、序（黄承吉）、后序（刘文淇）、书（吴文镕）、序（方浚颐）；图一：吴沟通江淮图；图二：汉建安改道图；图三：晋永和引江入欧阳埭图；图四：晋兴宁沿津湖东穿渠图；图五：隋开皇改道图；图六：唐开元开伊娄河图；图七：唐宝历开七里港河图；图八：宋湖东接筑长堤图；图九：明开康济宏济河图；图十：运河图；卷一：江都运河；卷二：江都运河；卷三：高邮运河；卷四：宝应运河。共计11万多字，引书170余种，纠正引书谬误70多处，对重大历史讹传考辨甚详。作为一部专门著作，《扬州水道记》考证邗沟的水道、漕运、治河、水源及埭堰、堤岸、闸等各类设施及古运河演变，从某种意义上说，它就是一部扬州古运河的发展史，不仅给后来的治水者提供了重要的借鉴，对研究历史文化和发展旅游都有重要的参考价值。

现存主要版本

1.清道光十七年（1837）欲寡过斋刻同治十一年（1872）淮南书局补刻本
半叶十行，行二十一字，小字双行同，白口，左右双边，单鱼尾。
2.清道光二十五年（1845）江西抚署刻本
半叶十行，行二十一字，小字双行同，白口，左右双边，单鱼尾。

李卫与《西湖志》

  李卫（1687—1738），字又玠，江南铜山（今江苏丰县大沙河镇李寨）人，清代名臣。康熙五十六年（1717），捐资员外郎，随后入朝为官，历经康熙、雍正、乾隆三朝。李卫深受雍正皇帝赏识，历任户部郎中、云南盐驿道、布政使、浙江巡抚、浙江总督、兵部尚书、署理刑部尚书、直隶总督等职，为官清廉，不畏权贵，不论所任何职，在官时能体察民间疾苦，深受百姓爱戴。乾隆三年（1738）病逝，年五十一，乾隆帝命按总督例赐予祭葬，谥敏达。

  李卫虽然识字不多，但对文人、对文化事业还是非常看重的。除了修《西湖志》还曾修过《浙江通志》，建过书院，给在读士子以丰厚的膏火钱。在浙江任上，十分关注浙江海塘事宜，几乎每年都要奏请整治。雍正六年（1728）七月，皇帝因不满意江南总督范时绎对松江海塘改土易石工程的办理，令李卫赴工查勘，并采纳了他的修治方案，由李卫同江南督抚稽查治理。海塘工程系由政府财政开支，但所拨款额多不敷用且必须先经奏准，然后兴办。他在浙江多方面自筹资金，"除应动用正项之外，皆系每岁设法盐务等类节省额外盈余陆续抵用"，得以使海塘工程顺利进行。

  《西湖志》是记载杭州西湖的方志。清雍正九年（1731）由浙江总督李卫监修、傅王露等纂，共48卷。西湖有志，始于明嘉靖间田汝成纂《西湖游览志》，此志多记湖山之胜，体例在地志、杂史之间。李卫监修的《西湖志》与田志不同，全仿"通志"体例，首记太子太保兵部尚书总督直隶等处前浙江总督李卫、总督浙江等处地方军务并两浙盐政兵部右侍郎程元章、兵部尚书总督福建浙江等处地方军务郝玉麟、江南苏松总兵李灿等序8则。次纂修职名，题衔者有李卫、程元章、王纮、张若震、杭世骏、沈德潜、吴焯、张云锦、傅王露、赵一清等47人。再次凡例18条。其后目录，分水利（卷1至2）、名胜（卷3至4）、山水（卷5至6）、堤塘桥梁园亭（卷7至9）、寺观（卷10至13）、祠宇（卷14至15）、古迹（卷16至18）、名贤（卷19至21）、方外（卷22至

西湖志卷之一

水利一

西湖源出武林巡南北諸山之水而注於上下

兩塘之河其流盜長其利斯溥唐宋以來屢經濬

治而興廢不常

盛朝特重水利首及東南疏鑿之功爲前古未有恭紀

聖恩垂利萬世而歷代開濬始末悉詳著於篇志水利

西湖古稱明聖湖漢時有金牛見湖人言明聖之瑞

因名又以其在錢塘故稱錢塘湖又以其翰委於

书中名胜卷（卷3至4）以图为主，收：西湖全图、圣因寺图、康熙御题十景图（苏堤春晓、双峰插云、柳浪闻莺、花港观鱼、曲院风荷、平湖秋月、南屏晓钟、三潭印月、雷峰西照、断桥残雪）、钱塘八景图（六桥烟柳、九里云松、灵石樵歌、冷泉猿啸、葛岭朝暾、孤山霁雪、北关夜市、浙江秋涛）、云峰四照图、关帝祠图、惠献贝子祠图、西湖十八景图（湖山春社、功德崇坊、玉带晴虹、海霞西爽、梅林归鹤、鱼沼秋蓉、莲池松舍、宝石凤亭、亭湾骑射、蕉石鸣琴、玉泉鱼跃、凤岭松涛、湖心平眺、吴山大观、天竺香市、云栖梵径、韬光观海、西溪探梅），共计版画图41幅。绘图精美且方位准确。

《西湖志》号称"西湖第一书"，它记录了丰富的人文景观、秀美的自然风光、美丽的神话。历史名人向来与西湖密不可分，唐白居易、宋苏东坡、明杨孟瑛、清阮元，分别名为白公堤、苏堤、杨公堤、阮公墩。白居易云："未能抛得杭州去，一半勾留是此湖。"万松书院的梁山伯与祝英台的爱情故事，断桥上白娘子与许仙的相会传说，西泠桥畔苏小小的凄美轶事等。可以说它将古代西湖和西湖文化的珍贵历史尽收于此。"天下西湖三十六，就中最胜是杭州"，杭州西湖以独特"文化"取"最胜"桂冠。《西湖志》是"西湖文化学"的起点，是有关古代西湖最具权威的一部"百科全书"，亦是清代官方以一个省的人力物力编纂而成的志书。

现存主要版本

1.清雍正十二年（1734）武英殿刻本
半叶九行，行二十一字，小字双行同，白口，左右双边，单鱼尾。

2.清雍正十三年（1735）两浙盐驿道库刻本
半叶九行，行二十一字，小字双行同，黑口，四周双边，单鱼尾。

3.清乾隆间吴家龙刻本
半叶九行，行二十一字，小字双行同，白口，四周双边，单鱼尾。

4.清乾隆间刻本
半叶九行，行二十一字，小字双行同，白口，左右双边，单鱼尾。

5.清道光间刻本
半叶九行，行二十一字，小字双行同，黑口，四周双边，单鱼尾。

6.清光绪四年（1878）浙江书局刻本
半叶九行，行二十一字，小字双行同，白口，左右双边，单鱼尾。

蒋湘南与《江西水道考》

蒋湘南（1795—1854），字子潇，回族，河南固始县人。他自小丧父，母亲王氏寒暑无间，对其进行启蒙教读。叔父见其聪明好学，置书千卷，聘请老师教授，十九岁中秀才。清道光五年（1825），河南学政吴巢松举其为拔贡，并写诗赞曰："一鞭初指仆公来，难得风檐有此才！"次年入京，结识阮元、顾纯、黄爵滋、龚自珍、魏源等学者名人。其后在南京两江总督蒋攸铦府作短期幕僚，同江南文人学者交流学问。八年为陕甘学政周之祯幕僚，写下许多诗篇，其中描写蒙古族草原生活的《鄂尔多乐府》，具有民族史料价值。十五年中举；二十四年，大挑二等，补虞城县教谕。他性刚介，不随俗，绝意仕进，拒绝任职，"游四方，无所寓"，专事游幕、讲学，潜心研究经学。他先后主讲于关中书院、同州书院，并修纂《兰田县志》、《泾阳县志》、《留坝厅志》、《同州府志》、《夏邑县志》、《鲁山县志》等志书，还有《春晖阁杂著四种》、《蒋子遗书》、《春秋纪事考》、《后泾渠志》等著作。咸丰四年（1854）八月卒于陕西凤翔。

《江西水道考》五卷，是《蒋子遗书》之一，蒋氏生前并未刊刻。其著述于咸丰间，"回纥之乱"中尽毁于火，所幸此稿先经沔阳彭梦九先生借去，故免此一劫。卷一：江水（九江府水道）。卷二至卷五赣水（卷二：南安府、赣州府水道。卷三：赣州府、宁都州、吉安府、袁州府、瑞州府、南昌府水道。卷四：南昌府抚州府、建昌府、广信府、饶州府、南康府、九江府水道。卷五：彭蠡湖）。

由于江西水道历来没有专门记载之书，像刘澄之的《鄱阳记》，邓德明的《南康记》，张僧监的《寻阳记》，以及《江西通志》的山川一门，都是仅记一方之水，而未详注明其源流。或者是仅汇集州县志乘，而分府条例，纲目不明，令读者茫然无序。本书专考江西水道源流，先江水，次为赣水，而附以彭蠡湖辨。体例依《水经》之法，提纲梳目，"俾十三府一州之水咸归一线"。并引用《汉书地理志》、《水经注》、《寰宇记》、《山川志》、《读史方舆纪》、《水道提纲》、《漳水经流考》等历代史志诸书，互为考证，运用了大量的按语，稽考前人历史地理之书的谬误，批评前人没有实地考察的臆说，引出自己的结论加以纠正。《江西水道考·凡例》："大江虽在九江一府之境，而为彭蠡湖水所归；湖水又为赣水所会，赣水又为众水所汪；自宜以江水为经，湖水为纬；湖水又以赣江为经，众水为纬；巨细无遗，脉络庶几分明。"

现存主要版本

一、一卷本

清光绪十七年（1891）上海著易堂铅印《小方壶斋舆地丛钞》本
半叶十八行，行四十字，白口，四周双边，单鱼尾。

二、五卷本

民国间资益馆铅印《蒋子遗书》本

陆燿与《山东运河备览》

　　陆燿（1722—1785），字朗夫、青来，吴江（今江苏省苏州市吴江区）人。清乾隆十七年（1752）举顺天乡试，授中书，迁户部郎中，官登州知府。三十六年调济南府，三十七年授甘肃西宁道。同年请假送母亲回居京师，六月迁运河道。三十九年，平定王伦之乱。四十年擢按察使。四十三年迁布政使。同年老母病重，奏乞解任归家赡养老母，获得批准。四十六年，老母病逝，时运河需要筑堤，乾隆帝深知其熟习河务，命他前往山东会运河道沈启震一起完成此项工程。四十八年，署布政使。四十九年，升为湖南巡抚。五十年病逝。他为官清勤自励，所至皆有政声。其学广博，多经世之文，工诗善书画。著作有《切问斋古文》、《甘薯录》、《山东运河备览》、《朗夫诗集》等。

　　《山东运河备览》十二卷图说一卷。是有关京杭运河山东段的水利专著，成书于乾隆四十年（1775）。书前冠仁和姚立德、凌川王猷序言各一篇，接凡例、修辑姓氏、引用书目、目录等。载运河图、五水济运图、泉河总图、禹王台图四幅并说四篇。卷一：沿革表。卷二：职官表。卷三：泇河厅河道。卷四至五：运河厅河道。卷六：捕河厅河道。卷七：上下二河厅河道。卷八：泉河诸泉、沂河坝工。卷九：挑河事宜、钱粮款项。卷十：治迹。卷十一至十二：名论。

　　本书的沿革表和职官表，以年表形式分别记述元至元十六年至清乾隆四十年（1279—1775）运河工程沿革和主管官员姓名，任职年份。这两表在有关山东运河的多种水利专著里未有先例，系此书新

创；从南向北依次记述迦河厅、运河厅、捕河厅、上河厅、下河厅以及泉河厅、沂河厅等河段的水利工程和航运管理，尤其对峄县至临清间49座单式船闸的启闭运用，以及济运水源、水柜调节蓄泄等经验教训及挑河人工、财务管理等规章制度记述尤详；并辑录前人论述黄、运相关论述、运河大势、经理漕河、疏浚泉源、清理水柜、南旺大挑、加速漕运诸法等方面的著作达80余种。

《山东运河备览》在时限上与明《漕河图志》《北河纪》上下相承，在地域上与《南河志》《通惠河志》左右相连，构成了上迄明洪武下至清乾隆，跨越400多年的京杭运河水利工程专志。它是一部比较全面翔实反映山东境内河流分部情况的地方水利文献，具有较高的文献价值。

现存主要版本

1.清乾隆四十一年（1776）切问斋刻本
半叶十一行，行二十五字，白口，左右双边，单鱼尾。
2.清同治十年（1871）山东运河道库刻本
半叶十一行，行二十五字，白口，左右双边，单鱼尾。

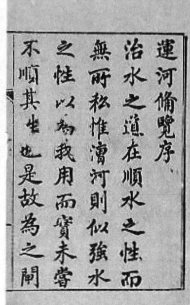

胡瓒与《泉河史》

胡瓒，字伯玉，号心泽，桐城（今属安徽省）人。明万历二十三年（1595）进士，授都水司主事，掌管南旺司，兼督泉闸事物，因为有功升迁至江西右参政。年老乞归，卒于乡里。著作有《泉河史》、《禹贡备遗增注》、《尚书过庭雅言》等。

《明史》（卷二二三列传一一一）曰："胡瓒，字伯玉，桐城人，万历二十三年（1595）进士，授都水主事，分司南旺司，兼督泉闸，驻济宁。"泗水之冲有金口坝。会大霖雨，沂、泗交注，堤不足以胜水，坝堰尽坏。瓒修金口坝遏之，又造舟于汶上，为桥于宁阳，民不病涉。河决黄堌，瓒忧之。会刘东星来总河漕，瓒因与论难往复。谓黄堌不杜，势且易黄而漕；漕南北七百里，以涓涓之泉，安能运万千有奇之艘，使及期飞渡？建议浚贾鲁河故道，益治汶、泗间泉数百。寻源竟委，著《泉河史》上之。瓒治泉，一夫浚一泉，泉水所汇，则聚而役之，各有分地，省其勤惰而赏罚之。冬则养其余力，不征于官。以疏浚运道有功，增秩一等。二十七年（1599）督修琉璃河桥，三年桥成，省费七万有奇。累官江西左参政，予告归，久之卒。

山东泗水上游的金口坝，地处要冲，每年雨季，沂河、泗水交相冲刷，常致堰塌堤崩，洪水泛滥。为使民众生命财产免遭威胁，胡瓒首先率民培高加固金口坝堤，开河分流，减轻洪水对堤坝的冲击，继在汶上县设置渡船，在宁阳架设桥梁。水利、交通同时并举，收事半功倍之效。他主张不同地形采用不同治理方法。他认为，济宁以西地势较高，蓄水难，泄水易；济宁以东地区地势低洼，泄水难，蓄水易。宜蓄宜排，要因地制宜确定治理重点。施工方法上，他主张工程简便的疏泉、挖渠，实行包干；工程浩繁的开河、筑堤等，则集中民工，划好地段，统一调度指挥；寒冬季节，水冷草枯，不宜举办水利工程，以养民力。他注意减轻农民徭赋负担，敢于仗义执言。在济宁时，当局曾动议通过加征赋税解决水利经费问题，他力排众议，据理争辩，终于停止实行。他还建议减免南旺、平东两湖芦课，认为此地芦草除用来繁衍鱼类外，未见它用。既已征收鱼课，复又征收芦课，不合情理。

万历二十六（1598）年，黄河决口，单县黄堌一带运河被泥沙淤塞，漕运受阻。朝廷派工部左侍郎兼右佥部御史刘东星为河漕总督。在商讨治河方案时，胡瓒建议疏浚贾鲁河故道，治理汶河、泗水间几百条山泉。为了制订实施方案，他不畏辛劳，跋山涉水实地勘察这些河流的来龙去脉，著成《泉河史》十五卷进献。

卷一：图纪；卷二：职制志；卷三：泉源志；卷四：河渠志；卷五至六：职官表；卷七：泉河派表；卷八：疆域志；卷九：山川志；卷十：夫役志；卷十一：漕艘志；卷十二：宫室志；卷十三：人物志；卷十四：秩祀志；卷十五：自序、泉河史大事记。

现存主要版本

1.明万历二十七年（1599）刻本

半叶十行，行二十字，小字双行同，白口，四周单边，单鱼尾。

2.明万历二十七年（1599）刻清顺治四年（1647）增修本

半叶十行，行二十字，小字双行同，白口，四周单边，单鱼尾。

李元与《蜀水经》

李元，字太初，号浑斋，湖北京山人。"父训读于外，病归，不能言。妻方娠，乃索笔，嘱曰：'少时有媚叩户，拒不纳，用是或应有子，若生男，可命之曰元。'果遗腹六月而生。幼孤贫力学，夜无膏火，则默诵，有遗忘则爇香炷照之，其苦笃学如此"（《清代学人列传·李元》）。乾隆三十六年（1771），举于乡。后从师某公游学，学日以博。四十年，大挑一等。历任四川仁寿、金堂、南充诸县知县，所至官声极好。嘉庆二十一年（1816）告老病归，卒于家。

其学问博洽，文笔渊雅，著述极富。有《蜀水经》、《音切谱》、《声韵谱》、《寤索》、《乍了日程琐记》、《通俗八戒》、《蠕范》等，一时通儒皆重其书，流播都门坊肆。还参与纂辑了《仁寿县志》、《昭化县志》。其余还撰有《春秋君国考》、《五礼撮要》、《历代甲子纪元表》、《西藏志》、《葭萌小乘》、《往哲心存补编》、《日书理学传授表》、《检验详说》、《拙氏算术缉》、《古算术小解》、《明文渊海》、《吟坛嘉话》等书，存稿未刊。

《蜀水经》是继郦道元《水经注》之后全面记述四川水道的一部图经考订著作，"详于河而略于江"，此书以四川的江河源流考证为主要线索，涉及自然地理及人文地理、文学等方面，内容丰富，考订详尽，是研究四川地区历史地理的重要资料。全书十六卷，卷一至七：江水。卷八：渼水、沫水。卷九：泸水。卷十：若水、孙水。卷十一：沱江、绵水、雒水、荣水、耶水。卷十二至十三：汉水、白水。卷十四：巴水、渠水。卷十五：涪江、凯江、梓水。卷十六：邛水、南广江、渭江、綦江、黔江。

现存主要版本

1.清乾隆五十七年（1792）刻本
半叶九行，行二十一字，白口，四周双边，单鱼尾。

2.清嘉庆五年（1800）传经堂刻本

半叶九行，行二十一字，白口，四周双边，单鱼尾。

蜀水經卷之一

京山李

江水一

蜀西北徼外羊膊山江水出焉

應劭風俗通曰江者貢也其出珍物可貢獻也

釋名曰江其也小水流入其中所公其也禹貢曰岷

山導江山海經曰女兒之山又東北三百里曰岷山

江水出焉東北流注於海其中多良龜多鼉其上多

金玉其下多白珉其木多海棠其獸多犀象多夔牛

〖卷之一〗

其鳥多翰鷩其神狀皆焉身而龍首其祠毛用一雄

雞瘞醹用稌家語曰夫江始于岷汕其源可以濫觴

及其至于江津不舫舟不避風則不可以涉此書曰

岷山在湔氐道西徼外江水所出東南至江都入海

過郡七行二千六百六十里郭璞山海經注曰今江

出汶山郡升遷縣岷山東南經蜀郡健為至江陽東

北經巴東建平宜都南郡江夏弋陽安豐廬江淮南

下邳廣陵入海水經曰岷川在蜀郡氐道縣大江所

出東南過其縣北鄱道元注曰岷山即瀆山亀水曰

陈登龙与《蜀水考》

陈登龙（1742—1815），字寿朋，号秋坪，其先祖金陵人，明季始迁闽中，籍闽县（今福建省福州市）。高祖丹赤，清顺治八年（1651）举人，历温处道，康熙间耿精忠反殉难，谥忠毅。曾祖一夔，以难荫授夔州知府。他勤苦力学，能古文词，旁及琴棋书画。乾隆三十九年（1774）乡试中举人，大挑一等，署天全州。天全州即大金川，地新归化，未立学堂，他捐献俸禄，请示上级官府，奏准设立学堂，创建文庙，建和州书院，以勘断明确，人呼陈青天，立祠祀之。后调青神县，署里塘同知，调雅安州，迁安陆府同知，以赴任延迟，诣京师候选，授建昌捕盗同知。他为官廉政清贫，"囊橐萧然"，曾主讲泉州清源书院三年。后因病归于乌石山麓李园里旧宅，筑云凹水曲山房，授徒自给，诸生学画者多游其门。嘉庆二十年（1815）三月初四病逝，享年七十四岁。著作有：《出塞录》、《里塘志略》、《蜀水考》、《天全闻见记》、《读礼余篇》、《秋坪诗存》等。

《蜀水考》四卷，陈登龙述，同里朱锡谷补注，金堂陈一津分疏。成书于乾隆年间，时其正官四川雅安州。原稿分为上、下二卷，后经朱锡谷、陈一津作了大量校雠、诠疏、补注工作，最终厘定为四卷。朱锡谷在序言中说："先生官蜀中有年，所著《里塘志略》、《出塞录》、《天全闻见记》诸书皆有关于图经考订；而《蜀水考》一篇，综全蜀之水，以岷江为经，众水为纬，网罗载籍，剪裁熔铸，溯源析流，一以贯之，博而不烦，约而有要。"全书对四川江河源流予以综合介绍、考证，兼及相关地势沿革、民俗变迁。可补郦著之阙，又可与李元《蜀水经》互为补充，是记述研究巴蜀历史地理沿革的重要著作。

蜀水攷卷一

閩中陳登龍秋坪述

同里朱錫穀敬原補注

金堂陳一津卵生分疏

禹貢岷山導江〇〔補注〕岷山史

荀卿曰江出岷山其源可以濫

觴漢志湔氐道〔補注〕漢置屬蜀郡古湔氐西北今松潘廳西北極邊夷地江水所出東南至江都入

禹貢岷山在西徼外益州記犬江泉流

與甘肅接壤郎臨洮木搭山

〔補注〕在今松潘廳西

海南四十里東入通鼎泰興又名大江又東入海亦名哈嗎鼻淚緣崖散

始養羊膊嶺下架嶺又名大分水嶺郎岷山之南支

漫小大百數殊未濫觴東南下百餘里至白馬嶺〔補注〕在松潘廳西北

白馬羌地蜀置白馬氐守管分置興樂縣郎回行二十

今白馬寨夷地方岷山之東南支弓槓之右支

现存主要版本

1.清道光五年（1825）刻本

半叶十行，行二十三字，小字双行同，黑口，四周双边，单鱼尾。

2.清同治间刻本

半叶十二行，行二十三字，小字双行同，黑口，左右双边，双鱼尾。

3.清光绪四年（1878）成都叶氏刻本

半叶九行，行二十字，小字双行同，黑口，左右双边，单鱼尾。

4.清光绪五年（1879）绵竹杨氏清泉精舍刻本

半叶十二行，行二十三字，小字双行同，黑口，左右双边，双鱼尾。

5.清光绪十六年（1890）成都试院刻本

半叶九行，行二十字，小字双行同，黑口，左右双边，单鱼尾。

6.清光绪二十二年（1896）成都书局刻本

半叶九行，行二十字，小字双行同，黑口，左右双边，单鱼尾。

王来通与《灌江定考》

王来通（1702—1779），字自明，道号纯诚，四川夔州府奉节县人，生于清康熙四十一年（1702）正月十七日午时。自幼离俗出家，二十一岁时投师李阳修，访道来到都江堰。时二王庙的庙宇颓败，百废待举，于是驻单留庙，参与庙宇的修复。他发奋振作，昼夜不懈，躬亲操劳，深得道众们喜爱，被道众推任住持。住持二王庙期间，他整饬庙规，培修宫路，广植林木，种杉树84 000棵，蜡树64 000棵（见乾隆三十四年《种树碑》）。又布施药物，岁以为常，耗用颇大，自己却布衣蔬食，终身不厌。王来通少年入道，缺少读书的机会，文化水平并不高，但他能广当时关心水利的人士，借助他们的帮助，将能够收集到的古今都江堰水利技术著作，汇编成册。他编书的目的，是怕李冰的丰功伟绩和治理都江堰的良方，不能昭示后人永垂久远。只有把李冰的功绩和历代治水经验，印成书籍，才不致像碑刻那样日久风化，才能为子孙后代所利用。

王来通住持二王庙，谨遵祖师教训，节衣缩食，百计经营，开拓二王庙的道教事业，弘扬道法，给二王庙的道士们树立了典范。雍正十一年（1733），时逢春旱，四川总督黄廷桂来二王庙祈雨。"祀事毕，堰水随至，百派分流，灌畦溉畛，一时电趋雷击，一雨三日，既优既渥，膏禾泽麦，民乃悦怿。"王来通就在此时向黄廷桂提出扩建庙宇的要求。黄廷桂随即察视二王庙，只见"庙貌虽尊，规制未惬，且历年既久，不无圮废，躬环周视，有慊于心"。黄廷桂便会同抚部院等官，计费纠资。于是"埏人献甓，施人输石，锻人呈灰，柞人伐木，梓人审曲面势，凡百工役，翕然竞趋"。遂建正殿若干楹，东西庑若干楹，殿之前为牌门，又为碑亭于殿之左右，越数月，而工告成。黄廷桂还在二王庙举行了对李冰父子的尊祀大典。

乾隆三年（1738），朱介圭为茂州牧，因公往来，登临二王庙瞻仰，王来通陪同参观。言谈之间，王来通对朱介圭说："事有为之主者，有为之辅者，

· 51 ·

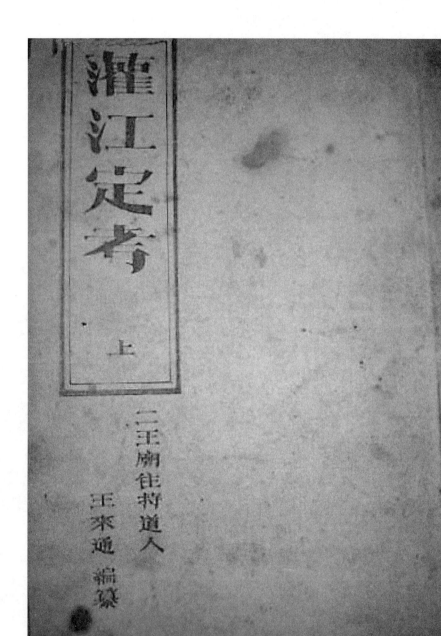

灌江定考

上

二王廟住持道人
王來通 編纂

离堆凿而泽被无穷，公（李冰）主之而二郎辅之，父子同功一体，殿庭应与相
侔，今乃前新后旧，殆非所以肃观瞻，而妥神灵也。若能募集，并将后殿新
之，惟住持是赖。"朱介圭听后，嘉其志之坚。事后，王来通不辞辛劳，往来
奔走，募集到修后殿之资金，使后殿焕然一新，随即又修建了庙前东楼，横骑
入口石梯通道。乾隆五年（1740），朱介圭任成都水利同知，职专水利，下
车伊始，前往二王庙，斋虔往祭，则见后殿巍峨壮丽，与前殿相映，大异
于昔。朱介圭感叹道："是亦道人募化之勤哉，要以神灵功德，越千百祀而
不朽者，自深入乎人心也。"乾隆四十四年（1779），王来通于九月初一日
卯时羽化，享年七十八岁。由于他毕生弘扬道法，利人济物，民国《灌县
志》给他立了传。

都江堰历史悠久，涉及它的史籍汗牛充栋。但是，记载都江堰水利工程的
专志、专书却不多见。乾隆年间王来通纂辑的《灌江定考》一书，可称之为有
关这方面内容的一部传世专著。是书序言："吾闻诸夫子曰：'人无远虑，必有
近忧。'夫虑在一身一事，圣人犹有取焉，矧王庙为报功崇德之所，虑之不可
不周。至灌江水源，灌口水法，又千里沃野之所恃以谷我士女，虑之更不可不
详。故圣天子虑切民生，于王庙恩纶叠沛；各宪为民祈福，虑祀事之不修，岁
必身亲。即专任守职如余者，四载于兹，凡深淘低作之准绳，内江外江之疏
凿，因时乘时之补砌，夙夜匪懈，虑较父老之旱涝防患而更切。乃住持道人王
来通者，在庙日久，咫尺江岸，行年六十，既恒心于庙，复潜心于水，曾不知
老之将至。虑堰工之留传失真，遂辑《灌江定考》；虑二王之谟烈不彰，遂修
汇集实录；虑疲癃残疾之颠连无告，遂置施药水田；虑重建殿宇之艰于大木，
遂植万千杉树；虑薅刨护蓄之需人任使，遂创杉树庄庵；是诚虑竭秋毫，虑
周后世。今复虑神功勒石昭垂，风雨漂摇，则水源水法未必不埋没于断简残
碑，虑将来住持穷奇不法，片石丁宁无难灭迹于荒烟蔓草，因取身亲目睹事神
事上、利人利物者荟萃为书，颜其篇曰《灌江定考》，俾千万里外，千万世下，
展读《灌江定考》而水源水法若指其掌也。即遇不肖住持，执《灌江定考》而
攻之，不且如道人之大声疾呼而面唾哉！嗟乎，若道人者可谓忠于王庙而孝于
二王者矣，夫安得今古人臣事君，人子事父，胥同道人这于王庙虑之之周、虑
之之详、虑之之远，则人人忠臣也，人人孝子也，又奚至贻君父之虑乎？余故
深嘉其虑，因书其所虑以告后之住持、必尽如道人之虑其所虑。是为叙。时乾
隆二十六年辛巳夏月吉日四川成都管粮水利府候补府正堂兼摄彭县加三级纪录
三次李演撰文。"

　　清乾隆二十六年（1761）《灌江定考》刊刻成书，内容包括：摘自古代关于离堆、二江、石犀等的十条资料；李冰父子历代封号和灵异记载；水利堰疏记（有明代陈文独、卢翱的水利考、堤堰考，清代佟凤彩、宪德的奏札等）。全书计收录文章、碑记、诗文30篇，约1.1万余字。其中《天时地利堰务说》、《六字碑》、《复造水则》、《石标对铁桩》、《拟做鱼嘴法》、《做鱼嘴活套法》等篇，最初见于此书，汇集、传播文献的作用巨大。

现存主要版本

1.清乾隆二十六年（1761）刻灌江四种本
半叶九行，行十六字，白口，四周双边，单鱼尾。
2.清嘉庆七年（1802）王道通刻本
半叶九行，行十六字，白口，四周双边，单鱼尾。

下 篇

水　利

黄士杰与《云南省城六河图说》

黄士杰，生卒年未详，福建长泰人，贡生，清雍正二年（1724）任马龙州知州；五年任东川府知府；六年任云南粮储水利道副使，十一年以按察使管迤东道事。为云贵广西总督鄂尔泰兴办云南水利的得力助手，多次参与兴修昆明六河及滇池海口的指导和实践活动。雍正七年到十年（1729—1732）与其弟黄士信对滇东垦殖及滇池流域水利进行了考察，总结治水经验，对滇池水系进行全面治理。其中包括对流入滇池的六条河流及其他小河进行疏浚，并建闸控制，以及对滇池出口新开泄水河道，建闸调蓄。他的水利专著《云南省城六河图说》大概就成书于其任云南粮储水利道副使期间。

《云南省城六河图说》凡5 000余字，附图八幅。分为《六河总图说》、《盘龙江图说》、《金汁河图说》、《银汁河图说》、《宝象河图说》、《马料河图说》、《海源河图说》、《昆阳海口图说》八章，详细介绍了昆明六河的源流、水文特征、治理及效益、存在问题等。具体说明修建堤堰、渠道、涵洞和桥梁的位置，以及沿河田亩、水排及修浚工程、各河大修及岁修等均一一进行论述。总结了治理滇池水利的经验教训，并提出了规划设想，其中不少见解对滇池治理有重要参考价值。属于珍贵的云南地方农田水利专著。

《云南省城六河图说》所述六河，即盘龙江、金汁河、银汁河、宝象河、马料河、海源河。在今昆明市五华、盘龙、西山、官渡四区及嵩明、呈贡二县境内。这六条河是注入滇池的二十余条河流中比较大的河。历史上，六河既是其沿岸地区重要的农田灌溉水源，也是汛期防洪重点。围绕灌溉或防洪，不同时期的人们在六河流域修建了一系列水利工程。这也对滇池地区水利建设产生了影响。先前对滇池水利的研究主要集中在滇池唯一出水口，海口河的水利研究上。历代海口河水利工程的目的都在于降低滇池水位、缩小滇池水域、稳定或扩大滇池沿岸耕地面积。滇池水域缩小后，人们在滇池区域最重要的北岸六河地区兴修水利用于灌溉或防洪，逐渐形成一个庞大的水利网络。元代以前

"六河"水利的记载相当有限，且零散、不系统。从现有文献记载看，六河地区在近代以前大规模兴修水利工程，肇始于元代，发展于明代，鼎盛于清代。清代曾8次大规模地治理、疏挖海口河，其特点是对海口河及"六河"在滇池地区生产的重要性有了进一步的认识。本书不仅总结了前人治理滇池流域水利的经验，且提出自己治理滇池的理论和系统的治理方案，指出治理"六河"与滇池水利的关系。

现存主要版本

1.清道光十五年（1835）平湖沈兰生刻本
半叶十行，行二十字，白口，四周双边，单鱼尾。
2.清光绪六年（1880）太平崔尊彝云南粮储水利道署刻本
半叶十行，行二十字，白口，四周双边，单鱼尾。
3.清末刻本
半叶十行，行二十字，白口，四周双边，单鱼尾。

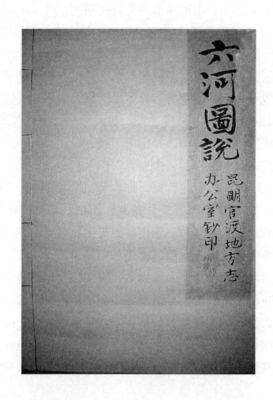

徐松与《西域水道记》

徐松（1781—1848），字星伯，生于浙江绍兴，幼年时父在京师为官，随移居京师（今北京市），落籍为顺天府大兴县。清嘉庆六年（1801）举人。十年进士，殿试二甲第一名，选庶吉士，散馆授编修。十三年入"全唐文馆"担任《钦定全唐文》提调兼总纂官。十六年任湖南学政，十一月二十二日礼部给事中赵慎畛奏参其"需索陋规，出题割裂圣经"等九款罪，被革职遣戍伊犁。由于他精于史事，博览群书，并尤长地理，伊犁将军松筠命他撰写《新疆事略》。他便于新疆南北两路壮游殆遍。所至之处，携开方小册，置指南针，其山川曲折，一一录之。至邮舍则进仆夫、驿卒、台弁、通事，一一与之讲求。积之既久，绘为全图。乃遍稽旧史、方略及案牍之关地理者，笔之为记。书成松筠奏进，并特别讲述了徐松编辑本书的辛劳。新书得到新继位的道光皇帝的青睐，赐名《新疆识略》，并亲自撰序，付武英殿刊行。在这里，"新疆"作为一个省级行政区的专有地名，首次被清朝启用。徐松被赦回京，道光元年（1821）"特用内阁中书转礼部主事晋郎中简陕西榆林府知府"。道光二十八年卒。著作有：《唐两京城坊考》、《唐登科记考》、《宋三司条例考》、《后汉书西域传补注》、《西域水道记》、《新疆赋》、《西游记考》等。

《西域水道记》五卷。卷一：罗布淖尔所受水上。卷二：罗布淖尔所受水下。卷三：哈喇淖尔所受水、巴尔库勒淖尔所受水、额彬格逊淖尔所受水、喀喇塔拉额西柯淖尔所受水。卷四：巴勒喀什淖尔所受水。卷五：赛喇木淖尔所受水、特穆尔图淖尔所受水、阿拉克图古勒淖尔所受水、噶勒札尔巴什淖尔所受水、宰桑淖尔所受水。

该书仿照《水经注》体例，文简注详，以西域水道为纲，记述沿岸的城市、聚落、交通、物产、水利、驻军、政区建制、典章制度、牧场、场矿、名胜古迹、民族变迁等；并详尽说明西域天山南北路、安西南北路等4个区域的内陆11条重要水系；在卷五的"宰桑淖尔所受水"中，详细描述了"北边之大国"俄罗斯的历史地理风貌。书成后两广总督邓廷桢为该书作序，称赞其具有"五善"：一，补阙；二，实用；三，利涉；四，多文；五，辨物。该书是中国清代新疆以河流为纲的地理书。是研究中国新疆及西北史地的重要文献。

现存主要版本

一、四卷本

稿本

二、五卷本

1.清道光三年（1823）刻本

半叶十一行，行二十八字，小字双行同，黑口，左右双边，单鱼尾。

2.清道光间刻《大兴徐氏三种》本

半叶十一行，行二十八字，小字双行同，黑口，左右双边，单鱼尾。

3.清光绪十九年（1893）宝善书局石印本

半叶九行，行二十一字，小字双行同，白口，四周双边，单鱼尾。

4.清光绪二十九年（1903）金匮浦氏静寄东轩石印《皇朝藩属舆地丛书》本

半叶十行，行二十二字，小字双行同，黑口，左右双边，单鱼尾。

5.清光绪间上海鸿文书局影印《大兴徐氏三种》本

半叶十一行，行二十八字，小字双行同，黑口，左右双边，单鱼尾。

三、一卷本

清光绪十七年（1891）上海著易堂铅印《小方壶斋舆地丛钞》本

半叶十八行，行四十字，小字双行同，白口，四周双边，单鱼尾。

赵世延、揭傒斯与《大元海运记》

《大元海运记》二卷，为元赵世延，揭傒斯纂修，清胡敬辑。赵世延，字子敬，祖先为雍古族人，梁国公赵国宝之子，秦国公按竺迩之孙。生于中统元年（1260），二十岁时接受元世祖的召见，授承事郎。至元二十九年（1292）任奉议大夫，累迁御史中丞，所历之官皆有政声。元文宗时，因拥立有功，准乘小车入朝。元统二年（1334）帝赐钱四万缗。至元二年（1336）五月前往成都，十一月卒于成都。

揭傒斯（1274—1344），字曼硕，号贞文，龙兴富州（今江西丰城）人。元代著名文学家、书法家、史学家。家贫力学，早有文名，大德年间由布衣被荐于朝廷授翰林国史院编修官，迁应奉翰林文字，前后三入翰林，官奎章阁授经郎、迁翰林待制，拜集贤学士，封豫章郡公，修辽、金、宋三史，为总裁官。《辽史》成，得寒疾卒于史馆，谥文安，著有《文安集》，为文简洁严整，为诗清婉丽密。另有《建都水分监记》、《重修会源闸记》等。善楷、行、草书，朝廷典册，多出其手。与虞集、杨载、范梈被称为"元诗四大家"，又与虞集、柳贯、黄溍并称"儒林四杰。"

胡敬（1769—1845），字以庄，号书农，仁和人。清嘉庆十年（1805）进士，官翰林院侍讲学士。参与编修《秘殿珠林》、《石渠宝笈三编》，撰《西清劄记》，有《崇雅堂文集》。卒年七十七。

《大元海运记》，上卷为分年记事，从元世祖至元十九年（1282）至元仁宗皇庆二年（1313）收录了有关海运漕粮的案牍文件；下卷为分类纪事，分为"岁运粮数"、"收江南粮鼠耗则例"、"南北仓粮鼠耗则例"、"再定南北粮鼠耗则例"、"排年海运水脚价钞"、"漕运水程"、"记标指浅"、"测候潮汛应验"、"艘数装泊"等事项。并清楚地记载了环山东半岛的海运航线，同时并对这一海域的水文、季风和海流进行了详细的考察。元初采取河、陆联运的办法，漕船自江、淮由黄河逆流至中滦，陆运至淇门，入御河，由直沽转京师，耗资费时，极为不便。至元十九年（1282），元政府派朱清、张瑄、罗璧等由海道运粮至直沽以达京城，取得成功后，忽必烈分封朱清、张瑄、罗璧为运粮万户府，经划海运。其后虽开凿"会通河"，漕船自余杭至直沽可直达大都，但因运河初开，岸狭水浅，河运难以满足需要。有元一代，仍以海运为主。

元代对直沽港航道的治理，不遗余力。初，直沽至通州间的水道潞河中游河道浅涩，水浅舟大，航行不便，以致航道阻塞，直沽港年海运量仅数万石。至元二十六年（1289），元政府发武卫军千人，修浚河西务至通州河段，翌年，直沽港海运漕粮至京师即达151万石。人口有四五十万的大都，粮食供应的问题得以解决。从此不再因为通过大运河运粮时常因洪涝而堵塞船只而着急。海运粮食一成功，在北京生活的上至皇帝，下至百姓，就能吃到江南上好的白粳米和香糯米，都感受到了这海上的便利。航船驶离刘家港进入大海之后，直闯黑水洋，然后北行到今胶东半岛的刘家岛，再进入莱州大洋，抵达直沽。这条航线进一步摆脱了海岸的束缚，又充分利用了太平洋西部全年都有的，由南向北的黑潮暖流。这股海流的流向与直闯黑水洋的船队航向正好吻合。船队随流北上，航速大大加快，航行时间从四五十天缩短到十多天。古代不知名的航海探险家历尽艰险开辟的这条航线，一直沿用至今。

《大元海运记》记载：在大直沽（在今天津河东区）设漕粮接运厅，专司海运事务。在河西务设督漕运总司，掌管自济州东阿并御河上下直至直沽、河西务、李二寺、通州、坝河等处水陆趱运接海道粮及各仓收支一切公事。这时"艘数泊所，俱无定籍。今以至顺元年（1330）为率，用船总计一千八百只"，"平阳、瑞安州飞云渡等港七十四只，永嘉县外沙港一十四只，乐清白溪沙屿等处二百二十二只。"（《大元海运记·卷上》）元代时候指南针已经普遍应用于海运，一跃而成海上指航的最重要仪器了。而且这时海上航行还专门编制出罗盘针路，船行到什么地方，采用什么针位，一路航线都一一标识明白。并在航海中使用罗盘针路，在《大元海运记》中也有明确记载。

《大元海运记》元刻本已不见流传，通行本均是后人从明《永乐大典》中辑出保留下来的。

现存主要版本

1.清咸丰元年（1851）劳氏丹铅精舍钞本

2.清咸丰间罗氏恬养斋钞本

3.清沈树镛钞本

4.清末瞿氏铁琴铜剑楼钞本

5.民国四年（1915）上虞罗振玉铅印《雪堂丛刻》本

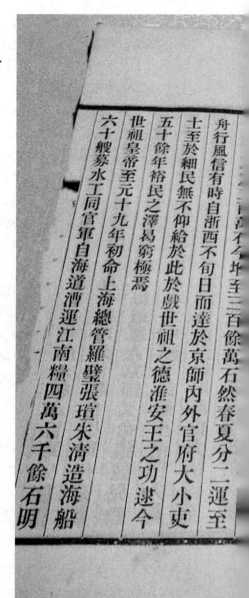

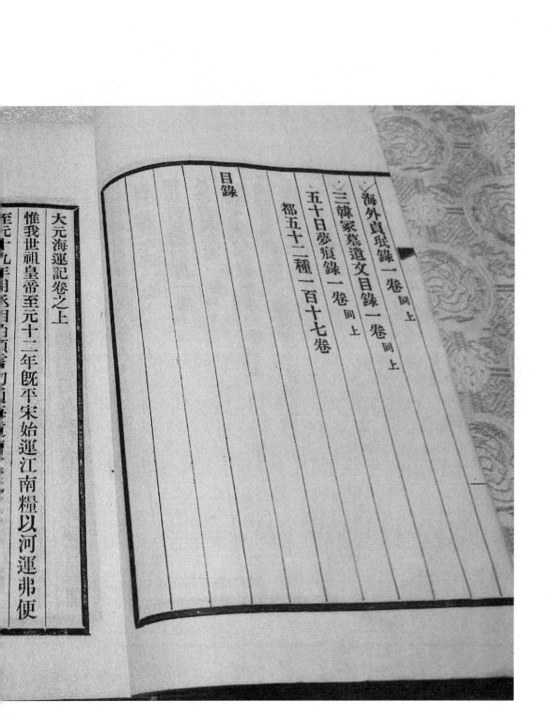

大元海運記卷之上

惟我世祖皇帝至元十二年既平宋始運江南糧以河運弗便

至元十九年用丞相伯顏海運

顾士琏与《吴中开江书》

　　顾士琏（1608—1691），字殷重，号樊村，江苏太仓人，诸生。清顺治十二年（1655），娄江淤塞，水没有了下泄的通道。顾士琏辅佐太仓知州白登明开凿朱泾的旧道，娄江水得以安全下泄。人们称这条新开的河道为新刘河，这是因为娄江的旧名为刘河的缘故。他将开河之事详细记载，全其始末，辑为《新刘河志》。康熙间，他再次住持疏浚刘河的工作。工程完毕，他将工程之事辑成《娄江志》二卷。由于《新刘河志》稿本出自白登明之手，顾士琏又进行了重新编辑，而《娄江志》则为自己所辑，但是，他认为自己是依照白登明的治河方法而治理成功的，所以在书前题曰：白登明定，以示不忘白登明之功。

　　顾廷镛在康熙年间刊刻出版时，将自己所编辑的《治水要法》与顾士琏治理娄江时所编辑的两种著作汇集在一起，总其名曰《吴中开江书》。它们是1.娄江志二卷；2.新刘河志正集一卷附集一卷；3.治水要法一卷。

　　《吴中开江书》是上面三种书的总称，这三种书又是《吴中开江书》的子目。《中国丛书综录》将其分在“类编·史类·舆地·水利”。

　　《四库全书总目》（卷七十五·史部三十一）是这样记载的：“新刘河志一卷、娄江志二卷，两江总督采进本。国朝顾士琏撰。士琏字殷重，太仓州人。先是，顺治十二年，娄江塞，水无所归。太仓知州白登明，开凿朱泾旧迹而水以安。州人名之曰新刘河，以娄江旧名刘河也。士琏实佐是役，故辑其始末，为志一卷。康熙辛亥，再浚刘河之淤，仍以士琏任其事。工既竣，乃复辑《娄江志》二卷。上卷叙新续，下卷考旧迹，而以郏亶、郏侨诸人治水之书附焉。《新刘河志》其稿本出登明，士琏重辑之，《娄江志》则士琏所自辑。以其循登明之法而成功，故亦题曰‘登明定’，示不忘所自也。前有王瑞国、郁禾序，皆称为《吴中开江书》，盖当时二书合刊，总题此名耳。”

　　据《娄江志》（凡例）称“娄江自娄门至昆山，则名至和塘，太仓塘犹称至和者，州未建时隶昆山也。自州关西起，东迤于海，则名刘河。总为娄江。”

又曰："先开朱泾，故有《新刘河志》。今刘河既开，则名《娄江志》以别之。"
在一些序文中，《新刘河志》也称《朱泾志》，《娄江志》亦称《娄江浚筑志》。
两书记载娄江180里水道的开浚始末，总计十余万字。

现存主要版本

清康熙间刻本

半叶九行，行十九字，白口，左右双边，单鱼尾。

刘天和与《问水集》

刘天和（1479—1545），字养和，号松石，麻城西乡锁口河（今湖北省麻城市顺河镇）人。明正德三年（1508）进士，授南京礼部主事。历官湖州知府、山西提学副使、南京太常寺少卿、右佥都御史督甘肃屯政、河道总督、陕西巡抚、兵部尚书。嘉靖二十四年（1545）卒，谥庄襄。著作有：《仲志》、《问水集》等。

嘉靖年间（1522—1566）黄河屡决。九年（1530）河决塌场口，冲谷亭，水经三年不去。十三年又淤庙道口。十月赵皮寨向毫、泗、归、宿之流骤盛，东向梁靖之流渐微，梁靖岔河口东出谷亭之流遂绝。自济宁至徐、沛数百里运河淤塞，运道阻绝，情势十分危急。他受命总理河道，赴任后，"问诸缙绅于诸劳心，问诸闾阎于诸劳力"。周回数千里，断港故洲，渔夫农叟亦无不咨询。他研究历代乃至本朝治水名臣经验及其著述，"周询广视，历考前闻"。时议已有引黄河，浚闸河二说，经他相度河道之远近，工役之巨细，权衡利害之轻重"乃始决策浚河修闸"。他决定浚河修闸。其时已届寒冬，入春漕舟且至，役巨期迫。运河诸闸乃前元、明朝永（乐）、弘（治）前后所建，高低不一。若下闸过低，则上闸易涸。他令人逐一测量，以枣林闸为准，用平准测浚深浅，俾舟行无滞。他又亲赴现场测量，暴露风寒，行泥淖中。遍历诸闸，人不堪其劳，他全无顾忌，亲自筹算。仅十天便议定谋协，拿出了施工方案，纤悉具备，条列以闻。皇上嘉纳，"赐敕有竭诚体国之褒"，令南北畿辅、山东、河南文武监司而下，悉听节制，许一切便宜从事。在施工中，他对河工关怀备至，"植庐舍以便居处，给医药以疗疾病"。州县拨医一人，随夫调治。亲制锭药，选医之明者，官之勤者，携药饵逐营遍问，日一往回。在谷亭镇废庵隘屋，集众议事。居村舍水滨，朝夕督视，创制治河工具兜杓、方杓，改进已有的杏叶杓，俱为永利。

从嘉靖十四年（1535）正月中至四月初，共浚河24 000丈，筑长堤、缕水堤12 000丈，役夫14万，植柳280万株。财力不多费，时日不久旷，疾役不作，民命获全，皆"前所未有"。完成此番治河重任后，他撰成《问水集》。嘉靖十五年（1536）三月胡缵宗序："适黄河南徙，水去积淤，漕渠湮灭。"刘天和"忘己尽人，殚智毕力"，不到三个月而功成，百泉会流，千舰飞挽，岁漕四百万石如期到京，"中外神之"（事见明史本传等）。

《问水集》六卷。卷一：黄河（1.统论黄河迁徙不常之由。2.古今治河同异。3.治河之要。4.堤防之制。5.疏浚之制。6.工役之制。7.植柳六法）、运河（1.统论建制规制。2.白河。3.卫河。4.汶河。5.闸河）。卷二：1.徐吕二洪。2.淮海。3.淮阳诸湖。4.闸河诸湖。5.诸泉。6.黄河运河积贮。7.治河始末。8.告河文。卷三：1.谢恩疏。2.自陈乞罢疏。3.河道迁改分流疏。4.修浚运河第一疏。5.修浚运河第二疏。卷四：1.议筑曹单长堤疏。2.荐举方面疏。3.举劾有司疏。4.改设管河官员疏。5.急缺管河官员疏。卷五：治河成功举劾疏。卷六：1.预处黄河水患疏。2.建闸济运。3.议免河南夫银疏。

书中叙述了他主持治河的过程以及他的治河理论和方法。特别是在卷一提出的"植柳六法"，是对历代治河"植柳固堤"的传承和发扬，历数百年，至今仍是治河的经典。本书是我国明代的一部重要水利专着，对后世有着深远的影响。

现存主要版本

一、一卷本

1.明嘉靖间吴郡袁氏嘉趣堂刻《金声玉振集》本

半叶十行，行十八字，白口，左右双边，单鱼尾。

2.1959年中国书店影印《金声玉振集》本

二、六卷本

1.明刻本

半叶十行，行十九字，小字双行同，白口，左右双边。

2.民国二十五年（1936）中国水利工程学会南京铅印《中国水利珍本丛书》本

3.民国间钞本

万恭与《治水筌蹄》

万恭（1515—1591），字肃卿，号两溪，晚年自号洞阳子，江西南昌人。明嘉靖十九年（1540）中乡试，四年后进士及第。他的政治生涯大致可以分为三个阶段，首先为官两京。初官刑部，不久改授南京文选主事，嘉靖二十六年（1547），改吏部考功郎中。他刚正不阿，考课公允，很快以政绩卓异擢南京光禄寺少卿，进南京太仆寺少卿，转南京鸿胪寺卿，寻召至京师，拜大理寺少

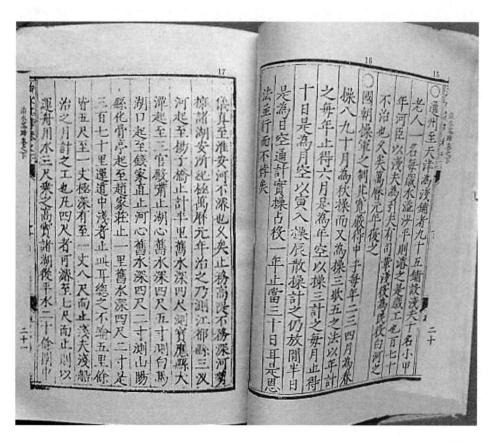

卿。第二阶段为嘉靖四十二年（1563）为兵部右侍郎，上书请选兵、议将、练兵车、火器诸事，世宗照准，命巡抚山西。在晋期间，沿黄河一带筑边墙40里，以防寇东掠，并教授当地人民耕作技术和利用水车的方法，民获大利。第三阶段为隆庆六年（1572）与工部尚书朱衡一同总理河道。修筑长堤370里，仅费银3万两，60天而工成。又浚高、宝诸湖，建平水闸20余处，依时泄蓄，河患以息。万恭"强毅敏达，一时称才臣"。治水三年，成绩尤著。但是有人弹劾他不称职，竟被罢官回家。万历十九年（1591）卒于家。著作有：《文庙礼乐志》《治水筌蹄》《洞阳子集》等。

《治水筌蹄》二卷，上卷58页，记载札记84篇；下卷66页，收札记64篇。各篇长短不同（最长的1 900多字，最短的仅14个字），但均独立成文。它是万恭在任河总治水期间"根据前人经验，结集群众建议，经过实践验证，提出自己看法，随手札记成篇"的治河心得。书中记述了当时及以前的黄河、运河的河道变迁，搜集、总结了治黄、治运实践的丰富经验，记录了明代在水利工程技术和管理方面的制度。尤其是总结了人们对黄河水沙运行规律的认识。治理黄河方面，首次提出"束水攻沙"的理论和方法；还提出滞洪拦沙，淤高滩地，稳定河槽的经验；对黄河暴涨暴落特性也有进一步的认识和相应的防汛措施等。治理运河方面，总结出一套因时因地制宜的航运管理与水量调节的操作经验。之后的潘季驯、张伯行等都曾继承和发展了他的主要经验。

现存主要版本

明万历长洲张文奇南旺公署刻本

半叶十行，行二十一字，白口，四周双边，双鱼尾。

傅泽洪与《行水金鉴》

傅泽洪，字育庵，一字稺君，号怡园。生卒年不详，约为清康熙雍正间人，隶汉军镶红旗。累官中宪大夫，分巡淮扬等处地方，兼理漕务、海防、河道、盐法、屯田事物，官至江南提刑按察使司副使。著作有《行水金鉴》、《铸错草堂诗抄》等。

《行水金鉴》175卷卷首一卷，全书约160万字，收集了上起《禹贡》，下迄清康熙六十一年（1722）各种水利文献资料370余种。自序云："仆本固陋，谬为水官，尝寒暑风雨于泥淖畚锸间者二十余年，但因人成事，无所建立，深自愧悔。用是积数年心力，目眵手披，渔经猎史，远稽胜国之实录，近述世祖、圣祖两朝之训旨，参以众说，附之管窥，辑成是书。"

《行水金鉴》是古代长江、黄河、淮河、济水"四渎"，特别是京杭运河的水利文献资料总汇编。除"卷首"所载序、略例、总目及黄、淮、汉、江、济、运诸图外，内容按河流分类、按朝代年份编排。傅泽洪《序》及《略例》中提到"纂辑成书"时，强调"凡四渎、运河兴废之由及疏、筑、塞、防一切事宜之得失缓急，犁然悉备"。本书着重"缉辑案牍与前书相辅"，"有章牍可稽者备列章牍"，搜集、编存了大量的原始工程技术档案。所收"章牍"累计121卷，占全书篇幅的77.5%，在各河流分类下又分置了"原委、章牍、工程"三项。全书征引文献元代以后内容较多，具有较高史料价值。

《四库全书总目》（卷六十九·史部二十五）称："是书成于雍正乙巳。全祖望作《郑元庆墓志》，以为出元庆之手。疑其客游泽洪之幕，或预编摹，然别无显证，未之详也。叙水道者，《禹贡》以下，司马迁作《河渠书》，班固作《沟洫志》，皆全史之一篇。其自为一书者，则创始于《水经》，然标举源流，疏证支派而已，未及于疏浚堤防之事也。单锷、沙克什、王喜所撰，始详言治水之法。有明以后，著作渐繁，亦大抵偏举一隅，专言一水。其综括古今，胪陈利病，统前代以至国朝，四渎分合，运道沿革之故，汇辑以成一编者，则莫若是书之最详。卷首冠以诸图，次河水六十卷，次淮水十卷，次汉水、江水十卷，次济水五卷，次运河水七十卷，次两河总说八卷，次官司、夫役、漕运、漕规凡十二卷。其例皆摘录诸书原文，而以时代类次。俾各条互相证明，首尾贯穿。其有原文所未备者，亦间以己意考核，附注其下。上下数千年间，地形之变迁，人事之得失，丝牵绳贯，始末犁然。至我国家，敷土翕河，百川受职。仰蒙圣祖仁皇帝翠华亲莅，指授机宜，睿算周详，永昭顺轨，实足垂法于万年。泽洪于康熙六十一年以前所奉谕旨，皆恭录于编，以昭谟训，尤为疏瀹之指南。谈水道者观此一编宏纲巨目，亦见其大凡矣。"

现存主要版本

1.清雍正三年（1725）淮扬官署刻本

半叶十一行，行二十一字，小字双行同，黑口，左右双边，单鱼尾。

2.清乾隆间写《四库全书》本

3.民国二十五年（1936）上海商务印书馆铅印本

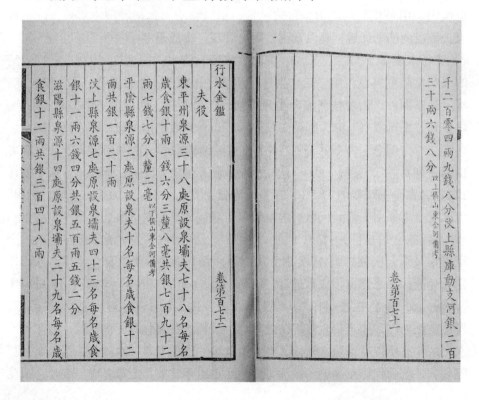

沈梦兰与《五省沟洫图说》

沈梦兰（?—1822），字古春，浙江乌程（今浙江湖州市）人。乾隆四十八年（1783）举人，官湖北宜都县知县。他博通诸经，深入研究周朝社会制度，开课讲《周礼学》从沟洫、畿封、邦国、都鄙、城郭、宫室、职官、禄田、贡赋、军旅、车乘、礼射、律度量衡十三门讲授。会同《司马法》、《逸周书》、《管子》、《吕览》、《戴记》等诸古书参互考证，结合书经、诗经、礼记、左氏三传、孟子，使之融会贯通。所著颇丰，在《易学》自序中说："自辑周礼学，于易象得井、比、师、讼、同人、大有若干卦，错综参伍，知易之为道，先王一切之治法于是乎在。"虽然他学富五车，满腹经纶，但始终没有获得国学大师等称呼，人们也渐渐淡忘了他的学问，反而他的一部水利著作《五省沟洫图说》得以传承，为人称颂。

《五省沟洫图说》是其所撰一部水利著作，为了回答有关古代沟洫制度问题而作。书首冠以按古法绘制的方格图四幅；随后是其考之地势，绘制的山东、河北、山西、河南、陕西五省河渠网络地图两幅，名曰：五省水道图上下。图中以水为主，山仅标记起顶方位坐标，诸水流经州县治所及重要城镇村屯标记较详。文字部分按滦河、蓟运河、白河、永定河、唐河、卫河、洛水、淮水、汝水、汾水、湟水等自东而西、先北后南之序列分载，各分支略加考述。其后是其治理五省沟洫水利的论说与建议：与王怀祖观察书、莲花桥记、答姚念山书、议开三堂淫书事、江堤埽工议、荆江论（附荆江图）、水利说谕论沔阳业民、代河东道张惺堂观察复兰沚方伯书。

他在书中详细阐述了北方各省治水方略。所谓沟洫，即从河流分引的成系统的沟渠工程。他认为古人所讲的沟洫之制为的是除水害，他主张在北方广泛修建沟洫。他说："昔人谓水聚之则害，散之则利，弃之则害，用之则利，所以东南多水而得水利，西北少水而反被水害也。"他认为：水聚积起来就生害，分散开就有利，弃掉了可以生害，利用它也可以生利。陕西的浐河、渭河大水

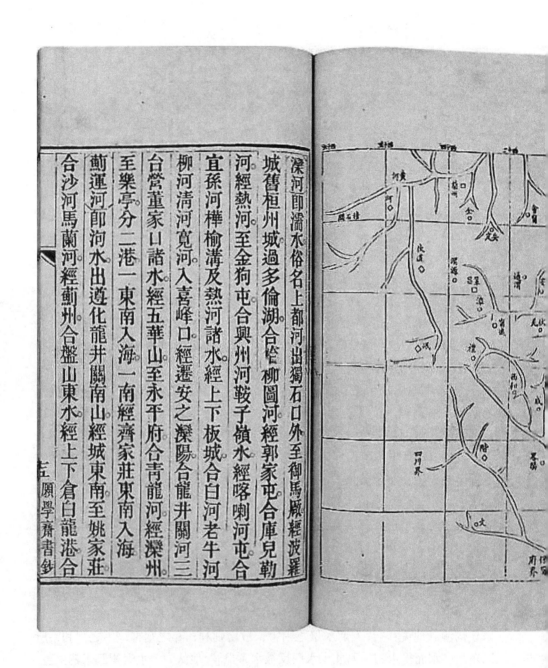

灤河即灤水俗名上都河出獨石口外至御馬顛經波羅
城舊桓州城過多倫湖合巴柳圖河經郭家屯合庫兒勒
河經熱河至金狗屯合興州河鞍子嶺水經喀喇河屯合
宜孫河樺榆溝及熱河諸水經上下板城合白河老牛河
柳河清河寬河入喜峰口經遷安之灤陽合龍井關河三
台營董家口諸水經五華山至永平府合青龍河經灤州
至樂亭分二港一東南入海一南經齊家莊東南入海
薊運河即沽河水出遵化龍井關南山經城東南至姚家莊
合沙河馬蘭河經薊州合盤山東水經上下倉白龍港合

时河水混浊，流势很凶，且溃决成灾，水落时河水携带泥沙，渐渐沉淀，又有淤塞之患。开辟沟洫纵横彼此连接，深浅彼此承受，到伏秋水涨时，将沟洫疏导，宣泄来灌田，春冬两季，河水退落可利淤土肥沃田地，土薄的可以加厚，水浅的可以挖深。"诚使五省举行沟洫，河之涨，流有所容；淤泥多有所潆。……如是而河犹为患，未之有也。"他认为："（沟渠）纵横相承，浅深相受，伏秋（河流）水涨，则以疏泄为灌输，河无泛流，野无土，此善用其决也。春冬水消则以挑浚为粪治，土薄者可使厚，水浅者可使深，此善用其淤也。"他概括了这种方法有15种好处。他理想化的渠道工程，能散水，能匀沙；可灌可排；可以保持水土，也可分疏洪水。达到水沙全面利用的目的。他以为北方普遍修起沟洫，引黄河水溉田，一以减杀黄河的水势，再则经常把河淤运到田里，可以肥田，这就是把除害与兴利二者结合了起来。明朝的周用在治河问题上已经提出过这种主张，再往上还可以推到西汉的贾让，沈梦兰发扬光大了这种兼顾除害兴利的治水思想。

现存主要版本

一、一卷本

1.清嘉庆间菱湖沈氏刻本
半叶九行，行二十二字。

2.清光绪五年（1879）太原刻本
半叶九行，行二十二字，小字双行同，白口，四周双边，单鱼尾。

3.清光绪六年（1880）江苏书局刻本
半叶九行，行二十二字，小字双行同，白口，四周双边，单鱼尾。

二、一卷补录一卷本

清光绪十七年（1891）祁县县署刻菱湖沈氏丛书本
半叶九行，行二十二字，小字双行同，白口，四周双边，单鱼尾。

瞻思与《河防通议》

瞻思(1277—1351),字得之,其祖先大食人(阿拉伯人),后迁居真定(今河北省正定县)。元延祐初,诏行科举,有人劝他就试,瞻思笑而不应。不久侍御史郭思贞、翰林学士承旨刘赓、参知政事王士熙上章推荐。泰定三年(1326),以遗逸名义征至上都,元仁宗于龙虎台召见,甚得宠幸。当时倒剌沙擅权,大批西域人阿附,唯瞻思避而不见,倒剌沙屡次派人征召,瞻思以奉养父祖为由,辞归乡里。天历三年(1330),入召为应奉翰林文字,元文宗在奎章阁召见。次日,呈《帝玉心法》,文宗见而称善。又下诏令参与修纂《经世大典》,因与诸儒意见不合,请求离去,元文宗命奎章阁侍书学士虞集挽留,瞻思以母亲年迈为由力辞,乃赐钞放还。至顺四年(1333),又命为国子监博士,适遭母丧而未赴任。元顺帝后至元二年(1336),瞻思拜陕西行台监察御史。他针对当时朝政腐败情况,密封上达奏章,提出十条意见:法祖宗、揽权纲、敦宗室、札勋旧、惜名器、开言路、复科举、罢卫军、一刑章、宽禁纲。当时正值权奸伯颜乱政,瞻思忠耿之言,震惊朝堂。至正四年(1344),授江东肃政廉访副使,至正十年,又召他赴京任秘书少监,讨论治河事宜,均称病不赴任。至正十一年,病故于家,终年七十四。后赠嘉议大夫、礼部尚书、上轻车都尉,追封恒山郡侯,谥号文孝。瞻思淡漠名利,留心著述,才学卓异,对经学颇有研究,尤精于《易》学;天文、地理、音乐、算数、水利及外国史地、佛学,也无不研习精到。著述有《河防通议》、《四书阙疑》、《五经思问》、《奇偶阴阳消息图》、《老庄精诣》、《镇阳风土记》、《续东阳志》、《西国图经》、《西域异人传》、《金哀宗记》、《正大诸臣列传》、《审听要诀》等。

《河防通议》,原著者沈立,在宋庆历八年(1048),搜集治河史迹,古今利弊撰著《河防通议》。原书久失传,现存本是瞻思(清代改译为沙克什)于元英宗至治元年(1321)根据当时流传的所谓"汴本",即沈立原著和宋建炎二年(1128)周俊所编《河事集》,以及金代都水监所编另一《河防通议》即所谓"监本"，加以整理删节改编而成。《元史·赡思传》称作"《重订河防通议》"上、下二卷。除赡思自序及亚中大夫嘉兴路总管兼管内劝农事和元昇跋外，分为河议、制度、料例、功程、输运、算法六门，分别记述河道形势、河防水汛、泥沙土脉、河工结构、材料和计算方法。

《四库全书总目》卷六十九，引《永乐大典》本曰："沙克什原本作赡思，今改正。沙克什，色目人。官至秘书少监，事迹具《元史》本传。是书具论治河之法，以宋沈立汴本，及金都水监本汇合成编。本传所称《重订河防通议》是也。沙克什系出西域，邃于经学，天文、地理、钟律、算数无不通晓。至元中，尝召议河事，盖于水利亦素所究中。故其为是书，分门者六，门各有目，凡物料功程、丁夫输运，以及安椿下络，叠埽修堤之法，条例品式，粲然咸备，足补列代史志之阙。昔欧阳元（玄）尝谓司马迁、班固记河渠、沟洫，仅载治水之道，不言其方，使后世任斯事者无所考。是编所载，虽皆前代令格，其间地形改易，人事迁移，未必一一可行于后世。而准今酌古，矩矱终存，固亦讲河务者所宜参考而变通矣。"

现存主要版本

一、二卷本

1.清乾隆间写《四库全书》本

2.清道光二十四年（1844）金山钱氏刻《守山阁丛书》本
半叶十一行，行二十三字，小字双行同，黑口，左右双边。

3.清光绪十五年（1889）上海鸿文书局影印《守山阁丛书》本
半叶十一行，行二十三字，小字双行同，黑口，左右双边。

4.民国十一年（1922）上海博古斋影印《守山阁丛书》本

5.民国二十四至二十六年（1935—1937）上海商务印书馆铅印《丛书集成初编》本

6.民国二十五年（1936）中国水利工程学会南京铅印《中国水利珍本丛书》本

二、一卷本（《重订河防通议》）

清同治八年（1869）长沙余氏刻《明辨斋丛书》本
半叶九行，行二十一字，白口，左右双边，单鱼尾。

欧阳玄与《河防记》

欧阳玄（1283—1357），字原功，号圭斋，又号平心老人，祖籍庐陵（今江西吉安），与欧阳修同宗，至曾祖欧阳新始寓居湖南浏阳。元延祐二年（1315），中进士第三名，是元代史学家、文学家。延祐年间（1314—1320），任芜湖县尹三年，不畏权贵，清理积案，严正执法，注重发展农业，深得百姓拥戴，有"教化大行，飞蝗不入境"之誉。在任内，对芜湖名胜古迹，多加保护修茸，据传"芜湖八景"，是其在任时所形成。为官40余年先后六任翰林，两为祭酒，两任主考，以史学成就最为突出，同时也以诗文闻名天下，因其学识渊博，文绩卓著，人称"一代宗师"。所撰《河防记》，以其亲历亲闻，以当事人记当时事的角度，记录了这项工程的详细细节，是珍贵可信的历史资料。著作还有《圭斋文集》等。

至正四年（1344）五六月间，黄河在白茅堤（今山东曹县境内）及金堤决口北流。至正十一年，贾鲁以工部尚书兼总治河防使主持堵口。四月开工，十一月堵口完成，黄河主流复行原道，东南经徐州等地入淮归海。朝廷特命翰林学士承旨欧阳玄撰制河平碑文，表扬功绩。欧阳玄向贾鲁访问堵口方略，并咨询有关人员，查阅施工档案，创作本书曰《河防记》，因记载至正年间河防之事，故有的版本称之为《至正河防记》。书中详述施工技术和过程是本书的特点。记述当时施工方法有三：疏、浚、塞。"酾河之流因而导之，谓之疏；去河之淤因而深之，谓之浚；抑河之暴因而扼之，谓之塞"。疏、浚的区别有四类：1.挖生地为新槽，避弯取直；2.浚故道使高低相配，有一定坡降；3.整治河身，使堤距宽窄适应水势；4.开减水河，使涨水有所分泄，减轻主槽负担。施工步骤是：疏浚决口前原道及减水河，总长280多里；修筑堤防，如北岸自白茅河口向东曾修堤254多里；先堵较小缺口107处及豁口4处，最后堵塞主要决口修筑截河大堤（即堵口大坝）长19多里；创造了用装石沉船法筑成的挑水坝（石船堤），挑溜归入主河槽，减轻决河口门流势等。这些工程的实践，代表了14世纪中国水利科技成就和水平，在河工史上具有重要地位。

欧阳玄书中还记录了整个工程所耗费物资的清单：工程用物，大桩木者二万七千；榆柳杂梢六十六万六千；带梢连根株者三千六百；藁秸蒲苇杂草以束计者七百三十三万五千有奇；竹竿六十二万五千；苇席十有七万二千；小石二千艘；绳索小大不等五万七千；所沉大船百有二十；铁缆三十有二；铁猫三百三十有四；竹篾以斤计者十有五万；硾石三千块；铁钻万四千二百有奇；大钉三万三千二百三十有二……光是沉到水里去的大船，就有一百二十艘之多，还有：官吏俸给、军民衣粮工钱、医药、祭祀、赈恤、驿置马乘及运竹木、沉船、渡船、下桩等工，铁、石、竹、木、绳索等匠俑赍，兼以和买民地为河，并应用杂物等价，通计中统钞百八十四万五千六百三十六锭有奇。从中可以看出：工地上的军民，是有工钱、医药、赈恤等费用的，开新河道所占民地民田，则由政府"和买"下来，尽管和买的价钱可能较低，但并非无偿征用。

欧阳玄在文章的最后感叹道："是役也，朝廷不惜重费，不吝高爵，为民辟害……宜悉书之，使职史氏者有所质证也。"欧阳玄希望通过他的记载，能使后人记住当时惊心动魄的治黄工程，不要忘记为之奋斗的人们。

现存主要版本

一、《河防记》

1.清道光十一年（1831）六安晁氏木活字印《学海类编》本

半叶九行，行二十一字，白口，左右双边，单鱼尾。

2.民国九年（1920）上海商务印书馆影印《学海类编》本

3.民国二十四年至二十六年（1935—1937）上海商务印书馆铅印《丛书集成初编》本

二、《至正河防记》

民国二十五年（1936）中国水利工程学会南京铅印《中国水利珍本丛书》本

吴山与《治河通考》

　　吴山（1500—1577），字曰静，号筠泉，江西高安县人。明嘉靖十四年（1535）进士，授编修，累官礼部左侍郎，三十五年，出任礼部尚书，次年，加太子太保。他为人方正有度，不苟诡随。太师严嵩起初想以同乡关系拉拢他，继而又托大学士李本为媒，欲与之结为姻亲，都被他托辞谢绝。因此，严嵩十分忌恨他。吴山任礼部尚书，国家的实录大典，诸大制作，多其删润，政绩显著，世宗欲擢升他入内阁。可是，严嵩父子从中作梗。吴山的儿子闻之，以告曰："圣意已决，但诣分宜公（严嵩）一揖，即宣麻下矣。"吴山听罢，不为所动，反而训斥道："竖子何知，吾能以一揖博宰相乎？"事遂中沮。

　　嘉靖四十年（1561）二月初一，日食即将发生，吴山督促历官准备行祭天大礼，而历官却说："日食不见，即同不食。"严嵩得知此话，正中下怀，竟说这是天意的安排，皇上的洪福，急忙催促礼部向皇帝奏贺。可就在这时候，日食出现了。吴山仰脸望天，气愤地说："日方亏，将谁欺耶？"他坚持不说假话，拒绝向皇帝奏贺，严嵩恼羞成怒，对吴山恶语中伤，他因此而罢官归家。穆宗即位，召他为南京礼部尚书，而他坚辞不受，并表示要始终如一地保持他的操行，决不能随便地更改他的严正态度，即使不做官也毫不遗憾。从此，他隐居不仕。万历五年（1577）卒，年七十八，赠太保，谥文端。著作有《治河通考》等。

　　《治河通考》是一部明代治黄著作，以成化年间车玺撰《治河总考》（已佚）为基础，于嘉靖十二年（1533年）重新编辑成书，全书共十卷。前有崔铣序，末有吴山撰书的后序，卷一：河源考（冠河源、黄河二图）；卷二：河决考（附黄河故道考）；卷三至九：议河治河考（时间是从上古时期的陶唐氏到明嘉靖年间）；卷十：理河职官考（从上古五帝时的有虞氏到明正德年间）。书中非常直观地描述了黄河的水道流向与变迁事迹，并详细记录了历代议河治河及设置治河职官等内容，是明代治理黄河早期的著作。

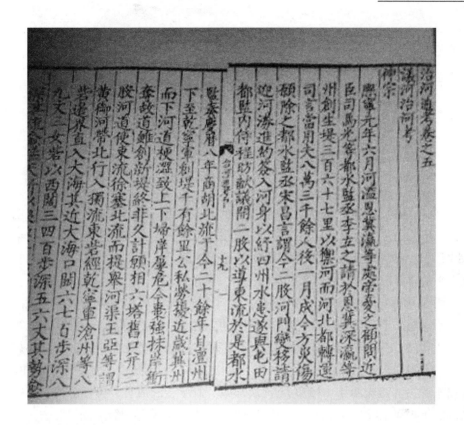

现存主要版本

1.明嘉靖间刻本

半叶十行，行二十字，白口，左右双边，单鱼尾。

2.明崇祯十一（1638）年吴士颜刻本

半叶八行，行二十字，白口，口四双边，单鱼尾。

潘季驯与《河防一览》

　　《河防一览》是明代治河专家潘季驯的河工专著。是书既全面地继承了前人治河经验的主要成果，又系统地总结了作者长期治河的实践经验。它是"束水攻沙"论的主要代表著作，也是16世纪我国河工水平、水利科学技术和管理水平的重要标志，是我国水利典籍中的一件珍品。

　　潘季驯（1521—1595），字时良，号印川，浙江乌程（今浙江湖州市）人，明嘉靖二十九年（1550）进士。初授九江推官，后升御史，巡按广东，行均平里甲法，斥抑豪强，人民便之。四十四年，由大理寺左少卿进右佥都御史，总理河道，开始治黄生涯。次年，以接浚留城旧河成功，加右副都御史，寻以丁忧去。隆庆四年（1570），河决邳州、睢宁，起故官，再任总河，塞决口。次年报河工成，寻以运输船只漂没事故，遭勘河给事中雒遵劾，罢去。万历四年（1576）夏再起官，巡抚江西。次年召为刑部右侍郎。六年夏，以右都御史兼工部左侍郎总理河漕，九月兴两河大工，七年工竣，黄河下游得数年无恙。八年春，加太子太保，进工部尚书，九月迁南京兵部尚书。十一年正月，改刑部尚书。张居正身后被抄家，长子张敬修自缢死，全家饿死十余口。潘季驯看不下去，上疏明神宗说，"治居正狱太急"，"至于奄奄待毙之老母，茕茕无倚之诸孤，行道之人皆为怜悯。"皇帝看了不高兴。后被御史李植劾以党庇张居正，落职为民。十六年，黄河大患，以给事中梅国楼等荐，复官右都御史，总督河道，十九年冬，加太子太保、工部尚书兼右都御史。次年，以病辞休。万历二十三年（1595）卒。

　　《河防一览》成书于万历十八年（1590）。全书共十四卷，约28万字，记录了潘季驯治理黄河的基本思想和主要措施。万历八年（1580），潘氏的僚属曾把当时他的河工奏疏和别人对潘氏的赠言汇编成集，名《宸断大工录》，共十卷。以后潘氏认为该书"事体不备，检阅未详"，重新删改、充实，编成是书。他在书中系统地阐述了"以河治河，以水攻沙"的治河主张，提出了加强堤防修守的一整套制度和措施，是16世纪中国水利科学技术水平的重要标志，对后世治河产生了重要影响。其子潘大复将此书删减为《河防一览榷》十二卷。潘氏还有《总理河槽奏疏》、《两河经略》、《两河管见》等著作。其主要观点和内容已选入《河防一览》中。潘氏以前，明代还有几部较重要的河工著作，如弘治九年（1496）王琼著的《漕河图志》，嘉靖十四年（1535）刘天和著的《问水集》，万历元年（1573）万恭著的《治水筌蹄》等。万氏书中首次提出束水攻沙及留淤固堤等措施。潘氏都吸收了它们的成果。潘季驯所以编著此书，目的就是要将他27年来防治黄河的经验加以总结，提供给后人参考，"用备刍荛之择"。对这些经验，他很谦虚地说："可因则因之，如其不可则亟反之，毋以仆误后人，后人而复误后人也。"

《河防一览》其编排体例有文有图，其叙述有的采用编年体，有的采用论述体。卷一是皇帝玺书和黄河图说，反映了当时的历史背景，黄、淮、运三河的总形势和工程总体布置。卷二《河议辩惑》，集中阐述了潘季驯"以河治河，以水攻沙"的治河主张。卷三《河防险要》，全面指出了黄、淮、运各河的要害部位、主要问题以及应采取的措施。卷四《修守事宜》，系统规定了堤、闸、坝等工程的修筑技术和堤防岁修、防守的严格制度。卷五《河源河决考》，是前人研究黄河源头和历史上黄河决口记载资料的收集整理，是研究河道演变的重要资料。卷六：1.泗州先春亭记；2.贾鲁河记；3.河源记；4.于都宪题名记略；5.凿徐洪记；6.凿吕梁洪记；7.余太常全河说；8.止泇河疏；9.止胶河疏。卷七至十二是从潘季驯200多道治河奏疏中挑选出的精粹计41道，是他四次主持治河过程中解决一些重大问题的原始记录，概括了他治河的基本过程和主要经验，又是《河议辩惑》中所提出的各种观点的详细注释。卷十三至十四是潘季驯为阐明自己的观点、批驳反对派的意见而引证的古人以及同时代人的著述、奏疏、题记、批文等。可见本书内容，从河源河决历史，到明代河决现实；从治水理论，到治水具体办法；从一般防治，到重点防治，都应有尽有，极为丰富，正如有人所说："印川先生所著，乃得之艰难……网罗并包，无所不具。有司得以按籍而知古，由此参酌异同，因时设施，则惟是书之为要也。"特别是他不拘泥于成说，而创造性地提出筑堤障水、逼淮注黄，以水刷沙、根据水量的多少而决定蓄泄分合，减黄补淮、束湖济运等，在我国科技史、治水史上，写下了光辉的一页。其成就远远超过了前人。清代雍正乾隆间江南河道总督、文渊阁大学士高斌曾说："治河家言不一，其著于今者，则有欧阳玄《至正河防记》，明刘天和《问水集》、万恭《治水筌蹄》诸书，而惟潘印川先生《河防一览》一书为最要。"

在潘季驯治河300年之后,一些具有现代科学知识的西方水利专家兴致勃勃地向当时的清政府提出了"采用双重堤制,沿河堤筑减速水堤,引黄河泥沙淤高堤防"的方案,并颇为自得地撰写成论文发表,引起了国际水利界的一片关注。不久以后,他们便惊讶地发现这不过是一位中国古人理论与实践的翻版。世界水利泰斗、德国人恩格斯教授叹服道:"潘氏分清遥堤之用为防溃,而缕堤之用为束水,为治导河流的一种方法,此点非常合理。"高傲的西方人这才开始对中国古代的水利科技产生了深深的敬意。

现存主要版本

一、十四卷本

1.明万历十八年(1590)刻本

半叶九行,行二十字,黑口,四周单边,单鱼尾。

2.明万历十八年(1590)刻清重修本

半叶九行,行二十字,黑口,四周单边,单鱼尾。

3.清乾隆十三年(1748)刻本

半叶九行,行二十字,白口,左右双边,单鱼尾。

4.清乾隆间写《四库全书》本

二、十四卷附存一卷本

民国二十五年(1936)中国水利工程学会南京铅印《中国水利珍本丛书》本

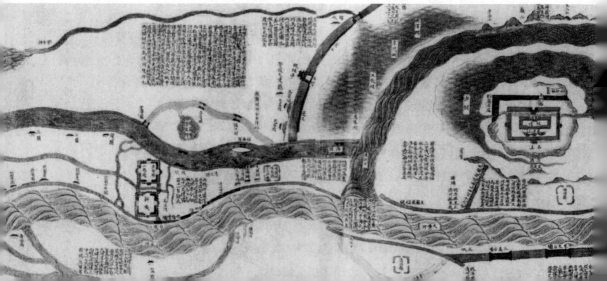

王琼与《漕河图志》

　　王琼（1459—1532），字德华，号晋溪，晚年别号双溪老人。太原（今太原南郊晋源镇）人，明成化进士。正德、嘉靖年间，历任户部侍郎、兵部尚书、陕西三边总督、吏部尚书等职，是明朝中期封建统治集团中的一位重要人物。王琼一生做了三件被人称赞的大事：一是治理漕河（运河）三年，以"敏练著称"。二是平定宁王之乱，"任人（赣南巡抚王守仁）唯贤"。三是总制西北边防，"功在边陲"。因此，历史上称他和于谦、张居正为明代三重臣。嘉靖十一年（1532）七月，病逝于京城，追赠"太师"，谥"恭襄"。著作有《晋溪奏议》、《漕河图志》、《掾曹名臣录》、《北边事迹》、《西番事迹》等。

　　王琼任主管水利的都水郎中。在出治漕河三年中，他采取了一系列的有效措施，首先，推行了"整肃人员，习以专职"的办法。原来，明成祖迁都北京之后，漕运特别重要，沿漕河所有州郡都设有通判一员，每县设专管漕河的县丞一员，"专任漕河事"，受工部都水郎中的直接管辖。但到了弘治年间，这些专职官员，多被各省"抚按委以兼杂"，或因治理河道差事既苦，又难于升迁，"多不尽其职"。整个漕务，日益松弛，甚至无人过问。王琼奏请朝廷采取了"核实人员编制，革除地方所谓兼差，责令专司河道本职"的措施。经过整肃，漕务出现了新的局面。其次是建立"稽核资财，杜绝贪耗"的法规。原来漕河每年向民间征扫草数量十分巨大，县官通过征集，从中大量贪污，而每年所征扫草"陈新积壅，腐烂无稽"，百姓负担却逐年增加。王琼亲自组织稽查、核对，先将各州、县所积扫草数量统计核实。经过计算，发现足够数年之用。然后"量裁征数"，做到了"草不积腐，民不困征"。一年以后，又采取了"年征十分之三，折银储官"的新办法。二年后，竟"盈银三万两有奇"。王琼治理漕河三年，不仅使漕运得到恢复和发展，同时也起到了促进当时南北经济生产发展的作用。

　　在任漕河工部郎中凡三年，王琼得览总理河道侍郎王恕撰写的《漕河通

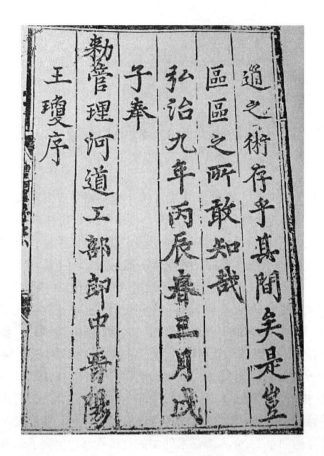

志》。王琼感于此书"收录之博,用心之勤,而惜其书之不多见也",于是因
袭《漕河通志》的体例,对该书的内容作了整理、编排和增删,重新刊印出
版,并改名为《漕河图志》。这也是现存最早的一部有关京杭运河的专志。运
河主要任务是官运南方食粮等物资至北京,所以叫漕河,亦称漕运。明代永乐
以后,停罢海运,漕粮运输全赖运河,京杭运河成为南北水上交通的大动脉。
有关明代运河文献流传至今相当丰富,既有专著,也有类书、文集、方志中的
记载,《漕河图志》保留了早期京杭运河珍贵的史料,就体例而言是运河志早
期的范例,以后的运河专志体例多与此书大同小异。本书共分八卷,涉及的范
围南起扬州仪征及瓜洲,北至北京。内容包括运河图、运河水源、运河管理、
运河工程设施、漕粮运输管理等方面,以及有关运河的奏议、碑记和诗赋等。
具体内容:卷一:漕河之图、漕河建制、诸河源委;卷二:漕河上源、诸河考
论、海运蓟州河;卷三:漕河夫数、漕河经用、漕河禁例、漕河水程、漕河职

制；卷四：奏议；卷五至六：碑记；卷七：诗、赋；卷八：漕河水次仓、漕运粮数、漕运官军船只数、运粮加耗则例、运粮官军行粮、运粮官军赏赐。

现存主要版本

明弘治间刻本

半叶十二行，行二十二字，黑口，四周双边，双鱼尾。

张鸣凤与《漕书》

张鸣凤，字羽王，号漓山人，又号阳海山人、阳海居士等，广西临桂人（一说江西丰城人）。明嘉靖三十一年（1552）中举人，从此走上了从政之路，官至桂林府通判。但其仕途坎坷，几遭贬谪，晚年辞官告老还乡。关于张鸣凤在宦海的沉浮，友人沈明臣在《张羽王书来兼寄所着浮萍集又因得其谪蜀信作》一诗的序言中作了概述："由雷州司理改黎平，由黎平谪六安判官，由六安转参浙帅，由浙帅檄修漕河书于淮，书成倅苏州，由苏州转京兆，未到官被劾下狱，乃今谪利州卫经历。"根据这一记述，张鸣凤在中举后，不久任雷州（今广东雷州市）司理，后改黎平（今贵州黎平县），由黎平贬谪六安（今安徽六安市）为判官，又迁应天（今南京，当时为明朝的南都）通判，再转京兆，但未到官就被弹劾下狱，后又谪判兴国（今湖北阳新），再谪利州卫（今四川广元市利州县），最后改为王府官（王官为贬官），遂携姜周洁弃官归桂林老家。自此，居漓山之下以山水为乐，避客著书，颐养天年。王世贞《弇州山人四部续稿》中说他"十载七徙官，青衫转成敝"。张鸣凤在《短歌行与仲美作》中自表："我命不犹，受辱不少。出自单门，屡遭群小。西迁巴蜀，南放江皋。"

张鸣凤博雅能文，一生颇为勤奋，笔耕不辍，著述甚为丰富。著有《漕书》、《西迁注》、《桂胜》、《桂故》、《东潜集》、《河垣稿》、《谪台稿》、《粤台稿》等。晚年，受广西巡抚蔡汝贤委托编修《广西通志》，书未成而病故。其孙释超拨，将其文稿整理辑刻成集名为《羽王先生集略》。

《漕书》一卷，《四库全书总目》曰："是书专论漕运利弊，分为八篇：曰漕政、漕司、漕军、漕河、漕海、漕船、漕仓、漕刑。力主海运之利，又以漕船工料不坚，入水易破，欲采木川湖，大治万余艘，斥余材以支数十年用。又以丹阳、京口并出于江，水浅船多，欲别开运道，由孟渎趋白塔河至扬州。其说颇多难行。"

又据其友人沈明臣在《张羽王书来兼寄所着浮萍集又因得其谪蜀信作》一诗的序言中作了概述："由浙帅檄修漕河书于淮"，这句话可以看出所撰是为他人之托。因为张鸣凤成年后，师从王宗沐学习漕运方面的知识。王宗沐曾官至漕运总督、刑部左侍郎，著有《海运志》、《海运洋考》、《漕抚奏议》等。所以张鸣凤对漕政有比较全面的了解。有明一代，有关漕政的书籍不少，著名的有杨宏撰《漕运通志》十卷，邵宝撰《漕政举要录》十八卷，王在晋《通漕类编》九卷，周梦旸《水部备考》，以及张鸣凤《漕书》一卷。这也说明漕政是那个时代人们很关注的问题。

现存主要版本

清钞本

董恂与《江北运程》

　　董恂（1870—1892），初名醇，后避同治帝讳改询，字忱甫，号韫卿，江都县邵伯镇人。道光二十年（1840）成进士后踏上仕宦之途，至光绪八年（1882）正月，以七十六岁高龄退休，先后历事道光、咸丰、同治、光绪四朝，历任户部主事、湖南储运道、直隶清河道、顺天府尹、都察院左都御史及兵、户两部侍郎、尚书。其中户部尚书任期最长，自同治八年六月至光绪八年正月，达12年之久。在此期间曾充殿试读卷、会试正副主考官，以及文宗、穆宗二帝实录馆总裁，又曾入总理各国事务衙门，作为全权大臣，奉派与比利时、英国、俄国、美国等国签订通商条约。为维护国家利益，据理力争，不辱使命。同治十年（1871）镇江关查获漏税洋船更名易主一案，董恂照会英使，指出："商船走私，有犯条约"，"严行驱逐，不准在口贸易。"致使英使气夺语塞，只好按章办事。

　　董恂性爱读书，自幼家贫力学，为官数十年，公余手不释卷，退职留居京师时，以"还读我书"名其室。八十二岁，臀破不能久坐，犹坚持卧读不辍。董恂每任一职或奉一差，皆喜记其事。先后著有《随轺载笔七种》、《楚漕江程》、《江北运程》、《甘棠小志》、《荻芬书屋诗文稿》以及《手订年谱》等近百卷。他也是将英语诗歌（《人生颂》）译成中文的第一人。光绪十八年（1892）闰六月十八日，董恂病故，光绪皇帝曾赐祭文，称其："性行纯良，才能称职。"

　　《江北运程》为官修水利志。内容翔实，附有大量水利数据，为研究清季漕运提供了不可或缺的历史资料。董询在咸丰八至十一年（1858—1861）任顺天府尹期间，亲身体会到漕运事务对清政府至关重要，因而着手编辑了历代有关运河的资料，于咸丰十年（1860）刻印成书，上奏朝廷，这就是《江北运程》。

　　《江北运程》是一部近百万字的水利专著，是一部有关京杭运河北段的大

潦艱阻萬狀公私病之至元二十六年用壽張尹韓仲暉言自

安山西閘河由壽張西北過東昌至臨清達御河長二百五十

餘里決汶流以趨之舟楫連檣而下建堰牐以節蓄洩完隄防

以備盜激賜名會通然當時河道初開岸狹水淺不能負重每

歲不過數十萬石故終元之世海運未罷明則皇甫錄明紀署

言文皇肇建北京江南糧船一由江入海出直沽口白河運至

通州一由江入淮歷黃河至陽武縣陸運至衞輝府由衞河運

千漕元會通河自灤漷至臨清三百八十五里漕舟始達於通

州又明副書言國初都金陵漕舟於江其餉遼卒則自海運即

元人故道永樂中改都於燕歲漕東南粟四百萬石由大江涉

高郵寶應諸湖絕淮入黃河經會通河出衞河白河遡大通河

以達於京師設爲諸洪泉壩牐蓋南北之咽喉天下之大命也

益以起南陽至留城之新河詳見卷二十

十三此則兩朝創制較金日益備者實爲我

　國家因革損益

之所繇

大清會典言、　國家定鼎燕京歲漕東南四百萬石由江涉淮入黃型资料汇编，涉及范围北起京师，南达长江北岸瓜洲镇。全书正文四十卷，首一卷。卷首内容丰富：首为董恂自序，继而是两组分别名为"江北运程并有漕诸省图"、"江北运程河湖闸坝全图"的地图；后接"总略"、"纲汇"。"总略"用极简练的文字分卷介绍了每一卷所记述的运河起迄地点及这一区间河道的长度。全书所记运河历经顺天、直隶、山东、江苏等地的45个州县，河道全长2 927.4里。"纲汇"的内容相当于"总略"的子目，分卷介绍了各河段的行政机构设置、仓储数目及每年入仓漕粮数额、闸坝及桥梁名称、交会河流等。前二十卷，记自京师大通桥达通惠河，经直隶山东两省境至江苏沛县为止；后二十卷为记新河，卷二十一为迦河，卷二十二至二十五为皂河，卷二十六为中河，卷二十七为黄河，卷二十八至三十为官河（即中渎水），卷三十一至四十，起运口止于入扬子江。

现存主要版本

1.清咸丰十年（1860）京兆尹署空青水碧斋刻本
半叶九行，行二十四字，小字双行同，白口，四周双边，单鱼尾。
2.清同治六年（1867）京都刻本
半叶九行，行二十五字，小字双行同，白口，四周双边，单鱼尾。

靳辅与《治河方略》

　　靳辅（1633—1692），字紫垣，汉军镶黄旗，辽阳（辽宁省辽阳市）人。清顺治九年（1652），由官学生考授国史院编修，后升任国史院学士、武英殿学士兼礼部侍郎。康熙十年（1671）授安徽巡抚，加兵部尚书衔，十六年被提升为河道总督。是时河道失治，苏北地区淮溃于东，黄决于北，运涸于中，决口近百处，海口淤塞，运道断航。靳辅到任后，周度形势，博采舆论，改进前人治河方法，因势利导，专主筑堤束水，黄河灾患得以平息。他在近12年的督河任上，成功地进行了几项治黄工程，由于其采取的治河措施较为得宜，黄河安流了30余年，漕运亦安全通畅。二十七年春，靳辅被御史郭琇等参劾，以阻浚下河、屯田累民而遭革职。但因其治河有方，三十一年二月，又复起督河，十一月病逝，谥文襄。著作有《靳文襄公奏疏》、《治河汇览》、《治河奏绩书》、《治河方略》（又名《靳文襄公治河方略》）等。

　　《治河方略》是继明潘季驯所著《河防一览》一书之后，又一部研究治理黄河的重要文献。原名《治河书》，上谕改今名。康熙十六年（1677），靳辅任河道总督时，正是黄淮交敝、漕运梗阻之时。由于明朝末年，河政废弛，决溢严重。清初，黄、淮、运亦连年成灾。康熙十五年，夏久雨，黄河倒灌洪泽湖，高家堰大堤决口34处，淮水冲入淮扬运河，运河堤决口，大口两处宽300余丈，里下河7州县被淹，黄河又决口数十处，漕运受阻。次年，靳辅就任河道总督，受命治河。他接受陈潢综合治理的建议，提出黄、淮、运全面施工兴治的主案，先浚下游，后疏上游，堵塞所有决口，坚筑两岸堤防，兴建减水坝泄洪。经过十余年的治埋，黄、淮故道次第修复，漕运大通，治绩卓著。二十年冬，康熙皇帝南巡阅工时，念其治河有功，曾面谕靳辅:俟河道告成之日，纂述治河书，以垂永久。

　　康熙三十五年（1696），清廷批准江南人民的请求，在黄河岸边为靳辅建祠。康熙四十六年，康熙帝南巡之后，对靳辅的治河作了全面的评价。他说:

"康熙十四五年间，黄、淮交敝，海口渐淤，河事几于大坏，朕乃特命靳辅为河道总督。靳辅自受事以来，斟酌时宜，相度形势，兴建堤坝，广疏引河，排众议而不挠，竭精勤以自效，于是黄、淮故道次第收复，而漕运大通，其一切经理之法具在，虽嗣后河臣互有损益，而规模措置不能易也。至于创开中河，以避黄河一百八十里波涛之险，因而漕挽安流，商民利济，其有功于运道民生，至远且大。朕每莅河干，遍加咨访，沿淮一路军民感颂靳辅治绩者众口如一，久而不衰。"（《东华录》康熙七十九）为奖励靳辅的功劳和贡献，康熙皇帝追加"赠太子太保"、"拜他喇布勒哈番"。

《治河方略》是其任期中治河奏疏及论著总汇。是在明潘季驯"筑堤束水，以水攻沙"的治河理论基础上，提出"逼淮注黄，蓄清刷黄"等新见解，采用幕友陈潢的治水主张，整治黄、淮、运河取得成效，反映了清代前期治理黄河方略的新成就，被称为"千古河防龟鉴"（《国朝先正事略》卷五）。

《治河方略》十卷，卷首一卷。卷首有圣谕四道，分别为：康熙至雍正皇帝颁布，又有靳辅"恭进书疏"、"恭进治河书表"各一道，以及图七幅（分别为：黄河图、黄河旧险工图、黄河新险工图、众水归淮图、运河图、淮南诸河图、五水济运图）；卷一至三：治纪；卷四：川渎考、诸泉考、诸湖考、漕运；卷五：河决考、河道考；卷六至七：奏疏；卷八：名论；卷九：河防述言；卷十：河防摘要。

现存主要版本

一、靳文襄公治河方略

1.清乾隆三十二年（1767）听泉斋刻本
半叶十行，行二十字，小字双行同，白口，左右双边，单鱼尾。

2.民国间中国水利工程学会南京铅印《中国水利珍本丛书》本

二、治河方略

清嘉庆四年（1799）靳文钧安澜堂刻本
半叶八行，行十八字，小字双行同，白口，四周双边，单鱼尾。

张鹏翮与《治河全书》

张鹏翮（1649—1725），字运青。祖籍湖北麻城，明洪武二年（1369），张氏家族在其入川始祖张万带领下，迁居四川省遂宁县黑柏沟（今蓬溪县金桥乡）。清康熙九年（1670）进士，雍正初拜武英殿大学士。历官刑部郎中，苏州、兖州知府，浙江巡抚，兵、刑、户、吏等部侍郎、尚书，两江总督，河道总督等。卒谥文端。主要著作有《忠武志》、《信阳子卓录》、《敦行录》、《治河全书》，以及后人为之编辑的《遂宁张文端公全集》。

张鹏翮是清初名臣，长于治河，凡所经划，无不完固，与清初治河专家靳辅并著声名。《治河全书》是张鹏翮于康熙四十二年（1703）任南河河道总督时组织门人及僚属纂辑而成。全书包括康熙阅视河工之上谕，对河道事宜之决策及历任河道总督之治河章奏等。康熙曾有三个心愿——"削藩、收复台湾、治理河道"，首都需要的物资全部要由南方和北方的其他地方运来，大运河是最方便快捷的一条途径。因此，保障大运河水道的安全畅通是康熙皇帝必然要做的事情，所以派人全面调查大运河也就不难理解了。

《治河全书》共二十四卷。卷一至二：上谕。卷三：1.运河全图；2.运河图总说。卷四：1.通州、香河、武清三州县运河事宜；2.天津运河事宜；3.交河、南皮、东光、吴桥、景州五州县运河事宜；4.山东下河事宜；5.山东上河事宜；6.张秋河事宜；7.南旺河事宜；8.泇河事宜。卷五：1.邳州、宿迁、运河事宜；2.中河图说；3.里河事宜；4.扬河事宜；5.瓜仪河运事宜；6.江南浙江运河图说；7.卫河图；8.卫河图说。卷六：1.五水济运图；2.五水济运图说；3.泉源考；4.新泰县泉图；5.新泰县泉事宜；6.莱芜县泉图；7.莱芜县泉事宜；8.泰安州泉图；9.泰安州泉事宜；10.肥城县泉图；11.肥城县泉事宜；12.平阴县泉图；13.平阴县泉事宜；14.东平州泉图；15.东平州泉事宜；16.汶上县泉图；17.汶上县泉事宜。卷七：1.宁阳县泉图；2.宁阳县泉事宜；3.泗水县泉图；4.泗水县泉事宜；5.曲阜县泉图；6.曲阜县泉事宜；7.滋阳县泉图；8.滋

治河全書總目

卷之一

上諭

卷之二

上諭

卷之三

上諭

運河全圖

運河圖總說

卷之四

阳县泉事宜；9.济宁州泉图；10.济宁州泉事宜；11.鱼台县泉图；12.鱼台县泉事宜。卷八：1.邹县泉图；2.邹县泉事宜；3.滕县泉图；4.滕县泉事宜；5.峄县泉图；6.峄县泉事宜；7.蒙阴县泉图；8.蒙阴县泉事宜；9.禹王台图；10.禹王台图说；11.下河图；12.下河图说。卷九：1.黄河全图；2.黄河图总说。卷十：1.河南黄河图说；2.山东曹单二县黄河事宜。卷十一：1.徐属黄河事宜；2.邳睢灵黄河事宜；3.宿迁黄河事宜；4.归仁堤事宜；5.桃源黄河事宜；6.清河、山阳、安东三县黄河事宜。卷十二：1.高家堰事宜；2.淮河全图；3.淮河图说。卷十三：1.官制；2.修防事宜。卷十四至二十四：章奏。

本书卷一至二，辑录自康熙二十三至四十二年间治河上谕；卷三至十三，记载了运河、黄河、淮河三大水域的源流、支派、地理位置及历年对其治理的情况等，其中对各河道的形成、流向、堤坝修筑、防汛事宜等所记尤为详细。卷十四至二十四，是各州县专职、兼职治河官员的设置制度及历任河道总督靳辅、王新命、张鹏翮等人有关治河章奏。书中所附绘图，工细精致，精确地反映了三大河流及各支流的全貌。全书内容翔实，史料性强，是研究清代初期治河工程的重要参考资料，对当前治理黄、淮河水利工程和水利史的研究以及准备修浚大运河，都颇有借鉴参考价值。

《治河全书》为未刊稿，无刻本传世。据《中国古籍总目》著录，现存仅有天津市图书馆、大连市图书馆、重庆市图书馆及北京市委四家藏有清代钞本。

现存主要版本

清钞本

张伯行与《居济一得》

张伯行（1651—1725），字孝先，晚年号敬庵，仪丰（今河南兰考县）人。清康熙二十四年（1685）进士，累官河道总督、礼部尚书等职。历官二十余年，以清廉刚直称，其政绩在福建及江苏最为人称道。他的学问以程、朱理学为主，其门人弟子达数千人，由于功勋卓著，死后获赠太子太保，谥清恪。康熙称他为"天下清官第一"。生平除著有《居济一得》，还著有《道统录》、《困学录集粹》、《正谊堂文集》等。并辑录有《伊洛渊源录》、《小学集解》、《续近思录》、《广近思录》、《学规类编》、《性理正宗》、《濂洛关闽书》等。

《居济一得》一书是张伯行任河道总督时所作。他在该书序言中说："余自庚辰岁奉命效力河工，日夕奔驰于淮扬、徐泗数百里之间，考古人之制度，验今日之情形，源流分合，高下险夷，亦即悉其大概矣，阅四载而膺山东治河之命……余不揣固陋，溯流穷源力求有益于民生国计，数年以来，越阡度陌相度经营，兼询之故老，考之传记，凡蓄泄启闭之方，宜沿宜革，或创或因，偶有所得辄笔之于书以备他日参考，积久成帙，分为若干卷。"全书共分为八卷，对山东段运河的地理地貌、水利设施建设、运河补给水源、运河管理和治理做出了说明，是一部了解明清时期山东运河的重要水利著作。《四库全书总目》（卷六十九·史部二十五）称："是编乃伯行为河道总督时相度形势，录之以备参考者。前七卷条议东省运河坝闸堤岸，及修筑、疏浚、蓄泄、启闭之法。于诸水利病，条分缕析，疏证最详。后附《河漕类纂》一卷，则仅撮大概。盖伯行惟督河工，故漕政在所略也。大旨谓河自宿迁而下，河博而流迅，法宜纵之；宿迁而上，河窄而流舒，法又宜束之。徐邳水高而岸平，泛滥之患在上，宜筑堤以制其上；河南水平而岸高，冲刷之患在下，又宜卷埽以制其下。又有三禁、三束、四防、八因诸条，皆得诸阅历，非徒为纸上之谈者。伯行平生著述，惟此书切于实用。迄今六七十载，虽屡经疏浚，形势稍殊，而因其所记，以考因革损益之故，亦未为无所裨焉。"

八卷内容分别为：卷一：运河总论、峄县县丞、台庄等八闸、微山湖、河堤事宜、减水闸、滕县主簿、沛县主簿、珠梅闸、鱼台主簿、南阳闸官、枣林闸、浚白马河、师家庄闸、济宁以南各闸放船之法、石佛闸、赵村闸、山东运河、在城闸、天井闸、运河源委、济宁分水、闭杨家坝、金口闸、金口坝、大挑府河等。在运河总论中对济宁段运河的补给水源、工程建设、治理状况做了介绍，另外作者还指出济宁分水和金口闸、金口坝等在山东段运河中地位非常重要，必须使山东段运河中的闸坝得到有效的管理。

卷二：沂河济运、引沂泗二水入运、沂水、复永通闸、马场湖、马场湖小闸、马场湖地、复马场湖、清查湖界、劝民耕种涸田、风花台、安居闸、通济闸、白嘴、大长沟东宜建闸、南界水闸、泗河口、改泗河口、寺前闸、寺前铺、中界水闸、利运闸、柳林闸、柳林闸放船法、北界水闸、蜀山湖、南旺湖、南旺主簿、南旺各斗闸、南旺湖九斗门闸、南旺分水、南旺大坝、南旺大小挑。主要说明了沂水的流向和对运河的影响。另外该卷还对柳林闸放船的方法、蜀山湖跟南旺湖蓄水的规模、南旺分水的季节跟挑河都有记载。

卷三：十字河、汶河、汶河口、汶河中闸、汶河堤岸、筑汶河堤岸、修泗汶堤、饬修湖堤、采割湖草、分水口上建闸、挑浚月河、大坝口、老坝口、小坝口、胡家楼口、何家坝、王堂口、戴村坝、戴村坝议、修戴村坝、坎河口、坎河口石坝。主要介绍了十字河的开通对运河畅通的意义，汶河的发源以及流向。作者建议在应该将南旺分水改在汶河口，让其只往北流，这样北流之水就可以满足运河需求了。另外作者还指出按规定的时间挑河（包括大挑和小挑）可以使运道畅通无阻，戴村坝在运河上的作用非常重要，既要按照水的自然之性减少对堤岸的损坏，同时也要采取人工措施加固堤防。

卷四：疏浚泉源、马踏湖、马踏湖宜筑北堤、十里闸、十里闸放船法、十里铺闸、闸座之制、五里铺滚水石坝、关家大闸、开河闸、开河放船法、宏仁桥建闸、袁家口闸、袁家口放船之法、靳口闸、安山闸、复安山湖、黪荒贻害、复各湖议、戴家庙放船法、大感应庙东减水闸、曹家单薄以北减水闸、开沁河议、引沁入运、开沁河、沁水入运河头、引沁水利、赵王河、挑赵王河沙河、枣林河、疏浚沙河、五空桥、荆门闸放船法、荆门上闸、荆门下闸、阿城闸放船法、阿城上下闸、七级放船法、周家店放船法、东昌府上下各闸放船法。张伯行指出山东运河的补给水源主要是汶河，汶河流量的大小又与季节密切相关，对汶河进行挑挖和疏浚是保证粮船顺利通行的条件。另外马踏湖在洪水季节还起着调节水源，减少洪水对运河冲击的作用。十里闸放船需要与柳林闸密切配合，根据水位变化进行启闭。

卷五：治水、土桥闸、戴家湾放船法、砖闸放船法、版闸放船法、版闸、闸官、竹薄坝坂闸放船之法、治河之法、筑漳河坝引漳水济运、引漳入卫、卫河、四女寺进水闸、四女寺减水闸、急修闸座、东省湖闸情形。治河和治水是历代封建政府保障运河顺利通行的举措。张伯行指出治水应该顺水之性情，疏通河流阻塞的地方，使河水归于大海。同时还对治河之法进行了分析，既要学习古代治河的长处和经验，同时也要因地制宜，因时制宜。

卷六：治河议、疏通盐河、东平州盐河支河、筑盐河堤岸、应浚河道、聊城县七里河、阳谷县西湖境、清平县引河、博平县减水闸、曹州贾鲁河。张伯行指出治水贵在通过人的作用使水能够为人所用，古代治河主要是消除洪水对人的危害，现在治河是为了使河水为人所用，所以现在治河比古代治河更难。

卷七：治河总论、治河当酌古通今、黄淮水利、条陈通会河、开镇宣桥、开石涵洞、阜河、李经邦闸、骆马湖口、闭骆马湖竹络坝、开竹络坝、建萧家渡闸、疏东奠德远镇宣三桥、复西宁锡成澄弘三桥、开西宁桥、开预备河、开中河头、开刘老涧预备河作减坝、新中河尾、仲兴集宜用新挑中河、崔镇对过建闸、改挑中河中河尾、中河北水田、中河南水田、开峰山天然闸、开归仁堤闸、分泄黄水、中河南分黄支河、中河子堤、分水灌田、仲家庄分黄支河、建减水闸坝、河道大势、减水涵洞、南岸险工建越堤、大分黄河、复张福王简黄韶口、收束清口、运河口、清河口议、大挑运河、复高堰各闸坝、高堰内水利、复周桥翟坝高良涧古沟旧制、开周家桥闸、高家堰堤内水田、闭六坝、救盱泗法、添水利道、运河两岸减水闸坝、复运料小河、复五空桥河、复杨家庙河兼伏龙洞、流均沟、芒稻河、王家营开分黄支河、韩家庄闸引河、尹家庄一带开引河、埽工宜废、海啸。张伯行指出大禹治水成功的原因在于顺水之性，将洪水疏导入海。还指出清代河工之坏的原因在于不学无术之人掌握治河大权，他们不遵循古代治河的有益经验，完全按照个人的主观思想。

卷八：河漕类纂（黄河运河总论）。主要讲了黄运关系，如何通过治理黄河，保障运河通畅。

现存主要版本

一、五卷本

清康熙间刻本
半叶九行，行二十字，白口，四周双边，单鱼尾。

二、八卷本

1.清康熙间刻本
半叶九行，行二十字，白口，四周双边，单鱼尾。

2.清乾隆间刻本
半叶九行，行二十字，白口，四周双边，单鱼尾。

3.清乾隆间写《四库全书》本

4.清嘉庆二十一年（1816）张协鼎刻本
半叶九行，行二十字，白口，四周双边，单鱼尾。

5.清同治五年（1866）福州正谊书院刻，八至九年（1869—1870）续刻《正谊堂全书》本
半叶十行，行二十二字，小字双行同，白口，左右双边，单鱼尾。

6.民国二十四至二十六年（1935—1937）上海商务印书馆铅印《丛书集成初编》本

陈法与《河干问答》

　　陈法（1691—1766），字世垂，一字圣泉，晚号定斋，学者称定斋先生，贵州安平（今贵州省平坝县）人。清康熙五十二年（1713）举人，同年秋中进士，改翰林院庶吉士，授检讨。历任刑部郎中、顺德和登州知府、山东运河道、江南庐凤道、淮扬道、大名道。为政清廉，以教养为先。生平潜心经学，"而于《周易》尤能切为讲求。为人志行端方，才识通达"。乾隆十年（1745），河道总督白钟山被弹劾，陈为之辩解，被革职发配新疆。到新疆后，他见当地无水井，乃亲自踏勘，掘地得泉，人民感其恩，取名"陈公井"。后遇赦归里，潜心治学，主讲贵山书院二十余年，是清代知名学者和治水专家。乾隆三十一年（1766）十二月初六日病逝，享年七十五岁。死后陪祀尹道真先生祠，贵阳士子每年于其生辰致祭，名陈公会。道光年间，云贵总督阮元及贵州巡抚嵩溥、贵州布政使祁真、按察使何金、学政许乃普、安顺知府庆林等上疏题报并准陈法入祀贵州名宦乡贤祠。著作有《易笺》、《明辨录》、《醒心录》、《河干问答》、《敬和堂文集》、《内心斋诗稿》、《犹存集》等。

　　《河干问答》是其任山东运河道、护理东河总督及淮扬道任期间，悉心研究治河方略，"亲视堤工，熟为筹度"，在积累了大量的治河经验基础上并以亲身体验编著而成。全书分为十二个论题：1.论河南徙之害；2.论二渎交流之害；3.论河不能分；4.论分黄导淮之难；5.论河决之由；6.论何工补偏救弊之难；7.论河道宜变通；8.论运道宜变通；9.论漕运宜调剂；10.辨惑论；11.论开河不宜筑堤；12.论经理东南之策。

　　其孙陈若畴在道光八年（1828）刊刻本书时所作序言中曰"先论南徙与二渎交流之害，次论河不能分与分黄导淮之难，并论河决之由补偏救弊不易，缕列纸上，如数掌纹。人人知为害有如是者，害既明，然后移而就利，必乐从。乃论河道变通，其利二十有二，运道变通，其说有二，复以漕运调剂之宜谆谆言之。终之以辨惑论以及开河不宜筑堤、经理东南之策，确有可信，而治河之道毕焉。"

　　陈法在书中体现的治河思想，对于我们今天治理黄河、淮河、运河仍具有重要的参考价值。

现存主要版本

1.清光道光八年（1828）安平陈氏刻本
半叶九行，行二十字，白口，四周双边，单鱼尾。
2.民国二十五年（1936）贵阳文通书局铅印黔南丛书本
3.民国间笋香室晒蓝本
4.民国间钞本

河干問答

論河南徙之害

　　　　　　　　　　清安平陳　　法定齋箸

客有問於余曰河之南也久矣亦氣運使然乎余曰非也鴻濛濆洞之初大塊融結水流山峙各有部分故日天地定位山澤通氣如人五官百骸氣血流通不可得而倒置變易之也其或六氣七情感而成疾血氣有妄行之時則調劑之以復其故未有聽其妄行而且逆制之擾亂之而能生者也東海爲百谷之王江淮統西南

河干問答

論漕運宜調劑

辯惑論

論開河不宜築堤

論經理東南之策

河干問答

河干問答

黔南叢書

徐端与《安澜纪要》和《回澜纪要》

徐端（1754—1812），字肇之，号心如，浙江德清新塘（今士林乡南部）人。清乾隆四十九年（1784）起，历任河南兰仪同知、江苏淮安知府、淮徐道、江南副总河、江南河道总督等职，官至三品顶戴，并加封太子少保。徐端在任期间，深入治河工地，调查考察，与役夫同甘共苦。他所主持的曹州堤坝、郭家房堤坝、倪家滩疏浚等工程，发挥了拦洪、泄洪作用。为政清廉，贫寒终生，嘉庆十七年（1812）积劳病卒，赖人脯赠，始毕丧葬。著有《安澜纪要》、《回澜纪要》。《清稗类钞》"徐端治河"条对徐端治河及清廉生平记述颇详："河督徐端，起家河工微员，以廉能著。受仁宗特知，擢河东副总河，寻即真。久于河防，习知其弊，尝以国家有用赀财滥为靡费，每欲见上沥陈。同事者恐积弊揭出，株连者众，故尼其行，致抑郁而死。贫无以殓，所积赔项至十余万，妻子且无以存活焉。"

《安澜纪要》和《回澜纪要》二书对古代河道治理特别是黄运治理方面的工程技术要领及细节进行了较全面的记述，汇集有关日常修守、汛期防护及险情应急等的方法及注意事项、各项制度等，相当全面地记载了清代的河工技术，保存了许多珍贵的古代河工工程细节资料，堪称清代河工技术文献中的双璧。

《安澜纪要》、《回澜纪要》虽然是两本书，但二书内容密切相关，前后相承，堪称姐妹篇，甚至可视为一书。不过二书所着眼的河工环节及所强调的与此相关的重点还是有所差异的。如果说《安澜纪要》侧重"未雨绸缪、防患于未然"，《回澜纪要》则侧重于"临事而不乱"。

《安澜纪要》分上下两卷，卷上主要记述当时河工所涉及的各种事项或环节，从方法、程序、细节、注意事项等各方面对它们作了详细记录。所列条目有签堤、水沟浪窝、堵漫滩决口、险工对岸估挑引河、选兵、练兵、恤兵、大汛防守长堤章程等二十六条，每个条目记述文字或长或短，以内容需要而定。

许多条目虽是客观的细节或方法叙述，但字里行间流露出作者的治河方法论思想及其所推重的行事原则。卷下为《河工律例成案图》，以图表方式记述了有关河工的规章制度及处罚措施，书中所有图表共分案、律、例三类，其中例是案或律的下属条目，是对案或律之内容的细化或分解，所以，每一类案或律之条目下，都统摄着数目不等的例目。卷末附《做水平法》一文，介绍古代工程测量中水平仪的制作方法、规格及使用方法，并附水平仪的平面图示"水平式"。

道光巳丑七月重刊

安瀾紀要

德清詒安堂藏板

先大夫服官河堧數十載心力瘁于宣房著有安瀾紀要迴瀾紀要二書頗行於世歲久板濤漶今秋重校一過付之剞劂氏冀此書益永其傳也至治河之法宜於今而不屍于古茂園河帥序中詳言之鑣何敢贅一詞

道光巳丑秋七月男鑣謹識

《回澜纪要》则叙述堤防失事后堵口工程的全过程。卷上有盘裹头、定坝基、二坝、夹土坝、挑水坝、缉口、估计料物、掌坝须知等三十四条。其中前六条即盘裹头、定坝基、二坝、夹土坝、挑水坝、缉口，主要是有关堵口工程工序、注意事项或操作要领的。对一些常规工程，作者并未泛述其工序流程或具体操作方法，而仅就这类环节中应该注意的重点事项做简要叙述。卷下有提脑揪艄、捆厢船、合龙、收工等二十七条，紧承上卷，主要围绕当时堵口采用的"兜缆软厢"方法进行了具体介绍。

《安澜纪要》、《回澜纪要》二书"切中机宜，发前人所未发"，因这两部书实用性较强，故刊成后被多次重刊。

现存主要版本

1.清道光九年（1829）德清徐氏刻本
半叶九行，行二十字，白口，左右双边，单鱼尾。

2.清道光二十二年（1842）钱塘许氏河南刻《敏果斋七种》本
半叶十行，行二十一字，白口，四周双边，单鱼尾。

3.清道光二十三年（1843）刻本
半叶九行，行二十字，白口，左右双边，单鱼尾。

4.清道光二十四年（1844）长白慈荫堂刻本
半叶九行，行二十字，白口，左右双边，单鱼尾。

5.清同治十二年（1873）刻本
半叶九行，行二十字，白口，左右双边，单鱼尾。

6.清光绪十四年（1888）刻本
半叶九行，行二十字，白口，左右双边，单鱼尾。

栗毓美与《栗恭勤公砖坝成案》

栗毓美（1778—1840），字含辉，又字友梅，号朴园，又号箕山，浑源（山西省浑源县）人。清嘉庆七年（1802）以拔贡考授知县发河南。历署温孟、安阳、河内、西华诸县，补宁陵，所致皆有政声。道光初，服阕补武陟，迁光州直隶州知州，擢汝宁知府，调开封，历粮盐道、开归陈许道、湖北按察使、河南布政使、护理巡抚等职。道光十五年（1835）任河东河道总督，主持豫鲁两省黄河事务。修筑堤岸，首创"以砖易稽石"，其任内五年黄河没有水患，节省官银百三十万两。二十年卒，谥恭勤。著作有《吕书四种合刻》等。

《栗恭勤公砖坝成案》一书，是后人根据是其任河督期间施用抛砖筑坝治理黄河的过程中的奏折、禀文等辑录而成。内容为：《道光十六年四月五日河东河道总督栗毓美奏为黄河工程需用砖块试有成效请照现在时价核明报销恭折》、《道光十六年四月十三日批复工部》、《道光十六年九月十一日开归道张坦禀文》、《奏请添拨防险银款》、《道光十六年□月□日开归道张坦禀文给栗毓美》、《道光十七年六月黄沁同知于卿保禀复钦差》、《道光十七年七月下南厅高步月禀复钦差》、《道光十七年七月钦差工部尚书敬会同河督栗奏为酌议改办砖石章程恭折》等。

当时黄河下游河道两岸均有不少滩地，尤其河南河段，河宽滩广，每遇伏秋大汛，洪水漫滩，将滩面冲成许多串沟，首尾与大河相通，往往分溜成河，冲刷大堤，造成决口之患。他到任伊始，经过调查研究，对整治滩面串沟隐患，十分重视。道光十五年（1835）秋，北岸原武、阳武（今原阳县境）两汛串沟分溜，刷成支河，沿堤上下40余里，处处吃紧，险情严重，他亲到工地指挥抢险。这一带堤防，原不靠河，平时未备工料，若用秸埽抢护，堤段太长，不可能全线厢修。鉴于当时滩地民房被淹浸塌，房砖颇多，认为砖与石相仿，故决定收买当地民砖，试抛砖坝抢护，计自阳武板张庄至孙家堤30多里的堤段，经40个昼夜抢修，共筑长短砖坝60余道，从而挑溜外移，化险为夷。道光十六年（1836）二月，阳武三堡串沟过溜，逼近堤根，串沟宽120余丈，深1～2丈，亦采用砖坝截堵串沟，不久淤为平地，效用显著。栗毓美试用砖坝成功后，曾向皇帝上书请求推广，但遭到一些在朝的官员反对，认为抛砖不如修埽（即用杂草和沙子装入麻袋筑坝），购砖不如购料。栗毓美一再上书力争，认为每年黄河两岸，多用石料护埽，但石料采运困难，价格高昂，计一方石可购两方砖。同时碎石虚方大，砖料虚方小，一方砖可当两方石用。而秸料埽，抗洪能力不强，年久易于腐烂。建议用备防石料、秸料的经费沿堤多置砖窑，烧制大砖，以备工用。到道光十九年（1839），皇帝才批准制砖修堤的建议，进行推广。河工用的大砖为椭圆形，每块重20斤左右，中有圆孔，可以用绳穿系易于抛修，并可用以砌筑坝体。这是黄河水工程的一次革新。直到1949年，黄河在开封还设有砖料厂，专门烧制河砖，以补石料之不足。栗毓美于道光二十年（1840）病逝任内，任河督虽仅五年，但治绩卓著，死后道光皇帝向近臣说："栗毓美办事实心，连年节省帑金数十万，一旦病故，诚为可惜。"特地为他在浑源州城东南二里处修建了一座坟墓，晋赠太子太保，谥号恭勤，入祀名宦祠。道光皇帝御赐祭文："朕维河流顺轨，皇防重匡济之才，海若安澜，疏沦仰怀柔之绩，既殊勋庸。栗毓美秉资明干，植品端方，始小试于中州，垒膺荐剡，爱剖符于南豫，屡著循声，符丹纶紫悖之重申，历翠板红薇而叠晋宏，材茂焕久，邀特达之知水利，凤谐聿重修防之任，娴泄滞通渠之法，安流策导源陂之功，九州底绩风清竹箭，消雪浪于荡平地，固沧桑速云舻之转运，嘉睿川之力，倚任维殷。兹考绩三年，殊恩载沛方冀永资，夫臂画岂意遂？悼夫论徂类已胥蠲，恤典籍褒夫盖。封彩霞吴氏为一品夫人。特赐官衔，灵其不昧尚克钦承。"当地百姓为了纪念他，拜他为"河神"，称为"栗大王"。

现存主要版本

清光绪八年（1882）东河节署刻本

半叶十行，行二十字，白口，四周双边，单鱼尾。

麟庆与《河工器具图说》

麟庆（1791—1846），完颜氏，字伯余，号见亭，满洲镶黄旗人，为金世宗完颜雍的第二十四世孙。他的七世祖达齐哈以军功"从龙入关"，被誉为"金源世胄，铁券家声"。父完颜庭鏴官至泰安知府，母恽珠为汉人，是清初常州画派代表人物恽寿平之后，阳湖（今江苏武进）才女。麟庆在文学上的造诣，很大程度得益于其母的教诲。嘉庆十四年（1809）进士，授内阁中书，迁兵部主事，改中允。道光三年（1823），初为安徽徽州知府，调颍州，擢河南开归陈许道，历河南按察使、贵州布政使、护理巡抚。十三年，擢湖北巡抚，寻授江南河道总督。十九年，修惠济正闸、福兴越闸，署两江总督。二十二年，英吉利兵舰入江，命筹淮、扬防务以保运道，请以盐运使但明伦备防扬州，以清江为后路策应，捕内匪陈三虎等诛之。秋，河决桃北崔镇汛，值漕船回空，改由中河灌塘，通行无误，诏念防务及济运劳，革职，免罪。二十三年，发东河中牟工效力，工竣，以四品京堂候补。寻予二等侍卫，充库伦办事大臣，乞病未行。病痊，仍改四品京堂。道光二十六年（1846）卒于北京私邸半亩园。著作有《黄运河口古今图说》、《河工器具图说》、《鸿雪因缘图记》、《琅嬛妙境藏书目录》、《扈行杂记》、《凝香室诗存》等。

《河工器具图说》四卷，是麟庆任江南河道总督时，在总结前人经验的基础上，结合自己的治河实践，于道光十六年（1836）著成书。该书收集历代河工器具224种，以图为主，以文为辅，图文结合，分类清楚，对各种器具的名称、源流、结构、使用方法及用途等详加考究，是以图谱形式对古代河工工具及水利科技的记录和总结。

黄河及其流域的自然环境为中华民族提供了必不可少可资生存的环境和条件，其水文特征和整体特点一直处于动态变化之中，到清代其恶化趋势不断加深。但同时通过历代治河经验的积累和河工技术的不断完善，此时的河流水利工程的管理技术已超越了历代并达到了顶点。

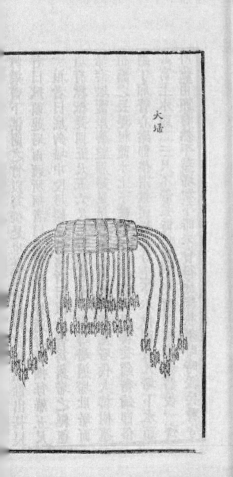

大埽

道光丙申鐫

河工器具圖說

雲蔭堂藏板

　　《河工器具图说》按照古代黄河工程名目分为宣防、修浚、抢护、储备四卷。根据功能的不同，各卷所载河工器具可作如下类别划分：卷一宣防部分器具：用于对河工工程的日常看护及维持，包括宣传、看护、测量等共57种器具，绘图33帧。卷二修浚部分器具：用于岁修和抢修时的整治河道、修堤筑坝，包括用于土工、灰工、石工等共59种器具，绘图31帧。卷三抢护部分器具：用于决溢、凌汛、渗漏等灾害，共有护岸、堵口、防凌、堵漏器具57种，绘图37帧。卷四储备部分器具：丰富而庞杂，用于对河工工程平时的搬运、存储、修补及维护等，共有器具51种，绘图32帧。由于黄河善淤、善徙、善决等原因，这些器具在治河过程中有一定的局限性，但是在设计、制作以及使用的过程中，它们本身都蕴含了丰富的科学原理，基本反映了清代治河器具的整体水平。

现存主要版本

1.稿本
2.清道光十六年（1836）云荫堂刻本
半叶十行，行二十五字，白口，四周单边。
3.清道光十六年（1836）南河节署刻本
半叶十行，行二十五字，白口，四周单边。
4.民国十五年（1926）河南河务局刻本

吴邦庆与《畿辅河道水利丛书》

吴邦庆（1765—1848），字景唐，号霁峰，顺天霸州（今河北省霸州市）人。清乾隆五十四年（1789）拔贡，官昌黎县训导。六十年举人，嘉庆元年（1796）中丙辰科二甲第四名进士。朝考优等选庶吉士，授编修，寻擢御史。十四年巡漕济宁，奏请重浚运河，并复山东春兑春开旧制，以杜绝州县折收虚兑之弊。十六年东河水浅，漕河滞运，提出对应策略，多被采用，漕得速达。十九年擢鸿胪寺少卿，受命偕内阁学士穆彰阿督浚北运河，事竣迁内阁侍读学士。二十年出为山西布政使，调河南布政使。二十三年擢湖南巡抚。次年调福建巡抚，未至闽授刑部侍郎，途中再受命往河南查马营坝大工案。二十五年授安徽巡抚，因为审案被议降职，奉旨赏给编修。道光三年（1823）请假回家修墓。十年，授贵州按察使，未之任，予三品卿衔，署漕运总督，寻实授。十一年调江西巡抚。十二年，授河东河道总督。十五年因金应麟参奏，告老归乡。二十八年卒。著作有《水利营田图说》、《畿辅水利辑览》、《畿辅水道管见》、《畿辅水利私议》、《泽农要录》。编辑《畿辅河道水利丛书》、《淮安仓项下嘉庆二十四年实征钱粮奏销文册》、《浙江道光十一年起运漕白船粮数目四柱总册》等。吴邦庆一生多次担任治河要职，在水利管理方面亦颇有心得，其著作也多与治河漕运有关。

《畿辅河道水利丛书》，清道光四年（1824）成书。包括下列子目：1.清陈仪撰《直隶河渠志》一卷；2.清陈仪撰《陈学士文钞》一卷；3.明徐贞明撰《潞水客谈》一卷；4.清允祥撰《怡贤亲王疏钞》；5.清吴邦庆撰《水利营田图说》一卷；6.清吴邦庆撰《畿辅水利辑览》一卷；7.清吴邦庆撰《畿辅水道管见》一卷；8.清吴邦庆撰《畿辅水利私议》一卷；9.清吴邦庆撰《泽农要录》六卷。

"畿辅"是指京都周围及附近地区。清代是直隶省的别称，地理位置包括现在的北京、天津及河北省大部分。这一地区的自然环境是，从北到西群山环绕，地势较高，向东南地势逐渐低平，形成众多河流下泄。这一地区又属半干旱区，受季风影响，冬春多干旱，夏季降水集中，因此极易造成旱涝灾害。加之历史上水利失修，灾荒连年，致使经济凋敝，农业歉收，粮食长期仰给东南，靠漕运解决供应，而这又是颇费人力、物力、财力的。元明清三代，朝廷及民用军需日益增多，尤其到了明代后期，政治腐败，社会动乱，经济危机加剧，供需矛盾日益尖锐。许多有远见的政治家及有识之士都主张开发畿辅水利，推行水利营田，以发展农业生产。由此畿辅水利受到重视，探索与研究这方面问题的专家代不乏人，从而也留不少有关畿辅水利的文献资料。吴邦庆编辑的《畿辅河道水利丛书》就是收集了四家九种，专门论述畿辅地区治水兴利的一部专业性的丛书。全书约40万字，吴氏自序清楚地说明了他编辑本书的目的："良史古推马、班。《史记》有《河渠书》，河谓河道，渠谓水利；而班掾乃以《沟洫志》继之，历叙汉代二百年中河流变迁，此岂沟洫名篇之所能尽括。盖不惟水官失职，而水学之放废亦可见。本朝定制：于经流则设总河及河道，以司修防，而塘堰圩围，则府州县佐，皆兼水利之衔以董之。世宗宪皇帝时，因兴修直隶水田，特设营田水利府，并设观察副使诸官，各扬其职。观建官之制而斯事之各为一局也审。余尝观史传，于疏浚蓄泄之事辄反复之，见后人所用之法，多前贤已用者，后不嫌于袭前者，以水性终古不易，其不效者特用之不当耳。然非留心采辑，广识而备记之，则亦不能相度机宜，施之临事。《传》曰：不习为吏，视已成事。凡事皆然，行水亦其一也。窃欲分水学为二：如防江之塂，御海之塘，黄河之堤埽，及他广川、洪流之分合通塞曰河道；直隶之淀泊，丹阳之圩围，吴越之溇港，关中六辅、龙骨，陈颍鸿却、钳卢，其设闸、建坝、撩浅、留泥诸法曰水利；各采取专门诸书以附之。庶成规綮然，往复讲习，可资世用，以合于湖州学治事斋之遗法，今姑于梓里先之。直隶志乘之外，无专志河道之书，近有裒集成编者，则考证为多，于疏浚无涉。惟陈学士《河渠志》略于道古，而详于切

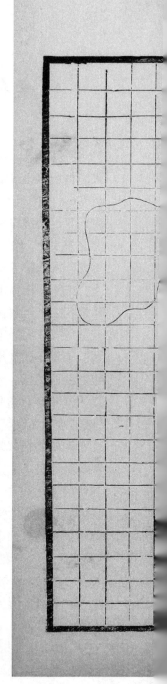

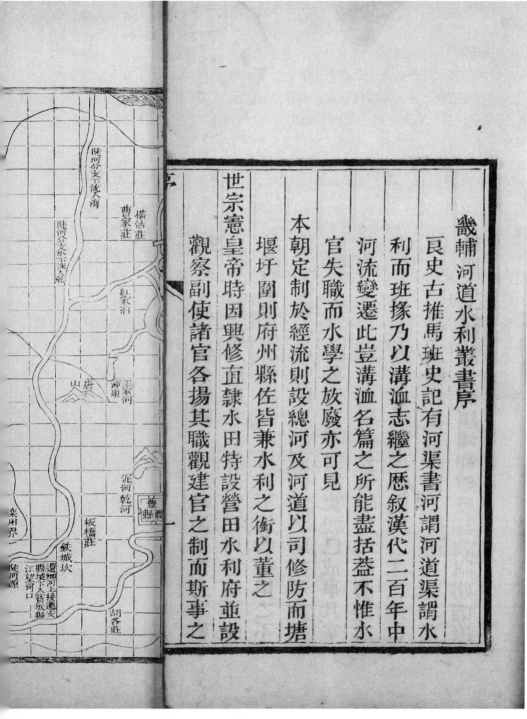

畿輔河道水利叢書序

良史古推馬班史記有河渠書河謂河道渠謂水

利而班掾乃以溝洫志繼之歷叙漢代二百年中

河流變遷此豈溝洫名篇之所能盡括蓋不惟水

官失職而水學之放廢亦可見

本朝定制於經流則設總河及河道以司修防而塘

堰圩圍則府州縣佐皆兼水利之銜以董之

世宗憲皇帝時因興修直隸水田特設營田水利府並設

觀察副使諸官各揚其職觀建官之制而斯事之

（地圖標注文字：）

陝河分支亦不流入海

陝河分支亦不流入乾

橫活莊

曹家莊

紅家泊

山

鹿

王家河

邢泉

泥河乾河

板橋莊

鐵城坎

還畹河上接遷安

縣埃入寬瓜縣

江望河口

陝河源

胡各莊

蕓縣

今，虽岁月变迁，未必可尽见诸施行，而利病所关，指陈剀切，前已刻于《畿辅通志》中，钦定《四库书》亦采入。又其集内因事陈辞，更能独达所见，刻《直隶河渠志》一卷、《陈学士文钞》一卷。明徐尚宝《潞水客谈》实心探讨，于去位时，书此持赠后人。怡贤亲王奉命总理水利时，以其言为信而有征，京东一局取为蓝本，其疏陈诸局形势，则有为尚宝所不及者，刻《潞水客谈》一卷、《怡贤亲王疏钞》一卷。维时兴修水田六七千顷，水力赢缩无常，当时已有改为旱田者，遗迹渐湮，恐难访求以施工作，纂刻《营田水利图说》一卷。直隶水田，自宋迄明历经修治，虽未能观成，而良法俱在，散见史册、说部，汇刻为《畿辅水利辑览》一卷。明左忠毅公《屯田疏》，及本朝水利案内皆有招募农师之语。浸种、插秧，诸农书具载其法，加意讲求，可为树艺灌溉之助，因详采诸农书刻《泽农要录》六卷。现在河道淀泊诸多淤塞，以致水潦为灾，上烦宸厪，谨拟为《畿辅水道管见》暨《水利营田私议》亦附刻焉。颜曰：《畿辅河道水利丛书》。并期访诸乡郡藏书家，如有先辈遗编谈斯事者，及留心水学之耆宿，片羽碎金，皆当续入。汉时言治河者以百数，桓谭典其议言：凡此数者必有一是，宜详考验，皆可豫见计定，然后举事，可以上继禹功，下除民疾。区区窃取此意，冀于当事者少效刍荛，则兹刻不为虚矣。"

现存主要版本

清道光四年（1824）益津吴氏刻本
半叶九行，行二十二字，白口，四周双边，单鱼尾。

徐贞明与《潞水客谈》

徐贞明（约1530—1590），字孺东，江西贵溪县人。明隆庆五年（1571）进士，授浙江省山阴县知县。万历三年（1575）七月被征，赴京任工科给事中。累官湖广汉阳府推官、浙江处州知府、兵部主事；十三年升任尚宝司少卿，受命兴修京畿水利。他躬历州县，周览诸河，穷流溯源，迭上条议，准备推广垦田。但触动豪强权贵利益，受到阻挠及言官弹劾，工程被迫停止。无奈之下，告老还乡。十八年卒于家。著作有《潞水客谈》。

在京城任职期间，他通过调查研究，认识到由于北方灾害不断，北方的粮食产量远远不能满足京城及边防驻军的需要，其粮食供给全靠运河运输，南方农民负担极重。尤其当运河航道受阻，粮食运输便成了大问题。至隆庆、万历年间，这个问题尤为严重。他参阅了历史有关水利著作，深入实地调查研究，潜心研究北方水利问题，认为北方水害未除，正由水利未兴也。于他是屡次上奏皇帝，积极主张兴修方北水利，以从根本上消除京城及北方缺粮的隐患。

万历四年（1576），他撰写了《潞水客谈》，又名《西北水利议》，是其对京畿农政水利思想的系统论述，全面表现了他的主张。他认为发展西北农田水利建设，就近解决京师及北方地区的粮食供应问题，缓解东南地区的经济压力，实属国家之大计，并对开发西北水利的具体措施进行了论述。因作于潞河（今北京市通县以下的北运河）旅次，采用宾主问答的形式，故名。

全书集中而又系统地阐述了他的经世济民思想，主张开发西北特别是畿辅及其附近地区的水利，以节省东南漕运之劳；同时从江南移民西北以调剂人口疏密。书中列举了兴修西北水利的若干好处，对当时经济的恢复和发展，有积极的意义。这同当时明政府将兴修水利的重点放在南方的农政不同，他主张将兴修水利和垦荒的重点放在西北地区，从兴修西北地区水利和垦荒的必要性、可行性、具体方法和实际作用等方面进行了论证。把兴修水利和垦荒同稳定政治、发展经济、戍边御敌结合起来，形成了其在兴修水利和垦荒方面比较独特

潞水客談

貴溪徐貞明著

徐子徵入諫垣首疏西北水利事水衡當事者迂其言置

不省徐子乃撫膺歎曰當今經國之計孰有大且急於西

北水利者乎惟槩而言之則效遠而難臻驟而行之則事

駭而未信葢西北皆可行也盡先之於畿輔畿輔水利皆

可行也盡先之於京東永平之地京東永平之地皆可行

也盡先之近山瀕海之地近山瀕海之地皆可行也盡先

之數井以示可行之端則效近而易臻事狹而人信又恐

的系统论思想，具有一定的先进性和科学性。他的建议和著作得到有识之士的赞扬，十年之后，在朝臣王敬民的推荐下，受诏令于京东地区治河垦田。不到一年即取得了垦成熟田39 000余亩的成绩。

历史上研究河北地区农田水利并取得成绩者不乏其人，在徐贞明之前，有东汉张堪，宋何承矩，元脱脱、郭守敬等人。自明清，开发西北水利更成为许多学者、官僚所关心的问题，如明代的丘濬、归有光、冯应京、汪应蛟、左光斗、徐光启、顾炎武，清代的许承宜、柴潮生、林则徐、包世臣等，他们当中或著书立说，或奏请朝廷，提出了发展西北水利的思想，并在不同程度上有所实践。然而从战略角度把河北地区农田水利建设与国计民生结合起来考察的，却自徐氏始。在清代学者朱云锦看来，只有徐贞明的《潞水客谈》论述的最为"详核切实"，其说一直为后人所推崇，以后言河北水利者，无不祖述他的见解。

现存主要版本

一、一卷本

1.万历间刻本
半叶十行，行二十字，白口，四周双边，单鱼尾。
2.道光四年（1824）益津吴氏刻《畿辅河道水利丛书》本
半叶九行，行二十二字，白口，四周双边，单鱼尾。
3.民国间上海进步书局石印《笔记小说大观》本

二、一卷附录一卷本

1.咸丰元年（1851）南海伍氏刻《粤雅堂丛书》本
半叶九行，行二十一字，黑口，左右双边，单鱼尾。
2.民国二十四年至二十六年（1935—1937）上海商务印书馆铅印《丛书集成初编》本

三、题名《西北水利议》本

道光二十五年（1845）东皋草堂刻《水利荒政合刻》本
半叶九行，行二十字，白口，左右双边，单鱼尾。

袁黄与《皇都水利》

　　袁黄（1533—1606），初名表，后改名黄，字庆远，又字坤仪、仪甫，初号学海，后改了凡，后人常以其号了凡称之，浙江嘉善人（又有资料称其为江苏吴江人）。生于明嘉靖十二年（1533）浙江嘉善县魏塘镇（故居陶庄镇），年轻时聪颖敏悟，卓有异才，为万历初嘉兴府三名家之一。万历十四年（1586）中进士，十六年知宝坻县，有善政，擢兵部主事。万历二十年（1592），日本进犯朝鲜，辅佐兵部左侍郎宋应昌随军往征，多所策划。了凡博学尚奇，精通河洛、象纬、律吕、水利、戎政；旁及勾股、堪舆、星命之学。是迄今所知中国第一位具名的善书作者。他的《了凡四训》融会禅学与理学，劝人积善改过，强调从治心入手的自我修养，提倡记功过格，在社会上流行一时。了凡一生著述颇丰，据记载共计有著述22部，198卷，主要著作有《两行斋集》、《历法新书》、《评注八代文宗》、《了凡四训》、《皇都水利》、《群书备考》等。

　　《皇都水利》是袁黄在宝坻县任职时所撰的水利著作。《四库总目提要》说："是编历考北直隶河渠，意在兴修水利。末载畿内田制、开田赏功、沿海开田诸论，大旨颇与徐贞明《潞水客谈》相近。黄尝任宝坻令，县赋繁重，具疏乞减，故于畿辅利弊尤所究心。"宝坻县南临渤海，西近白河，是北方易受水患之地，加上水利长年失修，时常泛滥成灾，人民无法安生。袁黄在任宝坻县知县的五年中，积极兴修水利，鼓励百姓垦荒，推广种植水稻，恢复和发展宝坻的经济。《皇都水利》就是讲述有关农田水利的著作。

　　全书不分卷，卷前冠《皇都众水图》1幅，详细记载了域内各条河流水系的位置及走向，作为全书的重要部分；内容为：1.论建都当兴水利，论述了北易水利、南易水考、二易合考、涞水考、督亢沟水考、白沟河考、卫河考、白河考、卢沟河考、滹沱河考、大通河考；2.论开田御寇；3.论畿内田制；4.论开田赏功；5.论沿海开田；6.论时宜；7.论调停谤议。

　　袁黄在全书卷首有这样一段话："水利乃经世第一事，畿内乃天下第一

地，我朝都燕又得古今风气之完倘。讲而行之，可以生财足食，可以容民蓄众，可以限戎御寇，可以宣化致治。即不措之天下而功，亦伟矣。"这正是袁黄编著《皇都水利》的目的所在。

明万历十六年至二十年（1588—1592），袁黄任宝坻县知县的五年。他在任期间，勤政爱民，治绩显著，宝坻县也成为当时著名的"京东八县之一"。其编著的《皇都水利》图文并茂，详细地记录考证了畿辅地区的河渠水利情况，为后来300余年的畿辅水利事业提供了重要的历史记录，是研究明代北京地区水利史的重要史料。

现存主要版本

明万历三十三年（1605）建阳余氏刻《了凡杂著》本
半叶八行，行十九字，白口，左右双边，单鱼尾。

林则徐与《畿辅水利议》

林则徐（1785—1850），字元抚，又字少穆、石麟，晚号俟村老人、俟村退叟、七十二峰退叟、瓶泉居士、栎社散人等，福建省侯官（今福州市）人，是清代政治家、思想家和诗人，官至一品，曾任湖广总督、陕甘总督和云贵总督，两次受命钦差大臣；因其主张严禁鸦片，在中国有"民族英雄"之誉。道光十一年（1831），他受命来济宁任河道总督。当年十一月十五日，上《起程赴河东河道总督新任折》表示：将现办灾赈之事分别移交后，即日由扬州起程，赴济宁东河新任。东河河道总督管辖山东河南两省境内黄河、运河的防修事务。他接任后，正值严冬，霜降水落之后，山东运河沿岸朔风凛冽，冰冻雪阻。为了来年新漕畅行无阻，他即布置运河挑挖工程。并在十二月十九日的奏折中向道光帝汇报：自臣到任后，"运河厅的汶上、卫北、巨嘉、济宁等汛塘长各河，于十二月初七、初十、十一、十五等日次第插锹。其余各汛，亦即陆续兴工。"并下令凡已"插锹者加夫趱挑，未插锹者勤催赶办。"并向道光帝表示：臣将钦遵谕旨随时前往河工工地上检查工程进度和验收工程质量。如有偷工马虎者，一经查出立即处罚。并保证按期完工，不误来年春季启坝铺水。按清朝嘉庆十九年定制：济宁附近各湖存水情况（即水位情况）每月要向朝廷查开清单汇报一次。他到任后，就在十九日的奏折中附具清单，将运河西岸自南而北之微山、昭阳、南阳、南旺四湖及运河东岸自南而北之乐山、独山、马场、蜀山、马踏五湖水深尺寸逐一开明，恭呈御览。十二年（1832）正月初七，新年刚过，林则徐自济宁出发，亲往运河各工段查验，费时半月之多。南路至滕汛十字河，北路至汶上汛逐一验收完毕。

为保证漕运畅行，他上任后极其重视重点工程，亲临现场督阵拆修，作为河道总督，他十分敬慕历史上的治水先驱白英，来到汶上河段时亲临南旺分水龙王庙驻扎并拜瞻，仔细视察了南旺分水枢纽工程的每个环节。因大运河南旺段是运河南北畅通的最高点"水脊"，也较易形成淤积，加上复杂的分水枢纽

何物今所在皆是此三因之明效也臣竊謂今日用因
之法莫如因古人之遺迹而修復之因現在之成效而
推廣之非特施功易奏效速也西北水田久置不講一
旦興舉事同創始利益雖宏土宜雖得而未經試可人
將不信宋何承矩規畫塘濼人多議其非便發言盈廷
承矩援漢魏至唐屯田故事以折之眾始信服不二年
肇穗送關功效大著至今畿南秔稻猶其遺澤承矩蓋
善於用因者矣今歷稽開墾成績著之於篇某州邑某
泉某水按圖可索信而有徵主議者斷決然於說之必

雍正元年

諭戶部朕臨御以來宵旰憂勤凡有益於民生者無不廣爲籌
度因念國家承平日久生齒殷繁地土所出僅可贍給偶遇
荒歉民食艱將來戶口日滋何以爲業惟開墾一事於百
姓最有裨益但向來開墾之弊自州縣以至督撫俱需索陋
規致墾荒之費浮於買價百姓畏縮不前往往膏腴荒棄豈
不可惜嗣後各省凡有可墾之處聽民相度地宜自墾自報
地方官不得勒索胥吏亦不得阻撓至升科之例水田仍以

工程需修理维护，他把这里作为重点监督治理，竣工后及时上奏朝廷。

明、清两代188人任河道总督钦命治河治运，明朝前后总计99任河道总督，共由87人担任；清代朝廷钦命了119任河督，共由101人充任。他们以济宁为大本营，不辞辛劳，呕心沥血。无数著名水利专家和重臣高官，奉敕协同河督整治河道或督漕督运，以及数以千计的各级司运军政官员，尽职尽责，施展才华。他们都以大运河为舞台，创造了无数可歌可泣、光照史册的业绩，为600年漕河畅通和京杭大运河的建设作出了不可磨灭的贡献。清代制度沿袭明代而逐渐简化，系统分明。明代的总河，清代称河道总督，带兵部尚书左都御史衔或兵部侍郎副都御史（或佥都）衔，亦简称总河。顺治、康熙时驻山东济宁，后驻江苏清江浦。后曾设副总河或河督。雍正时分总河为三：一为江南河道总督，管理江苏、安徽两省的黄河和运河，简称南河，驻清江浦；二为河南、山东河道总督（或河东河道总督），管理河南、山东两省的黄、运两河，简称东河，驻济宁；三为直隶河道总督，管理海河水系各河，驻天津，简称北河，后不久以直隶总督兼任北河总督。总河所属机构，清初与明代相近，后逐渐调整，至乾隆以后定为三级：道、厅、汛分段管理，并设文职、武职两系统。文职中如永定河道，山东运河道，（江苏）淮徐道、淮扬道等都专管河务，（河南）开归陈许道、彰卫怀道，（直隶）通永道、天津道、清河道、太广顺道和山东兖沂曹济道皆兼理河道。厅与地方的府、州同级，官为同知、通判等；汛为县级，官为县丞、主簿等。武职则由河标副将、参将等统率；厅则设守备以下等职，汛则设千总以下各职。各厅、汛有大量夫役，但清代以河兵较多，夫役较明代为少。咸丰五年（1855）黄河在铜瓦厢决口改行今道，先后裁撤南河及东河，河务归地方管理。民国时始设立黄河水利委员会等机构。

鸦片战争失败后，清政府撤了他两广总督的职务，发配新疆。途中，黄河决口，他又受命堵口。史料考证表明，林则徐的从政生涯，与水利建设是分不开的。他的足迹遍及长江、黄河；主持修理过吴淞江、黄浦江、娄河、白茆河和海塘等江南水系；在新疆更是有"林公渠"、"林公树"、"林公井"、"林公车"的传奇故事而流芳百世。

在京师为官七年中，特别注意到京畿一带的农田水利问题。他广泛搜集元、明以来几十位专家关于兴修畿辅水利的奏疏、著述，查阅内阁收藏的档案文件，认真思考前人提出的在京畿附近兴修水利、种植水稻的意见，酝酿并开始写作《畿辅水利议》。他认为"直隶水性宜稻，有水皆可成田"，通过大兴水利，广开水田，种植水稻，便可以满足京师一带对粮食的需要。这样，数百年来依仗靡费和弊端极大的漕运进行南粮北调的老问题就可以得到解决，而华北农民的生活得以安定，漕运和河工带给南方省份和漕道两岸农民的额外负担又可免除，农民起义的威胁便自然地消弭了，实在大有益于国计民生。他在书中云："上裨国计者，不独为仓储之实，而兼通于屯政、河防；下益民生者，不独在收获之丰，而兼及于化邪弭盗，洵经国之远图，尤救时之切务也。"林则徐在江苏巡抚任内，经门生冯桂芬等人协助，将此书编写完毕。从书中所收资料看，清代康熙、雍正、乾隆三朝的有关档案引用甚多，按当时的条件，不可能从外省获得，由此可以断定其写作时间始于京师时期。

《畿辅水利议》具体内容：1.开治水田有益国计民生；2.直隶土性宜稻有水皆可成田；3.历代开治水田成效考；4.责成地方官兴辩毋庸另设专官；5.劝课奖励；6.缓科轻则；7.禁扰累；8.破浮议惩阻挠；9.田制沟洫；10.开筑挖压田地计亩摊拨；11.禁占垦碍水淤地；12.推行各省。

现存主要版本

1.清崇仁华氏刻《海粟楼丛书》本
半叶九行，行二十一字，黑口，左右双边。
2.清光绪间三山林氏刻《林文忠公遗集》本
半叶十行，行二十四字，白口，左右双边，单鱼尾。

任仁发与《水利集》

　　任仁发（1254—1327），一作元发，又作霆发，字子明，号月山，今上海青浦区青龙镇人。其先祖为邳县（今属江苏省）人，后迁居松江府（今属上海）。年十八中乡举（宋咸淳三年，1267），元代著名水利专家。元朝统一全国后，先为浙东道宣慰副使，后为海道副千户、正千户，海船上千户，从事海道运输。大德七年（1303）起，历任都水监丞、都水少监、都水庸田司副使等职。他的治水活动涉及北方水道，但主要还是治理太湖流域，曾主持疏浚吴淞江、大都通惠河、青浦、练湖和海堤工程，并有水利工程著作传世，在中国水利史上作出过杰出贡献。且工书法，学李邕。长绘画，工人物、花鸟，尤善画马。尝奉旨画渥洼天马图，与其熙春天马图，被仁宗诏藏秘监。工力足与赵孟頫相敌。著作有《浙西水利议答录》（又名水利集）、《书史会要》、《书画史》、《六研斋随笔》、《黄渡镇志》、《海上墨林》、《练水画徵录》等。1953年，在上海青浦县出土了一批元代的文物，其中竟然有任仁发的墓志，虽然字迹剥蚀漫漶，很多字已然无法辨认，但从中还是得知，任仁发生于南宋宝祐二年（1254），卒于元泰定四年（1327），与史籍记载年七十三岁完全吻合。

　　由于历史的原因，有关元代的水利专著不多，流传下来的就更少。上海师范大学图书馆所藏明钞本《水利集》，是研究元代水利，尤其是太湖水利的重要著作。《水利集》十卷，卷一主要是诏令；卷二为《水利答问》；卷三主要是至元二十八年至大德二年（1291—1298）浙西的各种上书、奏议、政府下发的公文、书序、杂文以及编录的治沟洫故事等；卷四是大德四年至十年（1300—1306）开挑吴淞江的奏议、公文等；卷五为大德十一年至至大二年（1307—1309）疏浚吴淞江以及行都水监的上书公文及奏章等；卷六摘引宋代范仲淹、郏亶等有关浙西水利的议论和奏章；卷七为《吴中水利书》、《浙西切要·河卷》等有关浙西水利的专著辑录；卷八为元代至元至大德间有关浙西水利的奏章和公文；卷九称"稽古论"，主要论述有关浙西古今水利之事；卷十题为

"营造法式"，是历代水利工程的具体做法与制度。

《水利集》见之于诸家著录，如钱大昕《补元史艺文志》"任仁发《水利集》十卷"；倪煌、卢文超《补辽金元艺文志》著录为"任仁发《浙西水利集》十卷"；《续通志》载："《浙西水利议答》十卷，一名《水利文集》任仁发撰。"但《水利集》所传版本不多，据《中国古籍总目》记载：国内唯一明钞本为上海师范大学图书馆所藏。据钞本言："《水利集》十卷，前七卷为元刻，后三卷即阁中，亦是钞本矣。"事实上，上海师大藏本应为元刻明钞配补本。

现存主要版本

明钞本

鲁之裕与《式馨堂集》

　　鲁之裕（1665—1746），字亮侪，号尘花轩主人，斋号趣陶园、语石山房等，先世湖北麻城，后随父居太湖县。七岁时，曾作为质子前往云南吴王府中。吴三桂升座理事时，他身着黄衣夹衫，戴貂蝉冠，侍于旁侧，年少而英姿豪迈。每日读书完毕，便与吴王帐下健儿学赢越勾卒、掷途赌跳之法，因此武艺绝伦，有健步异能。其父致仕，将家安在太湖，此后他遂以江南人氏自称。清康熙三十五年（1696）由太湖籍举江南乡试中举人。雍正五年（1727）任内阁中书，出宰河南，历知南阳等五县事，后特选江西赣州府知府，户部贵州司员外郎，升湖北安襄郧道、署按察使。乾隆四年（1739）升任直隶清河道、署布政使。任职期间气概豪迈，不随俗俯仰，多有政绩，尤精水利，浚畿南河道七百余里。在职三载后，因年老体衰兼有痰症，奉旨回籍病休。七年偕家人回湖北江夏定居，颐养天年，十一年病故，享年八十一岁。著作有《长芦盐法志》、《经史提纲》、《式馨堂集》等。

　　《式馨堂集》分文集十五卷、诗前集十二卷、诗后集十六卷、诗余偶存一卷、蜕窝集一卷。（现分藏南开大学图书馆、天津图书馆、上海图书馆和北京图书馆，四家均为残本，目前已拼为完帙。）

　　文集前有康熙甲戌（1694）年鲁友徐凤喈撰写的序，"余友鲁子亮侪，勇于学者也，嗜诗古文辞。初无师授，试辄善，知其量有过人者。为之数年，业益精，学益赡，视其意，若有以用其所未足者矣。每与余拈题共赋，则泚笔立就，既就，复删之，或至十易其稿弗止也。亮侪之于是也，敏哉！"序言虽为溢美之词，然鲁之裕著述之勤奋在文集中确有充分体现。文集依体裁分为赋、论、策、议、奏疏、传、记与纪、序、说、答问与解、题辞、小引与例言、跋、书与尺牍、启、铭、赞与疏、祭文、墓表、墓志铭及碑记，洋洋十数万言。

　　他长于治水，颇有政绩，《麻城县志》记他"学无不窥，尤精水利"（光绪八年刻本《麻城县志》卷二十四）。但他撰述的有关水利方面的著作现已湮没不闻，在《式馨堂集》中尚保存有《治河淮策》、《水利议》（见卷三），《巩县水利议》、《偃师县水利议》（见卷四），《河间水利疏》、《畿南水利疏》（见卷五）等，是他亲历河南、山东等地治水的经验之谈，但其他水利方面的著作湮没不闻。虽然只有几篇，但至今仍可资借鉴。尤为可贵的是，他在这些文章中还表现出了朴素的人本主义思想。如他在《治河淮策》中一开始就说："天下事莫难于治水，尤莫难于治今日四溃之河水，而窃以为难于得其人焉耳。得其人则以水治水无难也。"

其实这与他的人格很有关系，清代著名作家袁枚《鲁亮侪逸事记》记述了鲁之裕的事迹。袁枚讲，鲁遇事敢为，不惜荣誉。时河南督抚田文镜委他出任中牟县令，前去接任时，道旁数百人拦路告诉鲁，说该县李令为官清廉，不能卸职。鲁入县境查明情况后，得知李令系云南人，别母游京师十年，得中牟县令，因借俸迎母至任上，被弹劾。鲁知其冤，拒不受印，并拍案发誓说："大丈夫不能做使人背冤之事！"遂快马返回。督抚厉声问他："你为何返回？"鲁取下头上的珊瑚帽子，大声回答说："我是一个贫寒出身的人，来河南求得一县令，当然欢喜。但我到中牟后，士民都留恋李令，说他贤良，不让他走，何况李令被劾是冤，因此未能受印。假如您知道这种情况，我为了沽名钓誉空手回来，这是我的罪过；倘使您不知道这些派我去，我回来如实向您禀报，请您指示，则不辜负您爱才之心。如果您认为没有什么哀怜，我再去接任也不迟，何敢违抗您的命令呢？"说罢起身欲辞。田督喊他回来，亲手将珊瑚帽重新给他戴上，并说："这帽子还该你戴，不是你，我几乎害了忠良，你真是个奇男子。"从中可看出他的人本主义思想。

现存主要版本

清康熙至乾隆间鲁氏家塾刻本

半叶九行，行十九至二十二字，白口，四周单边左右双边不等，单双鱼尾。

庄有恭与《三江水利纪略》

庄有恭（1713—1767），字容可，号滋圃，祖籍福建晋江，是福建庄氏始祖森公的第三十代裔孙，后徙居番禺（今广东省广州市番禺区）。他从小聪颖，十三岁即通《五经》，乾隆初廷试第一。乾隆九年（1744）迁光禄寺卿；十一年特擢内阁学士，入都迁兵部右侍郎；十三年提督江苏学政；十五年授户部侍郎；十六年仍提督江苏学政，并授江苏巡抚；二十一年特擢为江南河道总督；二十九年被擢为刑部尚书，次年为协办大学士。他一生清正，风度端庄，所历各职皆有善政，以"勤政爱民，清廉自励"作为为官之道。他还擅诗词、工书法，是著名的书法家，风格兼顾颜赵，片纸只字都为人重视，争相珍藏。他曾在翰林院献诗文，数次获嘉奖。三十二年，病逝世于福建任上，终年五十五岁，安葬于今广州市黄埔区大沙镇飞鹅岭状元山。

庄有恭是位非常难得的治水人才，他为官大部分时间基本是与水打交道，江浙地区很多海塘建设都留有他的足迹。乾隆十七年（1752）署理两江总督时，就上疏借库银16 000两，续修太仓、镇洋海堤。二十七年九月，疏报海宁塘竣工，乾隆龙颜大悦，认为庄"甚属尽心，深可嘉予"，议加一级，调江苏巡抚，加太子少保。同年秋，太湖水涨，久不退去。他亲往嘉湖察勘，发现河道多淤，于是请修三江水利，疏浚太湖。在水利建设过程中，他力图避免因兴修水利而给百姓增加负担。他在上奏中多次"恳发帑兴工，仍于各州县分年按亩征还，则民力既纾，工可速集"。在治水过程中，他分工明确"设守备一员，千把外委十二员，分界防守，省民夫无算"。他还强调水利建设要一鼓作气，"若陆续兴修，又恐工程及半，遇伏秋大汛，不能抗拒，仍弃前功"。对于前人的成绩经验，他也认真汲取。如明代创造和发展的纵横叠砌法的鱼鳞大石塘，他积极应用，"照鱼鳞作法，逐层整砌"。他的这些治水思想和方法现在仍具有借鉴意义。清代著名学者钱大昕在其所撰庄有恭墓铭中盛赞其治水功绩："水旱拯恤无因循，清波可活涸辙鳞。筑塘捍海土石坚，或编竹络楗茭薪。"

《三江水利纪略》四卷，庄有恭等撰。该书记乾隆二十八年（1763）他主持兴修吴淞江、娄江、东江三江水利事。卷一：三江水利图、水利文檄章奏详禀。三江水利图包括吴江震泽二县境辖水利图、长元吴三县境辖水利图、崑新太镇上青嘉宝八州县境辖淞娄二江水利图、娄青二县境辖泖湖图四幅。水利文檄章奏详禀收"委堪三江水利札"、"委员张世友等议禀"、"请浚三江水利奏折"等奏议公文十一通。卷二：章程条议。收"司道议详办理章程条规"、"司道会示按方给价"等章程条议十二通。卷三：水利各河原委宽深丈尺土方银数。收"长洲县各河水利"、"元和县各河水利"等三江各河源委、工程数量及经费数目十通。卷四：水利善后事宜、在事各员衔名及各属董事姓名。收"严禁侵占阻塞河道"、"冬初水涸应委堪员详加察勘"等善后事宜八条及参与三江水利治理修缮事项的在事各工员及各属董事共计722人。

现存主要版本

清乾隆间刻本

半叶九行，行十九字，白口，四周双边，单鱼尾。

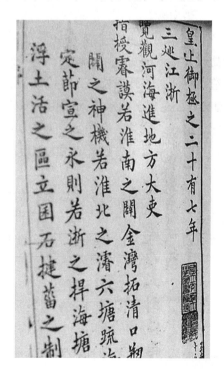

陶澍与《陶文毅公全集》

　　陶澍（1778—1839），字子霖，号云汀，湖南安化县小淹乡人，出生塾师之家。清乾隆六十年（1795）进学，嘉庆五年（1800）中举，七年成进士，选翰林院庶吉士，十年授编修。十五年至二十三年，历任乡试、会试考官，监察御史、给事中等职。二十四年，授川东兵备道，次年即擢山西按察使。道光元年（1821）二月，陶澍进京，道光帝召见三次，钦交三案嘱办，是为受遇大用之始。三月抵山西任，即兼署布政使。九月，调福建按察使，未及任，改擢安徽布政使，三年正月升迁巡抚，五年，调任江苏巡抚，创海运，疏河运，漕政面貌顿改，十年，诏加太子少保，升迁两江总督。十九年六月二日，陶澍病逝于督府，晋赠太子太保，谥文毅。

　　陶澍为官期间，在除恶安民、抗灾救灾、兴修水利、整顿财政、治理漕运、倡办海运、革新盐政、整治治安、兴办教育、培养人才等方面作出了较大贡献。且著文赋诗，造诣不浅，书画兼长，为后代留下了不少佳作，有《陶文毅公全集》传世。《陶文毅公全集》收录了陶澍相当多的水利著作，其中探讨了六省关于水利、漕河、财政、盐务、治安、兵防等方面的问题，对当时和后世都产生了巨大影响；当时改革派引为自豪的两大改革成果即海运与票盐，都是在陶澍的领导与主持下完成的。

　　陶澍在负责治水时处处想着民众，特别注意继承传统又不泥成说，敢于改革，勇于创新。如治理淮河时在两岸筑堤束水，提高洪泽湖水位，蓄以敌黄。在治理洪泽湖时，针对黄河倒灌造成洪泽湖淤积成灾的实情，疏通与洪泽湖相通各水，又抽水入湖，设法增加洪泽湖水量，从而使黄河之水难以倒灌入湖。在治理吴淞江的历史中，都是在入海处修建石闸，当海潮来时，关闭石闸，以防泥沙进入；待海潮退时，开启闸门，使江水畅通入海。陶澍经过实地考察，发现建闸有阻止大海泥沙进入吴淞江的作用，也有使海潮泥沙停于闸外、江水泥沙淤于闸内的害处，且害大于利。海潮有挟沙而来的本领，但退潮亦有挟沙而去的力量，且能稍带挟走江流冲下的泥沙；对比之下，退潮的作用更大、更有利。建闸费工、费力、费财，且有阻碍船只往来之害，不利交通。故陶澍改"建闸拦潮"为"撤闸通海"。在治理浏河、白茆河时，陶澍经过实地考察，决定将浏、白二河挑成不通海的清水长河。这是因为：浏、白二河"尾闾皆有塘身，外高于内，若必开通海口，恐潮汐倒漾，转易停淤，且口门皆有拦沙，挑浚倍为费力。即开通之后，涨沙恐复相连。今为农田起见，期于利灌溉而便疏消，则莫若挑成清水长河。不必求通海舶，既节目前之工费，且免日后之受淤。"这一创举受到魏源的高度赞赏。

陶澍勤政的另一个显著特点，不仅勤于动口，调查了解情况；而且勤于动手、动腿，经常检查督促，在实践中发现问题、解决问题。曾有人记载陶澍检查、验收吴淞江水利工程情况："屏舆从，徒步视察，不受属吏欺，风霜劳瘁弗恤。"亲自以水尺测量坝内外深浅宽窄，凡不符合规定的，予以严诘，立即返工。他主持的水利工程，都经受了洪水的考验，发挥了长期的作用。当时，一般官员验收工程，多是"骑从如云，堤上拥八驹疾驰而去"，丝毫不顾工程质量。治理江苏水利，陶澍从全局出发，作了深刻的分析："天下之水利，莫大于江南，太湖又江南水利之大者也。其泄而注海之道，曰吴淞，曰浏河，曰黄浦。而洞庭东西山支河别港，随地得名者，则有三十六浦。旱潦于是乎备，衣食于是乎生，财赋于是乎出。故江南水利，必先治太湖。治太湖，不惟治其下游之吴淞、浏河、黄浦而已，其支流河港，亦必次第治之，而后小水治，而大水益治。"江苏水利的治理，就是按照这个原则次第兴修的。

清代，漕粮的河运与海运之争，基本上没有停止过，改革派积极创议海运，保守派则始终坚持河运。道光初年，海运与河运之争更加激烈。陶澍对海运进行了历史考察和全面的论述，强调了海运的可行性，消除了道光皇帝的疑虑。道光六年（1826），陶澍将江苏漕粮160多万石分两次由上海启航，安全运抵天津，运费大省，米质优良，震惊朝野。海运成功的一个重要原因，是商人的支持。陶澍亲自出面，发布告示，组织了上千只沙船进行海运。上海的沙船帮，是一个带有资本主义萌芽性质的船商集团。海运中，沙船商人都获得了高额利润，有的更得到了政治地位。同时，海运的成功，又促进了商业资本和商业活动的发展，促进了南北物资交流，并且有利于平抑物价。交通便利，物价下降，必然提高人民的购买力，有利于商业发展。

商业资本在海运中的发展，直接侵犯了一部分官商的利益，必然会遭到坚决的反对。陶澍作为封建统治阶级中的上层人物，却能突破阶级局限，支

清查皖省倉庫虧空並酌擬追補章程摺子

奏為遵

旨清查安徽省倉庫虧缺完欠各確數酌擬追補章程

恭請

聖訓事竊照道光元年正月欽奉

諭旨安徽省倉庫錢糧虧數甚多著將舊虧實在數目

逐案詳查究其致虧之由或應著法或應著追或應

彌補酌定限期於何時可以辦理完善不得以一奏

塞責等因欽此當經前撫臣李鴻賓

持海运、首创海运，依靠商人，促进商业活动。不仅表明他有过人的胆量，敢于与强大的守旧势力作斗争，而且更说明他有过人的见识，能不失时机地看到商人、商业资本的力量，并利用其为改革事业服务。陶澍的胆识确已超过同代人的视野，这也是其能成为中国近代地主阶级改革派核心的一个根本原因。同时，中国近代地主阶级改革派基本上重本轻末；陶澍却重商、用商、便商、利商。海运的成功，商人之功非常显著。其他如盐政改革，将官督商运的运销方式，改为商人自由运销；兴治水利亦重视商人，治理白茆河即是官民合资，让商人参与水利建设；赈济灾荒也借助商人，运米灾区；此外，地方营建、振兴文教、建设沙洲等，都重视商人的作用，注意发挥商人的力量。

陶澍去世第二年，许乔林就校订了《陶澍全集》六十四卷卷首一卷卷末一卷，由淮北士民公刊。

2010年12月湖南师范大学出版社出版《湖湘文库》丛书，收录了《陶澍全集》。全集八册，分别为：第一册《奏疏》卷一至十八；第二册《奏疏》卷十九至三十八；第三册《奏疏》卷三十九至五十八；第四册《奏疏》卷五十九至七十六；第五册《题本》卷一至八，《奏折》、《题本补遗》、《杂件》；第六册《印心石屋文钞》卷一至三十五，《文集补遗一》、《文集补遗二》；第七册《诗集》、《诗集补遗》、《对联》；第八册《靖节先生集注》、《靖节先生年谱考异》、《蜀輶日记》，附录《陶澍大事年表》。

现存主要版本

1.清道光二十年（1840）两淮淮北士民刻本
半叶十行，行二十一字，小字双行同，白口，四周双边，单鱼尾。
2.2010年12月湖南师范大学出版社《湖湘文库》丛书本（《陶澍全集》）

沈佺与《江南水利志》

沈佺（1862—1932），字期仲，浙江吴兴人，书法家，曾任苏州府昭文县令、江苏淮安府桃源县令、太仓州宝山县令（在宝山县令任上曾参与筹建中国首条商用铁路——淞沪铁路）、南汇县县令、江苏候补道、江南水利局第二任总办等职（其间编撰《江南水利志》）。在江南水利局任上退休，回苏州养老，民国二十一年（1932）卒。

《江南水利志·叙例》称："是书出于江南水利局，以局名其书，故曰《江南水利志》也。"沈佺在序中称，"余忝管水利，先后六年，工役繁兴，案牍山积，辄议编辑成书，俾得信今而传后。省长伊通齐公（齐耀琳）韪之。爰聘耆绅遍览旧案，甄录纲要，分部别居，未半载而草稿毕具。"《江南水利志》完成于民国九年（1920）七—八月间，所载内容至民国九年六月止。全书十卷首一卷末一卷，卷首一卷为沈佺的序、叙例及图绘。卷一是论议，卷二财用，卷三测量，卷四至九为河工，卷十塘工，卷末为题名和附录，每卷前都有小序。

卷首图绘包括江南河湖海塘大势图、白茆河图、娄江图、吴淞江图、蕴藻浜图、泖湖图、吴江县水道图、丹徒丹阳两县水道图、宜兴县水道图、溧阳县水道图、高淳县水道图、溧水县水道图、赤山湖图、便民河图、宝山海塘总图、宝山海塘分图、太仓海塘图、崇明海塘图、川沙海塘图、南汇海塘图、奉贤海塘图、松江海塘图、金山海塘图。每幅图都绘制得非常精致和准确，不同于传统的中国式计里画方的绘图法，都是根据现代地图绘制法绘制的。

卷一是论议，主要是水利局的水利规划、议员关于水利方面的提案、地方向水利局的请示等各类文件。包括《实业司长徐寿兹筹划本省水利呈文》、《省署调查员庞树典水利计划图说》、《宝山县请浚蕴藻河详文》、《水利局奉巡按使批详饬知宝山县文》、《嘉定青浦两县士绅请取销吴淞改道之议禀文》、《省议员金天翮筹兴水利从测量入手提议案》、《水利局总办沈佺测量意见书两则》等。

卷二是财用，主要包括水利经费的筹措、申请和管理、各种水利工程的预决算案等。内有《为滨湖八县带征水利费本年为始详文》、《巡按使据财政厅详水利用款不得任意挪垫由批》、《为请于七年度国家预算编列海塘工费三十万圆呈文》、《为拟仿江北治运成案附收货捐二成拨充水利经费请咨省议会呈文》、《水利经费之统计》、《海塘经费之统计》等。其中各个水利工程的预决算均详细列出，一目了然。

卷三测量，是水利工程中非常关键的部分，主要包括测量机构的组建、测量经费的申请、测量工作的实施等一系列相关的文件。如《为吴松测绘请委任庞树典袁承曾主任详文》、《为测量待款急请续拨并追加预算详文》、《淞泖测量事务所实测苏州河蕴藻浜图说折呈》、《为殿泖工程测量事竣规划办法呈文》等。此外还有各测量事务所简章、测量方法、测线里程表等。

卷四至十是江南水利局所着手的一系列工程，分为河工和塘工两部分。塘工和河工是江南水利局工作的重点。各卷内容：卷四为白茆河、娄江；卷五为吴江浪打穿工程、吴江官塘工程、苏州觅渡桥河工程及苏州金鸡湖堤工程；卷六为吴淞江工程和泖湖工程；卷七为溧阳河工程、宜兴河工程、金坛河工程；卷八为徒阳运河工程；卷九为常润诸山以西的各类工程，如高淳河工、溧水河工、赤山湖工程、便民河工程及河工纪事表；卷十为塘工，包括宝山、太仓、常熟、崇明、川沙、南汇、奉贤、松江、金山。

卷末是题名和附记。题名包括省及所属各道、县的行政长官，水利局的办工人员、办事人员，本书的编辑人员等。附记四则是有关人事方面的。一是苏浙水利局合聘荷兰贝龙猛工程师的文件；其他三个分别是民国六年六月、十二月、民国七年九月从河海工程专门学校和省立第二工业学校遴选优秀毕业生的文件。

现存主要版本

民国十一年（1922）江南水利局木活字本

民國江南水利志卷一

論議

言論者事實之母民治制度先議後行故曰言之必
可行也或有格於時勢待諸異日要其建白不容没
矣若夫政見之同異誦之責難攻錯相資摯討獲
益垃有取焉

单锷与《吴中水利书》

单锷（1031—1110），字季隐，江苏宜兴人。北宋嘉祐四年（1059）中进士，他考得功名后，并没有去做官，而是在宜兴及太湖沿岸一带，专心研究地势河道，实地考察地方上的水利情况，致力解决太湖周边地区的水患问题。他不辞辛劳，曾经独自乘小舟往来于苏州、常州、湖州等三府之间，考察当地的河渠水道、圩坝堤岸。历经三十余年的时间，凡一沟一渎无不周览其源流，考究其形势，在此基础上，完成了治理太湖的专著《吴中水利书》。

《四库全书总目》曰："欧阳修知举时所取士也。得第以后，不就官，独留心于吴中水利。尝独乘小舟，往来于苏州、常州、湖州之间，经三十余年。凡一沟一渎，无不周览其源流，考究其形势。因以所阅历，着为此书。元祐六年，苏轼知杭州日，尝为状进于朝。会轼为李定、舒亶所劾，逮赴御史台鞫治，其议遂寝。明永乐中，夏原吉疏吴江水门，浚宜兴百渎。正统中，周忱修筑溧阳二坝，皆用锷说。嘉靖中，归有光作《三吴水利录》，则称治太湖不若治松江，锷欲修五堰，开夹苧干渎以绝西来之水，使不入太湖，不知扬州薮泽，天所以潴东南之水也。水为民之害，亦为民之利。今以人力遏之，就使太湖干枯，于民岂为利哉！其说稍与锷异。盖岁月绵邈，陵谷变迁，地形今古异宜，各据所见以为论。"

千百年来，人们除水害、兴水利，开发和利用太湖地区的水土资源，发展社会经济，进行了长期而艰巨的斗争。经过历代劳动人民坚持不懈的开拓、经营，古称"下下"的太湖原野，逐步被改造成为沟渠纵横、良畴棋布、岁常丰稳的"鱼米之乡"。中唐以后，经济重心南移，"天下大计，仰于东南"，太湖流域随着水利的发展，迅速成为全国最富庶的地区，唐人谓"嘉禾一掇，江淮为之康，嘉禾一歉，江淮为之俭"。

单锷经调查研究，以翔实的论据，指出太湖水患的症结是"纳而不吐"。治湖治水，就是要解决吐纳的矛盾。认为洪涝原因主要是"上废五堰之固，而宣歙池九阳江之不入芜湖，反东注震泽"，使来水大增；"下又有吴江岸之阻，而震泽之水积而不泄"，使去水大减。围绕这一论点，他从当时水利状况的全局入手，周览其源流，考究其形势，探讨水道变迁及其影响，分析水量吐纳关系及其矛盾，注意到了来水、去水、库容三者之间的密切联系。他将"纳而不吐"视为水患症结，主张上中下游并举，上阻中分下泄，实现来水去水平衡，降低汛期河湖水位。1.修复胥溪五堰，减少上游来水；2.开通夹苧干渎，浚治江阴十四港，导太湖西部岗坡来水北入长江；3.凿吴江岸为木桥千所，浚治白蚬、安亭二江，扩大湖水出路；4.疏排地区积水，修复水网圩田；5.修复运河堰埭和潴水陂塘，以利灌溉和航运。书中还兼及围垦、治田、灌溉、航运等问题。治水主张流传后世，颇有影响。其处理洪涝问题的某些见解，对于当前太湖水利的规划治理，仍有一定的参考价值。郏亶（1038—1103）于熙宁三年（1070）所著《吴门水利书》，评价单锷的《吴中水利书》："洪涝原因治理策，疏泄为主治太湖。指导思想确可取，措施可行符实际。洋洋自成一家言，后世治水倍重视。"

如《四库全书总目》所说，《吴中水利书》得到时任杭州知府苏轼的高度评价。苏东坡还特意请了水利专家讨论单锷的著作，一致认为该书切中利害。为此，苏轼写了《进单锷〈吴中水利书〉状》，向皇帝推荐：

　　元祐六年七月二日，翰林学士承旨、左朝奉郎、知制诰兼侍读苏轼状奏：右臣窃闻议者多谓吴中本江海大湖故地，鱼龙之宅，而居民与水争尺寸，以故常被水患。盖理之当然，不可复以人力疏治。是殆不然。

　　臣到吴中二年，虽为多雨，亦未至过甚，而苏、湖、常三州，皆大水害稼，至十七八，今年虽为淫雨过常，三州之水，遂合为一，太湖、松江，与海渺然无辨者。盖因二年不退之水，非今年积雨所能独致也。父老皆言，此患所从来未远，不过四五十年耳，而近岁特甚。盖人事不修之积，非特天时之罪也。

　　三吴之水，潴为太湖，太湖之水，溢为松江以入海。海水日两潮，潮浊而江清，潮水常欲淤塞江路，而江水清驶，随辄漆去，海口常通，故吴中少水患。昔苏州以东，官私船舫，皆以篙行，无陆挽者。古人非不知为挽路，以松江入海，太湖之咽喉不敢鲠塞故也。自庆历以来，松江始大筑挽路，建长桥，植千柱水中，宜不甚碍。而夏秋涨水之时，桥上水常高尺余，况数十里积石壅土筑为挽路

或三百畝或五百畝爲一圩蓋古之人停蓄水以灌溉民田
以今視之其塘之外皆水塘之中未嘗蓄水又未嘗植苗徒
牧養牛羊畜放鳬雁而已塘之所創有何益耶鍔曰塘之爲
塘是又堰之爲堰也昔日置塘蓄水以防旱歲今日三州之
水久溢而不洩則置而爲無用之地若決吳江岸洩三州之
水則塘亦不可不開以蓄諸水猶堰之不可不復也此亦灼
然之利害矣苟堰與塘爲無益則古人奚爲之耶蓋古之賢
人君子大智經營莫不除害興利出于人之所未到後之人
淺謀管見不達古人之大智顛倒穿鑿徒見其害而未見其
利也若吳江岸止知欲便糧運而不知過三州之水反以爲

吳中水利書

澳江湖之水則二堰猶宜先復則運河將見洄而糧運

不可利此灼然之利害也又若宜與創市橋去西津堰著嘉

祐中邑尉院洪上言監司就昔日橋東市邑中創一橋使運河

南通荆溪初開鑿市街乃見昔日橋柱尚存泥中咸謂古爲

橋于此也又運河之西津堰今巳廢去久矣且古

之廢橋置堰以防走透運河之水今也置橋廢堰以通荆溪

則溪水常倒注運河之內今之與古何利害之相反耶鍔以

爲古無吳江岸衆水不積運河高于荆溪是以塞橋置堰以

防洩運河之水也今因吳江岸之阻衆水積而常溢倒注運

河之丙是以創橋廢堰見利而不見害也今若治吳江岸洩

澳水引運河之水再爲壹遟羣于七月二下則一堰可也其

乎？自长桥挽路之成，公私漕运便之，日葺不已，而松江始艰噎不快，江水不快，软缓而无力，则海之泥沙随潮而上，日积不已，故海口湮灭，而吴中多水患。近日议者，但欲发民浚治海口，而不知江水艰噎，虽暂通快，不过岁余，泥沙复积，水患如故。今欲治其本，长桥挽路固不可去，惟有凿挽路于旧桥外，别为千桥，桥碕各二丈，千桥之积，为二千丈，水道松江，宜加迅驶。然后官私出力以浚海口，海口既浚，而江水有力，则泥沙不复积，水患可以少衰。臣之所闻，大略如此，而未得其详。

旧闻常州宜兴县进士单锷，有水学，故召问之，出所著《吴中水利书》一卷，且口陈其曲折，则臣言止得十二三耳。臣与知水者考论其书，疑可施用，谨缮写一本缴连进上。伏望圣慈深念两浙之富，国用所恃，岁漕都下米百五十万石，其他财赋供馈不可悉数，而十年九涝，公私凋弊，深可愍惜。乞下臣言与锷书，委本路监司躬亲按行，或差强干知水官吏考实其言，图上利害。臣不胜区区。谨录奏闻，伏候敕旨。

朝廷虽然没有采纳苏轼的建议和单锷的主张，但《吴中水利书》却广为流传。直至明、清两代，都有人重新刊印《吴中水利书》。

宋代以后，吴中水利与滨海盐利已明显地进入了衰变时期。其间虽有曲折，但发展的大势基本如此。单锷或许是涉及这个问题的第一人。《吴中水利书》一卷是其代表作。著作虽然主要是针对当时的太湖宣泄不畅，流域内水害频繁的原因进行考察，但是，他却在具体研究的过程中，不知不觉地涉及吴中水利与滨海盐利这两者之间互为因果的内在联系。因此，分析这部著作，可以帮助我们加深对吴中水利与滨海盐利深刻关系的认识，同时也有助于进一步探讨明清以后盐业生产在上海地区日趋衰微的原因。

现存主要版本

1. 清乾隆间写《四库全书》本
2. 清嘉庆海虞张氏刻《墨海金壶》本
半叶十一行，行二十三字，小字双行同，黑口，左右双边。
3. 清道光二十四年（1844）金山钱氏刻《守山阁丛书》本
半叶十一行，行二十三字，小字双行同，黑口，左右双边。

4.清光绪十五年（1889）上海鸿文书局影印《守山阁丛书》本

半叶十一行，行二十三字，小字双行同，黑口，左右双边。

5.清光绪二十二年（1896）武进盛氏思惠斋刻《常州先哲遗书》本

半叶十四行，行二十五字，黑口，左右双边，单鱼尾。

6.民国十年（1921）上海博古斋影印《墨海金壶》本

7.民国十一年（1922）上海博古斋影印《守山阁丛书》本

归有光与《三吴水利录》

归有光（1507—1571），字熙甫，号项脊生，人称震川先生，江苏昆山人，出生在一个累世不第的寒儒家庭。少年好学，九岁能作文，二十岁时尽通五经三史和唐宋八大家文。明嘉靖间举乡试，但以后屡次会试不第。嘉靖二十一年（1542）迁居嘉定安亭江上（今上海市嘉定区安亭镇），读书讲学，远近从学者常达数百人。四十四年，年六十岁考取进士。历官长兴知县、顺德通判、南京太仆寺丞，故称"归太仆"，留掌内阁制敕房，参与纂修《世宗实录》。隆庆五年（1571）卒于南京，年六十四岁。主要著作有《归震川先生大全集》、《归震川先生尺牍》、《三吴水利录》、《文章指南》等，以及由其辑录的《唐宋八大家文选》、《诸子汇函》等。

唐宋以后，随着经济重心的南移，东南太湖流域成为我国最主要的产粮区和漕粮输出地。元明清三代，政治中心虽在北方，但经济命脉系于东南，所谓"江浙钱粮，数倍各省，取办之本，多出农田"，反映了这一态势。据史籍记载，历史上太湖流域的水灾比较频繁，尤其是宋以后更为严重，有"水患为东南之大害"之说。到了明代，每三到七年就要发生一次水灾。归有光居住在安亭时，对太湖地区的水利情况进行了研究，认为吴淞江是太湖入海的道路，只要拓宽吴淞江，解决吴淞江的淤塞问题，其他的水道问题就很容易解决，反对排泄太湖水，因为"夫水为民之害，亦为民之利，就使太湖干枯，于民岂为利哉！"他上书给当时的兵道、知府、知县，阐述自己的治水主张。他还搜集当时相关的水利文献，著《水利论前》、《水利论后》等，撰成《三吴水利录》专论太湖流域水利问题，全书四卷续录一卷附录一卷。卷一：郏亶书二篇、郏乔书一篇；卷二：苏轼奏疏、单锷书一篇；卷三：周文英书一篇附金藻论；卷四：水利论二篇、禹贡三江图、叙说、松江下三江口图、叙说、松江南北岸浦、元大德开江丈尺、天顺开江丈尺；续录：奉熊分司水利集并论今年水灾事宜书、寄王太守书；附录：慎水利、论东南水利复沈广文、书《三吴水利录》

后。书中辑录了郏亶、郏乔、苏轼、单锷、周文英、金藻等有关三吴水利的论著七篇，详细全面地记载了此前有关太湖流域水利的诸家之说，清晰点评了诸家的观点，在前人对太湖流域水患原因探讨的基础上，深入分析了太湖流域水灾的成因，并提出治理太湖流域水患的基本思路和具体措施，是一部颇具特色且影响较大的关于太湖流域水利史的著作。

林则徐题嘉定归有光祠一联："儒术岂虚谈。水利书成，功在三江宜血食；经师偏晚达。篇家论定，狂如七子也心降。"对归有光的《三吴水利录》及在水利方面的贡献作出了高度评价。

清道光八年（1828），江苏巡抚陶澍为纪念归有光，奏请道光皇帝于归氏故居安亭建造震川书院。光绪二十八年（1902），震川书院停办，翌年毛怡源等于原址创办新学，改名震川学堂，初为小学，1905年改为中学，兼设师范，名为苏松太道立震川中学，是嘉定、昆山两县最早的中学。1906年又改为小学。现址为上海市嘉定区安亭中学。

现存主要版本

一、四卷续增一卷

1. 明刻本

半叶十行，行二十字，白口，左右双边。

2.清乾隆间写《四库全书》本

3.清钞本

二、四卷续录一卷附录一卷

1.清咸丰元年（1851）海昌蒋氏宜年堂刻六年重编《涉闻梓旧》本

半叶十一行，行二十一字，黑口，左右双边。

2.民国十三年（1924）上海商务印书馆影印清咸丰间蒋氏宜年堂刻《涉闻梓旧》本

3.民国二十四至二十六年（1935—1937）上海商务印书馆铅印《丛书集成初编》本

4.民国间武林竹简斋影印清咸丰间蒋氏宜年堂刻《涉闻梓旧》本

张内蕴、周大韶与《三吴水考》

《三吴水考》著者为明代张内蕴、周大韶。二人生平不详，世人称张内蕴吴江生员，称周大韶华亭监生。《四库全书总目提要》考是书："万历四年，言官论苏、松、常、镇诸府水利久湮，宜及时修浚，乞遣御史一员督其事。乃命御史怀安林应训往。应训相度擘画，越六载葳功，属内蕴等编辑此书。前有万历庚辰徐杖序，称为《水利图说》，而辛巳刘凤序、壬午皇甫汸序则称《三吴水考》，盖书成而改名也。汸序称应训命诸文学作，而杖、凤皆称应训自著，亦复不同。考书中载应训奏疏、条约，皆署衔署姓而不署其名，似不出于应训手。殆内蕴等纂辑之，而应训董其成尔。"

全书十六卷，前冠序言三篇及纪略一篇，后附序言四篇。卷一：诏令；卷二：水利大纲，附三吴水利总图；卷三：苏州府水利考，附苏州府、长洲县、吴县、吴江县、昆山县、常熟县、太仓州、嘉定县、崇明县水利图；卷四：松江府水利考，附松江府、华亭县、上海县、青浦县水利图；卷五：常州府水利考，附常州府、武进县、无锡县、宜兴县、江阴县、靖江县、镇江府、丹徒县、丹阳县、金坛县水利图；卷六：水年考；卷七：水官考；卷八至九：水议考；卷十至十二：奏疏考；卷十三：水移考；卷十四：水田考；卷十五：水绩考；卷十六：水文考。

本书是记载万历年间御史林应训治理江南水利的专作。作为御史林应训的下属，张、周二人是本着彰显林应训治理三吴水利有方的态度来记录的。但同时他们二人又是治理工程的参与者，所以整部书记录考证的非常详细，而且附配了大量水利地图。如：卷六水年考，对从南朝宋元嘉年间至明万历年间所发生水患做了详细的记载；卷十至十二的奏疏考，记录了从唐至明万历期间各级官员为治理三吴水利所上奏的状、条、奏、疏等；卷十五水绩考，记录考证了从先秦至明万历四年，历朝各代治理三吴水利的事迹。所以说本书是一部内容丰富，图文并茂，价值很高的明代水利著作。

《四库全书总目提要》评其"虽体例稍冗，标目亦多杜撰，而诸水之源流、诸法之利弊，一一详赅。盖务切实用，不主著书，固不必以文章体例绳之矣。"

现存主要版本

1.明万历间刻本

半叶十行，行二十一字。

2.清乾隆间写《四库全书》本

钦定四库全书

史部十一

地理類四　河渠之屬

三吳水考

提要

臣等謹案三吳水考十六卷明張內蘊周大

韶全撰內蘊稱吳江生員大韶稱華亭監生

其始末則均未詳也初萬曆四年言官論蘇

松常鎮諸府水利久湮宜及時修濬乞遣御

史一員督其事乃命御史懷安林應訓往應

三吳水考

二

童时明与《三吴水利便览》

童时明，字泰征，号惺余，又号东里之士，浙江淳安人，生卒年不详。他自称："海公（瑞）治吾淳时，予尚在极袄。"考海瑞任淳安知县在明嘉靖三十七年至四十一年 （1558—1562），则童氏当生于这段时间。他早年深受其父亲影响。父云："若毋务为求，务期建白，为世名臣，不则宁以畦墅老，无益县官，毋为贵僻。"（《明良录·自序》）为此，从少年起，他读书志在用世之学，"兢兢求名世之典"，广泛阅读家中丰富的"百氏书"，以作日后"建白之资"。后中进士，万历三十六年（1608）曾任常熟（又称海虞）县丞，在三十八年《购置义田分赡北运差役碑》的碑文中尚有 "县丞童时明"的署名。四十年任永淳县令。

他奉旨到永淳县任职前，几任县太爷均只顾榨取民脂民膏，中饱私囊，闹得民不聊生，抗租抗税斗争此起彼伏。永淳县每一任知县都"官位不稳"，一年半载就会被免职、降职或远调他地，几乎没有一任知县任期能延续到三年以上。奉调到永淳县任知县的他，对水利、地理、风水颇有研究，到任后第一件事就是下乡"视事"。"视事"时，这位新来的县令没有半点威仪，总是像个"风水先生"一样到处游山玩水。没有多久，不大的永淳县全境就基本被他走了个遍。就在永淳县百姓感叹走了贪官又来了个"风流浪子"时，有人发现，这位县太爷对县城郁江边高村附近那座小山冈产生了特别的兴趣，终日若有所思地在江岸边、山冈上徘徊，全不顾住在山冈附近的高村人素以"民风剽悍"著称，随时可能对"官家人"进行袭击。一天，他终于召集手下及县里一批士绅发话了。在他看来，永淳县衙府所在地地势低，而郁江边经常"滋事"的高村所伴的那座山冈酷似一只乌龟，是块"金龟地"。离金龟地几百米的另外几座小山丘，蜿蜒曲折，恰似一条大南蛇，是块"南蛇地"。龟和蛇居高临下，面朝永淳县衙张开大口，虎视眈眈，此乃大凶之相。他认为，要让永淳安定下来，须在"南蛇地"位置上建一座亭子，锁住南蛇。在"金龟地"位置上

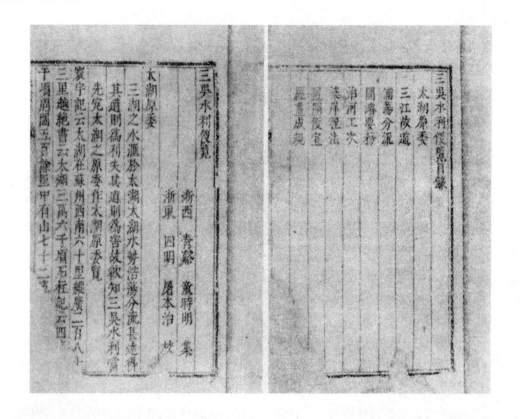

建一座宝塔，镇住乌龟。这样一来，塔在永淳县城西面，当日出东方时，塔影西斜，寓示永淳开门大吉，紫气东来；当日落西山时，塔影东斜，寓示永淳关门锁蛇头，平安无事。

万历四十二年（1614），一座五层八角的锥形宝塔在郁江边立起来了。建成之日，他将塔命名为"承露塔"，并欣然提笔，撰写了一副对联："天外瑶台承玉露，云间琼树起金鳌。"横批："天南福地"。

永淳县此后相当长一段时间，风调雨顺、政通人和。这是他开明施政的结果。出身贫寒的他在任永淳知县后，吸取前几任的教训，清正廉明，体恤百姓，一面上奏减免了当地百姓过重的赋税，一面实行与民休养生息的宽松政策，终于在他任内实现了百姓安居乐业的局面。这种借塔施政，反映了童时明的智慧。雍正《广西通志》（卷六十八）记载了他在永淳县任上的事迹："万历四十年知永淳县，躬履阡陌劝民耕种，悉心筹度，详革诸不便于民者。兴学校，修县志。"于是"士民请祀名宦"（《粤西诗文载》卷六十六）。主要著作有《昭代明良录》、《三吴水利便览》等。

　　《三吴水利便览》一卷。于万历四十一年（1613）成稿。内容分别为《太湖原委》、《三江故道》、《蒲荡分流》、《开浚要务》、《治河工次》、《筑岸程法》，《置闸便宜》、《经画成规》共八章。前三章论述太湖流域的地形水势，中间四章讲水利工程技术，最后一章是前人有关太湖水利论述的摘抄。

　　《三吴水利便览》是一部十分珍贵的古代水利著作，有助于对太湖流域水利史的研究。此书多年不见，世人皆为失传。1963年，四川西北部理县薛城公社校场大队社员，在薛城镇东约两里的杂谷脑河南岸欢喜坡丛葬地开荒时，发现了一座明天启元间下葬的明承德郎王之仁的石室墓。棺内尸体已干硬成"木乃伊"，所着绸缎衣袍，色泽鲜艳如新，脚下有早已散佚失传的童时明所著《三吴水利便览》等线装书四册。本书为国内孤本，现藏于四川大学图书馆。

现存主要版本

明万历间刻本
半叶十行，行二十字，白口，四周双边，单鱼尾。

张国维与《吴中水利全书》

张国维（1595—1646），字九一，号玉笥，东阳（今浙江省东阳市）人，明天启二年（1622）进士。崇祯间累擢右佥都御使，巡抚应天、安庆等十府，为人宽惠，深得士大夫心。鲁王监国，进少傅、武英殿大学士，官兵部尚书，督师抗击清军。几经转战，终因清军势力强大，明师败绩。张国维于清顺治三年六月廿六日，投园池而死，时年五十一岁。清乾隆皇帝敬重他的气节，赠谥号"忠敏"。主要著作有《吴中水利全书》、《张忠敏公遗集》等。

《吴中水利全书》二十八卷。卷一至二：图系说。卷三：水源。卷四：水脉。卷五至六：水名。卷七：河形。卷八：水年。卷九：水官。卷十：水治。卷十一：诏命。卷十二：敕书。卷十三：奏状。卷十四：章疏。卷十五至十六：公移。卷十七：书。卷十八：志。卷十九：考。卷二十：说。卷二十一：论。卷二十二至二十三：议。卷二十四至二十五：记。卷二十六：策对。卷二十七：祀文。卷二十八：诗歌。四库全书总纂官纪昀等按曰："是书先列东南七府水利总图凡五十二幅，次标水源、水脉、水名等目，又辑诏、敕、章、奏，下逮论、议、序、记、歌谣。所记虽止明代事，然指陈详切，颇为有用之言。"

《明史》记曰：张国维"建苏州九里石塘及平望内外塘、长洲至和等塘，修松江捍海堤，浚镇江及江阴漕渠，并有成绩"。他深入了解，"惟吴泽国，民以田为命，田以水为命，水不利则为害"（《张忠敏公遗集·卷五》）。他说："臣搜泉兴浚，单骑驰驱，手口拮据，靡事不为"、"臣尝单舸巡汛，探溯河渠，各绘水图，括以说略"（《张忠敏公遗集·卷四》），

常熟县全境水利图　吴江县城内水道图　吴江县全境水利图

积累了数十年治水之经验，写成并刊刻了一部70万字的《吴中水利全书》。纪昀等称赞他"是书所记，皆其阅历之言，与儒生纸上空谈固迥不侔矣"。本书为我国明代篇幅校大的水利学巨著，是研究苏、松、常、镇四郡的一部重要的水利文献。

现存主要版本

1.崇祯九年（1636）刻本

半叶八行，行二十字，白口，左右双边。

2.清乾隆间写《四库全书》本

钦定四库全书

长洲县全境水利图

苏州府城内西北隅吴县分治水道图

苏州府城内西南隅吴县分治水道图

苏州府城内东北隅长洲县分治水道图

苏州府城内东南隅长洲县分治水道图

钦定四库全书

目录

吴中水利全书

苏州府全境水利图

东南水利总图

水道总图

卷一

图

吴中水利全书目录

钦定四库全书

史部十一

地理类四 河渠之属

钱泳与《水学赘言》

  钱泳（1759—1844），初名鹤，字立群，号台仙，又号梅溪、梅花溪居士，金匮县泰伯乡西庄桥人（今江苏省无锡市鸿山镇后宅西庄桥）。钱泳为吴越武肃王三十世孙。宋建炎初期其祖由杭南渡避台州，宝庆中迁无锡堠山，明嘉靖间又迁至金匮县泰伯乡。他历清乾隆、嘉庆、道光三朝，是清代中叶无锡名噪一时的学者。其自小聪颖，五岁时能写楷书，八、九岁时工篆、隶，并随父悉心攻读古籍。十四岁时在苏州得到一批汉魏碑刻拓片，朝夕临摹。后又受到工于书法和诗文的退职按察使金祖静及孙渊如、洪维存、冯鱼山、凌子、徐阆斋、成均法、时帆、覃溪诸先生的指导，文学书艺大进。十七岁游吴门，后赴考举人落第，回到家乡，教授私塾为生。乾隆五十年（1785），二十七岁时被河南巡抚、尚书毕沅慕名聘入幕府，为之校勘著作《中州金石记》，品鉴了一批书画和碑刻。五十六年，受聘去绍兴编纂郡志，次年结束，去北方访古。在山东济宁见到了一批知名的碑刻，又结识了乾隆十一子成亲王永瑆。永瑆奉旨刻印《诒晋斋法帖》，钱泳上京为之刊定。后钱泳随后母华太安人居住常熟钓诸，后母逝世，又移居翁家庄，居住于常熟体仁阁大学士翁心存五世从祖尚书公别墅。建写经楼，仿汉蔡邕石经写孝经、论语、大学、中庸、刻石置郡学。又勾勒和手书了一批碑版，广为流传于江浙等地，以后又传向朝鲜、日本、中山邻近各国，于是名声大振。七十岁时被南河河督张井聘去协助规划水利工程，提出了一套很有见地的建设性意见。后又向上递呈了《速修三吴水利以盈国赋以益民田》的疏文，要求疏浚太湖支流，确保太湖周围的民田。道光二十四年（1844）卒。著作有《说文识小录》、《守望新书》、《履园金石目》、《履园丛话》、《述德编》、《登楼杂记》、《水学赘言》、《梅花溪诗钞》、《兰林集》等。

  《水学赘言》一卷，成书于道光三年（1823）。《梅溪先生年谱》载：（钱泳）闲居无事，购得族祖庸亭太史《三吴水利条议》一卷刻之，自序其上；又

宋政和間趙霖究治水之法有三一曰開治港浦二曰
置閘啟閉三曰築圩裏田隆興間李結又獻治田之法一
曰敦本二曰協力三曰因時故郟亶言水利專于治田單
鍔言水利專于治水要之治水卽所以治田治田卽所以
治水總而言之似瀚漫而難行析而治之則簡約而易辦
高田之民自治高田低田之民自治低田高田則開濬池
塘以蓄水低田則挑築隄防以避水池塘旣深隄防旣成
而水利興矣
范文正公曰今之世有所興作橫議先至至哉言乎故水

利之不與有六梗焉大都為工費浩繁庫無儲積一時難

于籌劃則當事為之梗享其利者而欲避其事恐科派其

膏腴之田而為累也則官官家與富豪者為之梗或有戇

于風水之說某處不宜開某處不宜塞為文運之攸關則

科第家與諸生監為之梗小民習懶性成難與圖始則刁

頑為之梗賣法者多程功者少則更胥為之梗甘苦之相

畸勞逸之相懸張弛之相左則怨咨者為之梗此六梗者

水利之所以不與而人心之所以未定也

宋有天下三百年命官修治三吳水利者三十餘次明有

翻阅前人著述，有条议所未尽者，辄录数则，汇于一帙，分十二篇，名曰《水学赘言》，呈之当事，识者题之。

　　内容为：先总论，次太湖、三江来源、枝河、水利、水害、建闸、围田、浚池、专官、协济等共十二篇。他在《水学赘言》中说道："大凡治事，必须通观全局，不可执一而论。昔人有专浚吴淞而舍浏河、白茆者；亦有专治浏河而舍吴淞、白茆者，是未察三吴水势也。盖浙西诸州，惟三吴为卑下，数州之水，惟太湖能潴蓄。三吴与太湖相联络，一经霖潦，有不先成巨浸乎？且太湖自西南而趋东北，故必使吴淞入海以分东南之势，又必使浏河、白茆皆入扬子江，以分东北之势。使三江可并为一，则大禹先并之矣，何，曰'三吴既入，震泽底定'也。"又曰："范文正公曰：三吴水利，修围、浚河、置闸，三者缺一不可。余以为三江既浚，建闸为急。何也？盖水利之盈虚，全在乎节宣。今诸江入海之处，塯身既高，而又有潮汐往来，一日夜凡两至。前人谓两潮积淤，厚如一钱，则一年已厚一二尺矣，十年而一二丈矣。故沿海通潮港浦，历代设官置闸，使江无淤淀，湖无泛溢。前人咸谓便利，惟元至顺中，有废闸之议。闸者，押也。视水之盈缩，所以押之，以节宣也。潮来则闭闸以澄江，潮去则开闸以泄水，其潮汐不及之水，又筑堤岸，而穿为斗门，蓄泄启闭，法亦如之，安有不便乎。"他认为治理水患的方法，既不能固执一端，不知变通，拘泥于古代的典章制度，也不能随意轻易相信别人的话。因为地形有高有低，水流有慢有快，水停聚的地方有浅有深，河流的形势有弯有直，只有经过实地观察和测量才能制定出适合本地的治水方法。

现存主要版本

清道光四年（1824）虞山钱氏刻本
半叶九行，行二十二字，黑口，四周单边，单鱼尾。

陶澍与《江苏水利全书图说》

陶澍（1779—1839），字子霖，一字子云，号云汀、髯樵，湖南安化县小淹镇人，清代经世派主要代表人物。嘉庆七年（1802）进士，任翰林院编修后升御史，曾先后调任山西、四川、福建、安徽等省布政使和巡抚，后官至两江总督加太子少保，任内督办海运，剔除盐政积弊，兴修水利，设义仓以救荒年，病逝于两江督署，赠太子太保衔，谥文毅。著作有《印心石屋诗抄》、《蜀輶日记》、《靖节先生集》、《陶文毅公全集》等。

《江苏水利全书图说》是陶澍主编的一部著作，首列江苏水利全图、太湖全图、吴淞江全图、重濬吴淞江工段图等。下分为：1.重浚吴淞江全案五卷，附历治吴淞江叙录；2.重浚江宁城河全案一卷；3.重浚苏州府城河案一卷，冠"重浚苏州府城河图"；4.重浚七浦河全案一卷，冠"重浚七浦图"，附历治七浦叙录；5.重浚刘河全案三卷，冠"重浚刘河图"，附历治刘河叙录；6.重浚孟渎等三河全案五卷，冠"重浚孟渎德胜澡港三河图"；7.重浚白茆河全案三卷，冠"重浚白茆河图"，附历治白茆叙录；8.重浚徒阳运河全案三卷，冠"重浚徒阳运河图"。

历史上江苏频遭水患，皆由太湖水泄不畅。道光七年（1827），他上疏言："太湖尾闾在吴淞江及刘河、白茆河，而以吴淞江为最要。治吴淞以通海口为最要。"陶澍治理江南水利，均强调疏浚之法。如治理淮河，即组织挑挖沙洲，疏通河道，使水流通畅。治理吴淞江时，他认为吴淞为太湖入海正道，必须疏通河道，宣其流，而不能阻梗水势。自古以来，对浏河、白茆河的治理，都是疏通河道，使之畅流入海。陶澍经过实地考察，从传统的治水方法中总结经验教训，创造新的符合实际的治水方法，决定将浏、白二河挑成不通海的清水长河。新的方法还节省了工程费用，并更有利于农田水利。魏源对陶澍治理浏、白二河的新方案十分赞赏："江、浙两省地势山脉，一自湖州趋杭州，一自镇江趋常州，南北皆高，而嘉兴、苏州、淞江、太仓适当其中洼。自江苏一省言之，则地势北高而南下。"浏、白二河在北，故易于淤，黄浦江在南，故从无淤。"惟吴淞大资宣泄，而浏河、白茆则海口筑坝，以防浑潮倒灌之患，可灌田而不可通海。岂非地势使然哉！"（《魏源集》上册第393-394页，中华书局1983年版）从实际出发，巧妙地利用地势、水势，实事求是，不泥成说，勇于创新，是陶澍治水的一个重要特色。

在治理吴淞江的历史中，都是在入海处修建石闸，当海潮来时，关闭石闸，以防泥沙进入；待海潮退时，开启闸门，使江水畅通入海。陶澍经过实地考察，进行全面分析，认为：吴淞江为江、浙水利第一枢纽，必须水势丰盛、水流畅通，才是正确的治理方法。建闸有阻止大海泥沙进入吴淞江的作用，也有使海潮泥沙停于闸外、江水泥沙淤于闸内的害处；利、害相较，害大于利。

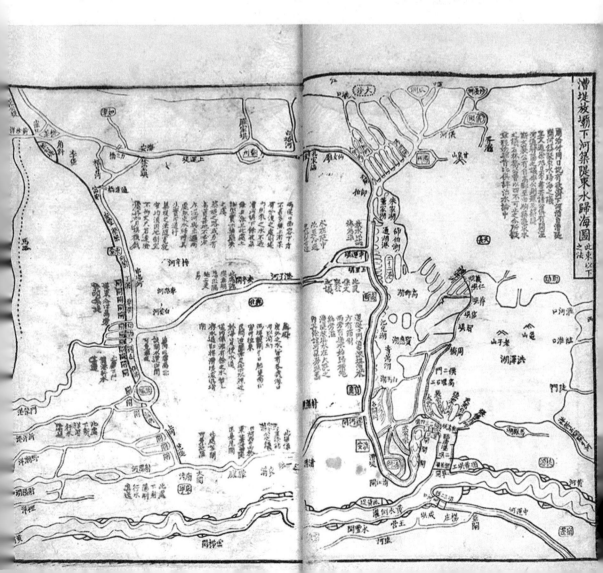

海潮有挟沙而来的本领，但退潮亦有挟沙而去的力量，且能稍带挟走江流冲下的泥沙；对比之下，退潮的作用更多、更有利。建闸费工、费力、费财，且有阻碍船只往来之害，不利交通。魏源指出："吴淞自昔以建闸御潮为首要，今宫保陶公以吴淞为中条正干，非支河汉港比，宜宣不宜节，独去其闸，直其湾，阔其源，深其尾，塞其旁泄，使溜大势专足以敌潮刷沙东下。故道光十一年、十三年江流连续横溢，而吴田不告大灾，皆吴淞泄水之力，此其异昔而收效于今者。"（《魏源集》上册第426-427页，中华书局1983年版）这些是《江苏水利全书图说》的核心内容和思想，在中国水利史上留有浓重一笔。

现存主要版本

清道光间刻本
半叶十行，行二十二字，白口，左右双边，单鱼尾。

冯道立与《淮扬水利图说》

冯道立（1782—1860），字务堂，号西园，江苏省东台市时堰镇人。清道光元年（1821），考入国子监，为恩科贡生。后因目睹洪水给淮扬带来的灾难，立志为民解除水患，于是发奋从事水利研究。淮扬一带系冲积平原，每逢淮水泛滥，河湖四溢，一片汪洋。水乡人民饱受水患之苦的惨烈情景，给少年时代的他留下极深的烙印。他从小聪慧好学，博览群书，胸怀大志，要做李冰、郭守敬那样的水利家，服务乡里，为国效力。他阅读了很多有关水利方面的著作，研究了前贤在水利事业上的成败得失，如明代治理黄河水利专家潘季驯的著作《河防一览》等，作过认真研究分析，指出其中的精髓与不足。为了掌握根治淮扬水患的第一手资料，他深入长江、淮河、黄河、洪泽湖、白马湖、高宝湖等流域进行实地考察，了解淮扬水路的来龙去脉。每到一处，访问当地的耆宿、渔民、樵夫、农人，查阅了大量的水利、水文、方志等史料，进行翔实的记载，测绘了数以百计的图表，付出极大的辛劳。据他的后裔介绍，冯道立有一次出外勘察，三年未归，一天，向洪泽湖的临淮口进发时，不意陡降暴雨，狂风把缆绳挣断，船被惊涛打沉，幸遇船夫奋力救起。在进行大量调查的基础上，他初步设想了西水排泄入江入海的道路，并还先后参加过许多大、中型水利工程。道光十五年（1835）自春至夏，久旱不雨，河道干涸，泰州州判朱沆准备疏浚运盐河的东台海道口到青蒲角河段约30余公里的工程，请他指挥疏浚，得到他的支持，并建议雇工限6天完成，赏赐从厚。他指挥施工，亲自搬土，乡民很受感动，结果按期完成疏浚，并筑成东坝。这时，东部先遭大雨，由海道口逆流而西，东坝闸门一启，水尽西行，农田未遭水淹，盐船又得畅通，人民无不欢欣鼓舞，赞扬他治水有大禹之风。冯道立善治水名声远播，官方多次聘请他担任治水工程"高参"，出谋划策，大都成效显著。咸丰十年（1860）卒。

他一生好学不倦，勇于实践，不仅精于水利，而且自经史诸子、天文历

道光庚子年仲春月　　同學敎弟葉菱鏡湖氏記

西園文鈔

淮揚治水論

東臺馮道立著

天下莫難於治水亦莫易於治水當其潰決奔騰浩浩滔天汜濫而
不可遽止此未易以常情測也然水雖溝澮未嘗不有就下之性一
得其性則盈科而進放乎四海善治水者逐無用之水循序歸壑留
有用之水灌溉田園利濟舟楫則水不但無害於民且有益於民亦
在乎人以利導之考淮揚古稱澤國淮水發源於豫之胎簪受汝頴
濊浦汴泗淝渦河等水衆勢束下至徐揚之界又合肝胎寧泗虹五
河并七十二澗之流齊集山陽之洪澤由清口歷雲梯入海此皆淮
之故道也迫吳王夫差城邗溝淮遂與揚通宋神宗熙寧二年間黃河

象、舆地河渠、九章谶纬直至医药兵器都有研究，著作颇丰。已刊刻著作6种，未刻著作36种。在水利方面的专著除《淮扬水利图说》，尚有《淮扬治水论》、《测海蠡言》、《勘海日记》、《束水刍言》、《七府水利全图》、《东洋入海图》、《东洋海口图》、《攻海沙八法》等，另外还著有《西园文钞》、《易经爻辰贯》、《周易三极图贯》、《炮说》、《捕蝗各法》等。

《淮扬水利图说》一卷，分别为8幅图并说：1.《淮扬水利全图》；2.《淮黄交汇入海图》；3.《御坝常闭水不归黄沿江分泄图》；4.《漕堤放坝下河筑堤束水归海图》；5.《漕堤放坝水不归海汪洋一片图》；6.《东台水利来源图》；7.《东台水利去路图》；8.《东台杨堤加高图》。

这8幅图并说，提出了治理淮扬地区水利的规划及方案，针对性极强，体现出其治水之道的"疏"、"畅"、"浚"、"束"四法，重点反映了淮扬地区的地貌、来水之源与出水之口的位置，尤其突出反映了形成淮扬水患的根本原因，提出了治理的有效措施，是长期治水经验的结晶，也是古代劳动人民与水患作斗争的经验总结。

现存主要版本

一、一卷本

1.清道光十九年（1839）刻本
半叶十一行，行二十二字，白口，四周单边。

2.清钞本

3.民国间影印清道光十九年（1839）刻本

二、《淮扬水利图说》一卷《淮扬治水论》一卷本

1.清道光二十年（1840）刻朱墨套印本
半叶十一行，行二十二字，白口，四周单边。

2.清光绪二年（1876）淮南书局刻本
半叶十一行，行二十二字，白口，四周单边。

沈启与《吴江水考》

沈启（1491—1568），字子由，号江村，南直隶苏州府吴江（今属江苏）人。明嘉靖十七年（1538）进士，任南京工部主事，凡官军俸粮、解额积兑之数无不周知。官至湖广按察副使。坐事罢归，以著述自娱，先后撰有《吴江水考》、《南船记》、《南厂志》等著作，隆庆二年（1568）卒。

《吴江水考》是一部记载太湖水利的重要文献，全书五卷。卷一：水图考、水道考、水源考；卷二：水官考、水则考、水年考、堤水岸式、水蚀考、水治考、水栅考；卷三至五均为水议考，记载历代太湖治水名人的议论，其文体有奏疏、公移、上书等种。其认为吴江为三江之首，故将南方水患之源委尽归于吴江，全书以此为宗旨，将针对吴江的蓄泄方法进行详细论述，是古代研究水道维护的重要典籍。该书对湖水的侵蚀搬运作用作了详细的考察研究，并提出防止湖水侵蚀的方法。卷二中的"水则考"记载了南宋太湖地区出现的水则碑。吴江上立有两座水则碑，长七尺有奇，树立在垂虹亭北左右。左水则碑用来观测记录各年的水位变化。碑上共有七条横格，一条横格为一则，是对吴江水则碑的用途以及历史上几次洪水情况的叙述："横道水则石碑，长七尺有奇，树垂虹亭北之左。碑面刻横道七条，每条条为一则，以下一则为平水之衡。水在一则，高低田都不淹；水过二则，极低田淹；过三则稍低田淹；过四则，下中田淹；过五则，上中田淹；过六则，稍高田淹；过七则极高田淹。若某年水至某则为灾，就记某年洪水痕至此。"它表明水位变化与不同地形上农田受水害的数量关系，表明了建立水则碑的目的和通过水则碑了解水位长期变化的规律。右水则碑用来观测记录一年内各旬各月的水位变化。碑上刻有一年十二个月的名称，每月又分上、中、下三旬。左、右两碑合并使用，就可以了解当地短期（一年内）和长期两种水位变化情况。这种设计很科学，在中国古代水文测量史上是一个创举。

书中所记水势颇为详尽："（嘉靖）四十年，宿潦自腊春淫徂夏，兼以高淳东坝决五堰下注，太湖襄陵溢海六郡全潴。秋冬淋潦，塘市无路，场圃行舟，吴江城崩者半，民庐漂荡，垫溺无算，村镇断火，饥殍无算……较水者谓多于正德五年五寸，国朝以来之变所未有也。"他还认为凡苏、松、常、镇、杭、嘉、湖七郡之水，共潴于湖、流于江而归于海者，皆总汇于此，故述其原委之要。到清光绪十八年（1892），吴江黄象曦在五卷之外，又续编增辑附编二卷，名曰《吴江水考增辑》。

现存主要版本

一、五卷图一卷本

1. 清雍正十二年（1734）吴江沈守义刻本
半叶九行，行十七字，白口，左右双边，单鱼尾。

2. 清雍正十二年（1734）吴江沈守义刻嘉庆二十一年（1816）吴江沈宝树重修本
半叶九行，行十七字，白口，左右双边，单鱼尾。

3. 清乾隆五年（1740）刻本
半叶九行，行十七字，白口，左右双边，单鱼尾。

4. 清乾隆五年（1740）刻道光四年（1824）印本
半叶九行，行十七字，白口，左右双边，单鱼尾。

二、《吴江水考增辑》五卷附编二卷本

清光绪二十年（1894）刻本
半叶十行，行二十三字，小字双行同，黑口，左右双边，双鱼尾。

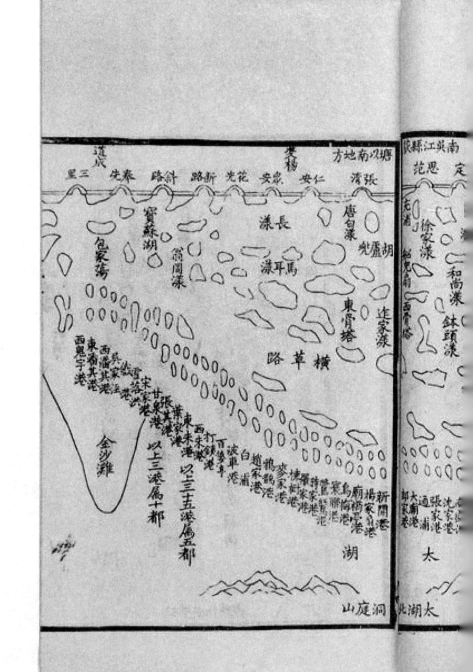

吳江水考增輯卷二

明吳江沈啓江村著　　邑後學黃象曦亮叔輯

水官考

水之有官肇於唐詳於周重於宋元盖農之本也重農
者設不重農之不設代有因革因革之間雖斯民氣運
所關而宰相裁成以左右民之意亦是乎占矣

水利監官

三代虞舜時僉曰伯禹作司空帝曰俞咨禹汝平水土惟時
懋哉禹拜稽首帝曰俞汝往哉

五代吳越錢氏置都水庸田使以主水事募卒爲部號曰撩

姚文灏与《浙西水利书》

姚文灏，字秀夫，贵溪（今江西省东北部贵溪市）人，生卒年不详。明成化二十年（1484）进士，治水有声政，调工部主事，升湖广提学佥事。著《浙西水利书》三卷。

《四库全书总目》曰："文灏，贵溪人。成化甲辰进士，官工部主事。考明《孝宗实录》，载弘治九年七月，提督松江等处水利工部主事姚文灏，言治水六事，上从之。则是书当为是时作也。大旨以天下财赋仰给东南。南直隶之苏、松、常三府，浙江之杭、嘉、湖三府，环居太湖之旁，尤为卑下。太湖绵亘数百里，受诸州山涧之水，散注淀山等湖，经松江以入海。其稍高昂者，则受杭、禾之水，达黄浦以入海。潦潦时至，辄泛溢为患。盖以围田掩遏，水势无所发泄，而塘港湮塞故也。因取宋至明初言浙西水利者，辑为一编。大义以开江、置闸、围岸为首务，而河道及田围则兼修之。其于诸家之言，间有笔削弃取。如单锷《水利书》及任都水《水利议答》之类，则详其是而略其非。而宋郏氏诸议，则以其凿而不录。盖斟酌形势，颇为详审，不徒采纸上之谈云。"

本书收集了宋代至明初关于治理太湖的论述，汇集前代各项治理意见，并都有自己的评论和取舍。作者按自己的主张加以删削，汇编而成。内容包括：

（一）宋书：1.范文正公《上吕相并呈中丞咨目》；2.丘直讲《至和塘记》；3.苏文忠公《进单锷吴中水利书状》；4.单锷《吴中水利书》；5.苏文忠公《乞开西湖状》；6.朱秘书长文《治水篇》；7.毛转运治绩；8.徐提举开江；9.政和开诸浦；10.杨炬《重开顾会浦记》；11.赵侍郎《相视导水方略》；12.陈转运《相度水利》；13.范文穆公《水利图序》；14.文穆《昆山县新开塘浦记》；15.许正言《华亭县浚河置闸碑》；16.罗文恭公《乞开淀湖围田状》；17.卫文节公《与提举郑霖论水利书》；18.围田利害；19.开江指挥；20.赵知县《修复练湖议》。

（二）元书：1.任都水言开江；2.任都水《水利议答》；3.潘应武言决放

湖水；4.潘应武复言便宜；5.都水庸田使麻哈马《治水方略》；6.都水庸田司《集江湖水利》；7.吴执中言顺导水势；8.复立都水庸田司；9.立行都水监；10.《名臣事略·吴松江记》；11.至大初督治田围；12.泰定初开江；13.至顺后水因闸患复开元堰直河；14.复立都水庸田司浚江河；15.周文英《三吴水利》。

（三）明书：1.夏忠靖公《治水始末》；2.魏文靖公《重修捍海塘记》；3.钱文通公《浚松江蒲汇塘记》；4.何布政宜《水利策略》；5.叶给事廷缙《请赈饥治水奏》；6.钱修撰与谦《上海县捍患隄记》；7.徐尚书《治水奏》；8.杨主事君谦《治水纪绩碑文》；9.举人秦庆《请设淘河夫奏》；10.松学生金藻《三江水学》；11.《三江水学或问·上》；12.《三江水学或问·下》。

《浙西水利书》主张以开江、置闸、围岸为首务，而河道、田围则兼修之。是地方性水利书。

现存主要版本

1.清乾隆间《四库全书》写本
2.清钞本
3.民国间南昌豫章丛书编刻局刻《豫章丛书》本

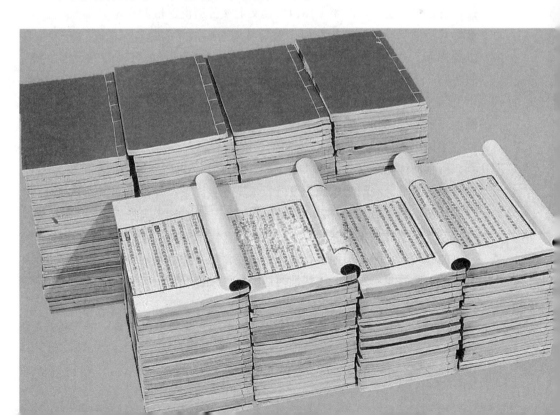

帅承瀛、王凤生与《浙西水利备考》

帅承瀛（1766—1840），字士登，号仙舟，湖北省黄梅县人。清乾隆四十八年（1783）湖北乡试中举人，嘉庆元年丙辰科（1796）一甲第三名进士，授编修。四年（1799）官迁国子监祭酒；六年至十三年（1801—1808）先后督广西、山东学政，历太仆寺卿、通政使、副都御史。授礼部侍郎，调工部、吏部。十三年（1808）其母李氏夫人仙逝，依例回家服阕。十五年（1810）阕满，复职吏部侍郎。不久，调刑部侍郎。十六年（1811）审讯终结郎中宝龄贪污受贿案。十八年（1813）首次任钦差大臣，巡按山西雁平道福海、陕甘总督先福等人的贪腐案，并罢免了他们的职务。二十年（1815）第二次任钦差大臣，巡按山东，审理徐文诰的冤案。道光元年（1821）授浙江巡抚，查办浙江盐务。四年（1824）其父上文公逝世，依例在家服丧。道光帝为表彰其治浙功绩，赐建探花府于黄梅县城南街，并御题"探花府"匾额一副，以资慰勉。六年（1826）阕满复职，再次出抚两浙。八年（1828）因眼疾乞假告归。十年（1830）改授湖广总督。十三年（1833）眼疾告假，回梅调养。十五年（1835）二任湖广总督，积极支持林则徐禁烟。御赐"一代名臣"匾额。二十年（1840）病逝于黄梅。

王凤生（1776—1834），字竹屿，安徽婺源人。嘉庆年间，入赀为浙江通判，历官河南彰卫怀道，两淮盐运使。道光中，先后总理浙江清查仓库事宜，勘察浙西水道，浚河南虞城、夏邑、永城三县沟渠，筹措黄河工务，治理湖广江汉堤防。道光九年（1829），条上十八事，整顿两淮盐务，大举兴革，颇著绩效。王凤生凭借做官来做学问，特别喜欢绘图和写志，每到一个地方做官，一定能够画下它的山川地形，并指出它应该振兴和改革的地方。著有《浙西水利备考》、《河北采风录》、《江淮河运图》、《汉江纪程》、《江汉宣防备考》、《淮南北场河运盐走私道路图》等。

《浙西水利备考》不分卷，黄梅帅承瀛修，婺源王凤生纂，是一部关于治理浙江水利的著作。浙江因其境内长江曲折而得名，优越的地理环境，带给社会以发展的强大基础，使其成为清王朝的"钱箱"。然而，每年夏季，临海的浙江就会遭受来自西北太平洋上热带气旋的袭击，严重威胁浙江人民的生命和财产安全。由于历史原因及物质条件和科技水平的限制，1 000多年来，海塘都是土石堆积起来的"土石大坝"，过不了三年五载，就会被海浪冲刷而夷为平地，真可谓"日费斗金，不过东风一浪"。为了总结抗台风治海塘的历史经验，帅承瀛不仅饬所属各州、县地方官吏，绘图立说，详细叙述建筑海塘历史和现状，自己更是身体力行，不顾年迈眼疾，亲赴各地巡视考察。道光二年（1822），浙西发生大洪灾，"接壤连畦，皆成巨浸，实未之前闻"。浙西杭嘉湖三府"苦雨告潦"，于是臣僚纷纷上疏要求"大浚浙西水利"，江、浙两省议共同治理。于是道光帝调王凤生任乍浦县同知，专治浙水。王凤生亲自带人，"溯源于天目，竟委于吴淞，即途次所见闻，证前贤之论说，不禁漫书成帙"。经过实地勘查，王凤生在取得大量第一手资料的基础上，完成了《浙西水利备考》一书，为浙西河道治理提供了决策依据。

全书分为四个部分，每部分均有图、有说。

1.杭州府水道七府三江图。下分为：《东南水利七府一州总图》、《三江大势情形图》、《浙西三府水道总图》、《浙江省城内外河道全图》、《杭郡治五州县通贯浙西水道总图》、《仁和县上承钱塘及本境诸山水来源去脉图》、《钱塘县上承苕溪并本境西溪西湖诸水来源去脉图》、《海宁州上承西湖及临平山水并西接德清水道来源去脉图》、《余杭县上承临安山水并本境诸山水道来源去脉图》、《余杭县治南湖图》、《临安县天目诸山水道来源去脉图》。

2.湖州府水道全图。下分为：《太湖全图》、《湖州府属水道总图》、《乌程县上承苕霅二溪分四安溪支流及本境山水由溇港归太湖并分注东塘烂溪入莺脰湖水道图》、《归安县上承德清武康并本境诸山水下注乌程分流秀水石门桐乡水道图》、《长兴县上承宜兴广德安吉诸山并本境山水由溇港归太湖及分注乌程水道图》、《德清县上承苕溪武林西汇余英诸水分注石门归安水道图》、《武康县境内诸山发源汇余不溪水流注归安水道图》、《安吉县上承孝丰广苕并武康广德及本境诸山水下注长兴水道图》、《孝丰县上受天目广苕董岭并本境山水来源去脉图》。

3.嘉兴府水道全图。下分为：《澉�//源流图》、《嘉兴府属水道总图》、《嘉兴县上承海宁海盐桐乡诸来水下注嘉善分流秀水平湖水道图》、《秀水县上承运河澜溪来水分泻于吴江嘉善水道图》、《嘉善县上承嘉秀海平四邑来水分注各荡归泖湖图》、《海盐县境内诸山发源并承海宁来水分注嘉兴平湖水道图》、《石门县上承海宁德清来水分注于桐乡归安水道图》、《平湖县上承汉塘及海盐来源（水）分注泖湖嘉善水道图》、《桐乡县受海宁石门来水分泻秀水吴江归安水道图》。

4.乌程长兴二邑溇港全图。

现存主要版本

1.清道光四年（1824）江声帆影阁刻朱墨套印本

半叶九行，行二十三字，白口，左右双边，单鱼尾。

2.清光绪四年（1878）浙江书局刻朱墨套印本

半叶九行，行二十三字，白口，左右双边，单鱼尾。

浙西水利備考

道光甲申孟夏

冯世雍与《吕梁洪志》

冯世雍，字子和，号三石，江夏（今属湖北省武汉市）人，生卒年不详。明嘉靖二年（1523）进士，五年（1526）任吕梁洪工部司主事，后任临安、徽州二郡守，十四年（1535）任徽州府知府，有政声，工诗文。著作有《吕梁洪志》、《三石文集》等。

《吕梁洪志》一卷，是其司职吕梁洪工部司主事期间编撰的一部徐州水运专志。原有嘉靖初徐州刊本，内容依次为建置篇、山川篇、公署篇、官师篇、夫役篇、漕渠篇、祠宇篇、艺文篇，篇首有序言，篇末有赞语。体例严谨规整，《四库全书总目提要》说明，四库馆臣所见为户部尚书王际华家藏本，今已失传。现存为明嘉靖间吴郡袁裘嘉趣堂所辑刻的《金声玉振集》节录本。内容依次为：山川、公署、官师、夫役、漕渠、祠宇。

吕梁洪，位于徐州城东南五十里处的吕梁山（今坷拉山，海拔146米）下，因处在古吕城南，且水中有石梁，故而称吕梁洪。吕梁洪四周多山，河床不易迁移。文天祥诗《彭城行》中有"连山四围合，吕梁贯其中"句，是对这一地貌的真实描述。吕梁洪分为上下二洪（今铜山县伊庄镇吕梁上洪村至下洪村一带），绵亘七里多。据《吕梁洪志》，舟船逆流而上非常艰难，几乎以尺寸计；该书还描述了洪中的大石溜。所谓石溜，乃水中巨石经激流冲击变得光滑，这些石溜因险恶而出名，如称作卢家溜、门限石、黄石溜、暇蟆石、夜叉石、饮毂轮石等。船只经过这些石溜，必须依靠纤夫的牵挽。袁裘到京城做官曾亲历二洪，他在《徐州吕梁神庙碑》中回忆其见闻："余宦京师，过今吕梁者焉，春水盛壮，湍石弥漫，不复辨左回右激。舟樯林立，击鼓集壮，稚循崖侧足，负纤相进挽。又募习水者，专刺櫂水。涸则岩崿毕露，流沫悬水，转为回渊，束为飞泉，顷刻不谨，败露立见。故凡舟至是必祷于神。"（《清容居士集》卷二十五）

泗水是古代著名河流，在徐州城东北与西来的汴水相会后继续东南流出徐

州。其间因受两侧山地所限，河道狭窄，形成了秦梁洪、徐州洪、吕梁洪三处急流。洪是方言，石阻河流曰洪。"三洪之险闻于天下"，而尤以徐州、吕梁二洪为甚。

明唐龙撰《吕梁洪志》序曰："吕梁洪，曷志之，名山大川，纲纪四方，昭灵纪异，咸俟君子。况漕之水道者哉，是故司马氏作河渠书。九川九泽，三江五湖，罔或遐遗，惟漕故也。国家定赋岁漕米四百万石，白糙粳糯一十八万石，由江入湖入河，直达于京师。水道凡数千里，曰难曰险，未有甚于洪者也。予方有事于漕，搴衣躇阶，升梁而眺焉。夫洪多钜石，胚腪严嶭，长如蛟蜒，伏如虎豹，纠错如置碁，盘旋如轮毂，廉稜如踞牙、如剑戟。前代辟凿。斯而为渠，汶泗衍溢，沁汴渗淫。黄河澜汗，合而潴之。石之所激，奋跃鼓荡，雷訇而阜涌。悬水四十仞，环流九十里，鱼鳖不能过，鼋鼍不敢居。漕万三千艘，胥于是乎进，每一艘合数艘之卒。夹洪夫挽之，樊肩伤臆，蹠足挥汗，咸毕力以赴。然缘崖蹑级，蚁行蜗引，得寸而寸焉，得尺而尺焉。一弗戒，则飘忽瞬迅，犹夫驷马脱衔，非穷日之力不可回也，是为天下之至难也。天下之事，惟难思戒，惟易忽之。斯志行，经国者，知漕之难乎，则官不置冗，费必汰浮。兵定以制，役止不急。粟无耗蠹，廪有备焉。受禄者，知漕之难乎，则禄以养贤。吾思吾贤，食以食功。吾图吾功，敬事之臣日广，素餐之风熄矣。是故考迹以明规，因文而广喻，志之大也。夫曰勒一方之宏图，揭今昔之胜槩，抑末矣。君子犹曰弗志焉。"（《渔石集》卷二）

吕梁洪疏治之后，冯世雍在《吕梁洪志·漕渠》记述了官漕之盛："天下十总粮船每年过洪者，一万二千一百四十三只：其一则南京总，曰旗手卫、羽林左卫、金吾前卫、府军左卫、沈阳卫、应天卫以及兴武卫，共十三卫；其二则中都留守总，曰凤阳卫、怀远卫、留守中卫、长淮卫以及颍上所，共十二卫；其三则南京总，曰留守左卫、虎贲右卫、锦衣卫、鹰扬卫以及虎贲左卫，共十九卫；其四则浙江总，曰杭州前卫、绍兴卫、宁波卫、处州卫、台州卫以及海宁所，共十三卫；其五则江北直隶总，曰淮安卫、大河卫、徐州卫以及归德卫，共八卫；其六曰江南直隶总，曰镇江、苏州、太仓、镇海等十一卫；其七则江北直隶总，曰扬州、通州、泰州、盐城、高邮等十卫；其八则江西总，曰南昌、袁州、赣州、安福等十二卫；其九则湖广总，曰武昌、岳州、黄州、蕲州、荆州等十二卫；其十则遮洋总，曰水军、龙江、广洋等十三卫。是皆洪夫所以效牵挽之力，以供王人之役。有自春徂秋，舳舻千里，帆樯蔽江……"

现存主要版本

1.明嘉靖间吴郡袁褧嘉趣堂刻《金声玉振集》本
半叶十行，行十八字，白口，左右双边，单鱼尾。
2.1959年北京中国书店影印本

耿橘与《常熟县水利全书》

　　耿橘，字庭怀，一字朱桥，号兰阳，河北献县人，明代著名理学家，生卒年不详。万历二十九年（1601）辛丑科进士，曾任尉氏、常熟县知县，颇有政声，官至监察御史。橘幼年丧父，随母寄居献县单桥外祖父林氏家，故称为献县人。他曾讲学虞山书院。明末清初思想家黄宗羲在其编订的《明儒学案·东林学案》中，依次将耿橘、高攀龙、钱一本、孙慎行等共计十七人列为"东林学派"的主要代表人物。著作有《常熟县水利全书》、《周易铁笛子》等。

　　耿橘于万历三十二年（1604）任常熟知县，对圩区水利作了详细的调查研究，编著了《常熟县水利全书》。被徐光启称赞为"水利荒政，俱为卓绝"（徐光启《农政全书》卷八）。

　　全书分为十卷附录二卷，卷前冠邑人陆化淳及瞿汝稷序言各一篇。卷一：大兴水利申。卷二：通县急缓河岸坝闸总目。卷三至十：在乡各区河岸坝闸急缓图说。附录由明王化等辑录，分别为原奉抚院文明兴修水利府贴、无锡县条陈水利府贴、博访水利事宜示、与通邑缙绅书、复福山塘夫工钱粮申略、谕民濬筑告示、梅林塘碑、里睦塘碑等。

　　书中全面细致地记载了明万历年间常熟县兴修水利、濬河筑圩的全过程。卷三至十"在乡各区河岸坝闸急缓图说"，附绘了大量详细的图画，图文并茂，十分详尽，真实地反映了明代中晚期水利治理情况和濬河筑圩的技术水平。书中所总结的"开河法"、"筑岸法"被明清农学著作和地方史志所广泛引用。此外，值得提出的是他关于联圩并圩的提议。太湖下游圩区，北宋以后多演变为数百亩的小圩。耿橘认为，圩区过小，劳力有限，难以抵御大旱大涝。他提倡数十小圩联并成一大圩，这样，圩堤可较高厚；圩内纵横开渠，便于灌排和行船，圩内河口建闸，沟通内外水道；圩中心最低洼处井辟作容蓄区，更方便于灌溉和排水，从而形成一个引蓄灌排的灵活的水利系统。

　　耿橘还总结了太湖地区围岸修筑技术。他首先指出，常熟滨临江海，位居苏州、常州诸府下游，因此围区水利以治涝为主。在其"筑岸法"中曰："有田无岸与无田同；岸不高厚与无岸同；岸高厚而无子岸与不高厚同。"切中修堤之要。进而将本地修筑围岸按其难易分作三等；一等难修是从水中筑堤，因此需要木桩、竹笆作堤两边之夹板，在困难的地段，堤外坡尚需砌石护岸，方可成功；二等难修是平地筑堤，不用木桩、竹笆等；三等难修是有旧岸而稍有颓塌的，仅扩展高厚。其中一等难修之堤，需要官府量为贴补经费，二等和三等则专用民间集资的水利款。

《常熟县水利全书》的行世，造福了当地百姓，是研究明代常熟地区水利史的重要史料，对现今兴修水利亦有参考作用。为此，常熟县人民在其离任后为他建了"耿橘庙"，以示纪念。

现存主要版本

明万历间刻本

半叶十一行，行二十三字，小字双行同，白口，四周单边，单鱼尾。

程鹤翥与《三江闸务全书》

程鹤翥，字鸣九，山阴（今浙江省绍兴市）人，明末诸生，生卒年不详。屡试不第，潜心于著述。传世著作仅见《三江闸务全书》。

三江闸，又名应宿闸（以闸设28孔与二十八星宿对应而名），是现存我国古代最大的水闸工程。它建于明代嘉靖十六年（1537），由时任绍兴知府汤绍恩主持，调集山阴、会稽、萧山三县民工，历时一年修筑而成。水闸建成起到抵御咸潮和调蓄淡水的作用，保护了萧绍平原80多万亩农田和环境。

《三江闸务全书》分上下二卷，上卷：序言四篇（姚启圣、鲁元晨、李元坤、罗京周）、塘闸内外新旧图说、三江纪略、郡守汤公新建塘闸实绩、总督陶公塘闸碑记、附录碑记、郡守萧公初修大闸实绩、修撰张公初修大闸碑记、萧公修闸事宜条例、修撰余公再修大闸实绩、修撰余公再修大闸碑记、余公修闸成规条例、总督姚公三修大闸实绩、京兆姜公三修大闸碑记、郡守胡公捐田实数、郡守胡公捐田碑记、部宪以下敬神实绩、郡守诸公浚江实绩、会稽王侯建闸碑记、创继诸公履历。下卷：事宜核实成规管见引、大闸事宜核实、修闸成规管见、核实管见总论、诸闸附记、补略存疑、辨讹、时务要略、新开江路说、越郡治水总论、观兰亭十贤记、郡城开元寺汤祠、汤祠对联、汤祠祝文、义会祭文、自撰祝文、汤神实录、入史褒封说、宜封十例、抚藩具由疏引、南巡请封引、海滨耆士请封疏、县覆府引、敕封汤神灵济原案、敕封汤神灵济徽谥记、自撰义会祭文、自记。

康熙二十年（1681），程鹤翥托人带书信给舅丈人（时任福建统总督姚启圣），说三江闸以五十年一修为宜，今又逢其时也，意思希望姚启圣慷慨解囊作此善举。姚启圣答应得很爽快，说："是余之责也。"捐资六千银，并派其弟代为佐理，程鹤翥参与其事。他详细记载了工程的全部过程，并追溯、网罗了一百五十年的建闸历史，撰成《三江闸务全书》。

鲁元晨在序中称赞《三江闸务全书》曰："备考闸政之巅末，详晰规制利害，审形势，酌权宜，洞察隐征，尽发秘奥，立言示人。"李元坤也在序中曰："家世三江，躬在闸所，非得之于目见，即得之于耳闻，因而述所见证所闻，条分缕析，辑成一集，名曰《闸务全书》，不特汤、萧诸公之功德赖以不朽，即诸公相度之苦心，经营之方略，其于夫匠、工程、物料、价值，一一详于简端，使后有膺修闸之举者，展卷了然，不烦更费心计，则是集也，洵为修闸之章程，较之仅传治水功德而方略不传者，似反过之。其有功于诸公固多，造福于三邑亦非浅……"又说，"吾友程子亦因是书而不朽矣"，对该书评价极高。

现存主要版本

一、二卷本

1.清康熙间漱玉斋刻本

半叶九行，行二十四字，小字双行同，白口，四周双边，单鱼尾。

2.清徐氏铸学斋钞本

二、二卷续刻四卷附录一卷本

1.清康熙间漱玉斋刻道光十六年（1836）增刻本

半叶九行，行二十四字，小字双行同，白口，四周双边，单鱼尾。

2.清咸丰四年（1854）介眉堂刻本

半叶九行，行二十四字，小字双行同，白口，四周双边，单鱼尾。

山陰程鳴九纂輯

三泫開務全書

介眉堂藏板

序

吏治之道由来尚矣求其深切民
依因地制宜寔吏而利與為一
方計久遠者治固不易言吏更
不敢觀若吾越刺史篤齋湯公
非惟人與越州益澤國也勢最

富玹与《萧山水利》

　　富玹（1481—？），卒年未详，萧山（今浙江省杭州市萧山区）人，进士。曾任福建分巡道按察佥事，何舜宾的女婿。主要著作为《萧山水利》。

　　来鸿雯，生卒年未详，萧山人。主要活动年为清初，有"两浙博物君子"的称号。

　　张文瑞，生卒年未详，字云表，号六湖，萧山人。官青州府同知。有《六湖遗集》十二卷。对诗文自视颇高，私印有"少陵私淑"、"五言长城"等。

　　《萧山水利》是浙江萧山水利史上最重要的文献之一，它不仅记载了萧山历史上重要的水利事件，还对萧山水利事业的发展产生过重要的影响。

　　全书分为初刻二卷、续刻一卷、三刻三卷。初刻为明富玹纂，清来鸿雯辑；续刻、三刻为萧山邑人张文瑞纂辑。具体篇目是：初刻为《萧山水利事迹》、《湘湖均水利约束》、《湘湖水利图记》、《湘湖水利图跋》、《萧山水利事迹序》、《萧山湘湖志略》、《明英宗敕御》、《湘湖水利事述》、《重刻萧山水利事迹序》、《复湘湖考备二条》、《禁革侵占湘湖榜例》、《论湘湖水利书》、《萧山水利跋》。续刻为《续刻萧山水利序》、《万柳塘记》、《萧山运河考》、《萧山水利补遗》、《德惠祠记》、《魏文靖公配享德惠祠记》、《黄竹山先生上巡抚按言西塘利害书》、《西塘条约碑记》、《西兴石塘记》、《萧山荒乡水利论》、《副使戴公家训》、《募建湘湖报功词疏》、《入贤词记》、《萧山水利后序》。三刻为《湘湖水利三刻序》、《萧山县水利图》、《西江塘记事》（上、下）、《修西江塘税亩图说》、《湘湖记事》。

　　《四库全书总目》卷七十五曰："初集明富玹编，国朝来鸿雯重订；续集、三集皆国朝张文瑞编；附集文瑞之子学懋所编。萧山水利以湘湖为最溥。明初，其邑人御史何舜宾尝以清理占田被祸，玹为舜宾婿，因取章（张）懋、魏骥所辑水利事迹合梓以行，以备考验。康熙五十八年，有私决湘湖者，水利几废，鸿雯据旧本重加订正，文瑞又旁搜黄震《万柳塘记》等文十二篇为续集，

湖乃九郷衣食之原亦九郷性命之本利則九郷

惆沾害亦九郷惆任防護最盈偏枯即就救先時

而開有异通時不塞有同沿湖車耳有同私開審

湖有何所謂揭防斬臂賣水斬址者此也揭防謂

先開賣水調私穴禅版可考水利衛偏

任其賣而縣主考其成功歷代遵循登容顥観況今

歲旱魼爲虚山川盡縈所顥湖水滿盈足延枯槁

乃現在放湖十不徧一低郷猶有一杯高郷竟無

平今萬姓傍徬徨呼天莫應揆厭所由其弊有在定

倒出水之穴敷敷時随放置止外塘一開内塘

卽篷一菁霏水二菁秣水三菁梅水不悲水少只

忠婦低詎蜣長蓋菁營私賣洪賣鑾不塞以規厚

利先蒔不菁臨時何來其弊一也湘湖皆屬官地

而取其水後便於挖調通

尸乘其水捕魚不禁乃窜尸利其乾涸便於挖調通

笞催官不勘驗甚則偷開穴口張網設筍亳無顥

忌而窜尸之運得遇尤更得順流直下省費省工

梖蠢旣有陋規見亦不聞日復一日源盡水窮其

（萧山水利三刻 卷下 十一 辛友金城）

并刊行之。雍正十三年，文瑞又以旧作西江塘、湘湖记事稿二秩，辑为三集。其附集则萧山水利十条，即明绍兴知府贾应璧所撰图说之旧本也。"

现存主要版本

一、二卷续刻一卷本

清康熙五十八年（1719）刻本
半叶九行，行二十字，小字双行同，白口，四周单边，单鱼尾。

二、二卷续刻一卷三刻三卷本

清康熙五十八年（1719）刻雍正十三年（1735）增刻本
半叶九行，行二十字，小字双行同，白口，四周单边，单鱼尾。

魏岘与《四明它山水利备览》

魏岘，浙江鄞县人，据《中国水利史稿》称，"生于宋绍熙间"，宋嘉定间官朝奉郎，提举福建路市舶，因事受牵连罢官，居家好讲求水利，淳祐初复起官，知吉州军事，兼管内劝农使。《四明它山图经》中说："（魏岘）寓家光溪时，它山堰坏，沙淤溪港，郡守陈垲委之修筑淘浚，著其利病于书，曰它山水利便览，家居十余年卒。"

《四明它山水利备览》是记述浙江宁波地区以它山堰为主的唐宋四百年农田水利的专著，可看作开我国水利志先河之作。书名"备览"不名"志"，但从内容看，有总论、堰的规划设计、引水工程、渠首防淤、修缮历史、改进方案，附记有关工程、祠庙、作者主持的工程及祠祀、艺文等，已经具有了志的体例。全书分为上、下二卷，共约二万余字。上卷分二十八小节，分别记述了它山堰的兴建和历次维修规划与施工等情况；下卷收录了六篇有关碑记和十六首它山诗歌等资料。书中详细记载了它山堰的水文地理情况、堰体结构、分洪引水设施的布置与特点，整个工程在拒咸蓄淡，灌溉、航运和城市供水等方面的效益，流域内泥沙来源及其防治措施，水沙关系管理制度等方面的论述，并对建堰前后浙东地区水利工程的演变历史，包括它山堰与广德湖、仲夏堰等水利工程的关系进行了分析。该书较系统地阐述了森林的水土保持作用及其改善河川水文条件等，是古书中较早、较系统地阐述森林作用的一部著作。"植榉柳之属，令其根盘错据，岁久沙积，林木茂盛，其堤愈固，必成高岸，可以永久。"明确提出种植护堤林应选择根系发达的树木。

它山堰始建于唐代，位于浙江鄞县鄞江镇西首，它与都江堰、郑国渠、灵渠合称为中国古代四大水利工程。魏岘在《四明它山水利备览·自序》中清楚地说明了撰述是书的缘由："民以食为天，然以滋生灌生是百谷而粒我烝民者，非水之功乎。此六府养民所以首水而终谷也。田而不水虽后稷无所施其功。鄞邑之西乡所仰者惟它山一源，厥初大碶与江通泾，以渭浊耕凿病焉。唐大和七年（833），邑令琅琊王公元暐度地之宜，叠石为堰，冶铁而锢之。截断江潮而溪之清甘，始得以贯城市浇田畴。于是潴为二湖，筑为三堨，疏为百港化七乡之泻卤而为膏腴。虽凶年公私不病，人饱粒食官收租赋，岁岁所获为利无穷。可谓功施国，德施民矣。然时有旱潦，则当蓄泄水，有通塞则当启闭堨埭。当修沙土当捍不无待于后之人。岘幼尝奉教于先生长者，以为学道爱人之方，不必拘其事，苟可以致其爱人之心，无非道也。家距堰不数里，自间铸来归闲居十余年，日与田夫野老话井里闲事，且州家尝属以任修堨淘沙造闸之责，益得以讲源委究利病，又考图志所载及前哲记文，粗知兴造增修之緖，参以己见编为一帙目曰《四明它山水利备览》。庶几讲明水政者观此或易为力云。"

现存主要版本

一、二卷本

1.明崇祯十四年（1641）陈朝辅刻本
半叶九行，行二十字，小字双行同，白口，左右双边。

2.清乾隆间《四库全书》写本

3.清道光二十四年（1844）金山钱氏刻《守山阁丛书》本
半叶十一行，行二十三字，小字双行同，黑口，左右双边。

4.清光绪十五年（1889）上海鸿文书局影印《守山阁丛书》本
半叶十一行，行二十三字，小字双行同，黑口，左右双边。

5.民国十一年（1922）上海博古斋影印《守山阁丛书》本

6.民国二十四年至二十六年（1935—1937）上海商务印书馆铅印《丛书集成初编》本

二、二卷附释文一卷本

清咸丰四年（1854）甬上徐时栋烟屿楼刻《宋元四明六志》本
半叶十行，行二十一字，小字双行同，白口，左右双边，双鱼尾。

三、二卷附校勘记一卷本

民国二十四年（1935）四明张氏约园刻《四明丛书》本

爲烏金又東三里爲積濱又東二十七里爲行春皆相地之
宜而爲之節惟烏金首枕上流歲久摧圯人憚往往拘閡因
仍苟簡日就堙塞莫有興其廢者少淤愈甚河流易涸公私
交困嘉定辛巳耆老合詞以請少保大丞相替公素知本末
慨然下其事于郡且懌峴劾規畫之愚乃計工賦材選州縣
官主之執里士爲入信服其計督者督其役出給調度皆不
以煩吏民以不擾而咸勸趨于是從旁南低舊趾三尺許身
東西五丈二尺南趾七尺嘗東二十七丈西十三尺橋
五丈五尺西長高九尺闊輮之合石爲之櫃植石爲之糯規
爛宏壯工力鎮密時少卿余公建監簿章公民明相繼來牧
皆捐金佐費始終其成初郡併請倩行春築朱瀨堰復江東

兩朝茫山永州橋堰變作

副九工楹柰公孥私財不擾不費若有神助成以不日皆太
守待制秦公至誠之所感也邦人德之形於歌頌行已偶奉
府檄實覈其事不敢黙而不書大宋紹興十六年餘月望日
知明郡縣丞魏行已謹誌

　四明重建烏金壩記　　　　　魏峴

出城南五十五里有壩曰它山唐郡令王侯遵元暉所建水
自越之上虞歷四明山萬峯縈紆流演迤砯洋南注于江自壩
之立約水入河樂除有數鄙西七鄉爲田數千頃藉以灌溉
其流貫于城之日月湖圍郡之人飲焉食焉泳游焉堰之
和博矢然視水之大小而隄閼者壩之助爲多野老謂侯豁
其流貫于城之日月湖圍郡之人飲焉食焉泳游焉堰之里十有五里

方观承与《敕修两浙海塘通志》

　　方观承（1698—1768），字遐谷，号问亭，又号宜田，安徽桐城人。因家族受《南山集》案影响，早年生活落拓，贫困之极，流落京城，在东华门外靠为人测字挣得住、食费用。一日，福彭于上朝途中，途经东华门，惊讶于方观承测字招牌的书法功力，停骄一谈，发现方观承是个学问见识都非同等闲的世家子弟，立即延请到府中当一个幕僚，备受礼遇。雍正十年（1732），福彭被任命为定边大将军，出征准噶尔。福彭上奏招方观承为记室，随军出征。雍正皇帝奇于方观承经历，召见问对之后，就赐予中书衔。于是，一介布衣的方观承居然一跃成了朝廷大臣，自此开始了平步青云之路。

　　第二年，福彭平定了准噶尔，班师回朝，方观承即升为内阁中书。乾隆二年（1737）升军机处章京，再升吏部郎中。七年，授直隶清河道。八年，升按察使。九年，方观承受命随从大学士讷亲勘察浙江海塘及山东、江南境内的河道，不久被提升为布政使。十一年，署理山东巡抚。十二年，再回布政使任上。十三年，升任浙江巡抚。十四年，升为直隶总督。十五年，加授太子少保衔。二十年，加授太子太保衔，署理陕甘总督。二十一年，再回任直隶总督。在短短的十几年的时间里，方观承从一个一文不名的平民百姓，不由科举，不由军功，成了独掌一方军政大权的封疆大吏，是乾隆朝著名的"五督臣"之一，这是非常罕见的。他博学干练，为官一任，总能造福一方，政绩不胜枚举，各地民间留存的关于清官循吏"方总督"的故事数不胜数。他为官的最大成就在于治理水利方面，其思想和能力都深得乾隆的信任与嘉赏。乾隆二十八年，因天津积水，皇帝动怒，斥责他未尽职守。朝廷官员闻风合议，要求将他免官究责，但乾隆却指示要对其宽大。御史吉梦熊、朱续经等还喋喋不休，不断上奏章要弹劾方观承，乾隆就直接说："言易行难，持论者易地以处，恐未必能如观承之勉力支持也！"乾隆三十三年，因病死于直隶总督任上，谥恪敏。著作有《述本堂诗》、《薇香集》、《燕香集》、《问亭集》及

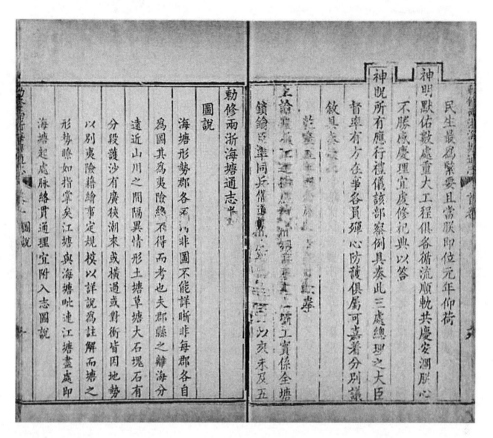

《敕修两浙海塘通志》等。

唐宋以来，国家仓储仰给东南，江浙两地濒海，海水朝夕浸噬，田土多受其害，故海塘建设为历代农政之要。方观承任浙江巡抚期间呈请《敕修两浙海塘通志》，内容分图说、列代兴修、本朝建筑、工程、物料、坍涨、场灶、职官、潮汐、祠庙、兵制、江塘、艺文十三门，共二十卷，另设首卷一卷载于书首，收录雍乾两朝关于海塘之历次诏谕。关于海塘工程，元明时已有专门著述，但内容过于粗略，所涉仅及余姚或海盐之一邑，未尝概及两浙全省。方观承地理知识丰富，且熟悉水利工程，其所纂《敕修两浙海塘通志》，涵括了浙江杭州、嘉兴、绍兴、宁波、台州、温州六郡海塘图籍，凡是有塘州县，小则修葺，大则建筑，均予甄录。有关浙江海塘之建筑历史、工程管理、物料核算、官员设置、水利制度、民俗活动等，是书均给予了详细的记载，该书是研究海塘历史沿革和水利工程的重要文献。

现存主要版本

一、二十卷卷首一卷本

1.清乾隆十六年（1751）刻本
半叶九行，行二十一字，小字双行同，白口，四周双边，单鱼尾。

2.清钞本

二、二十一卷卷首一卷本

清钞本

连仲愚与《上虞塘工纪略》

连仲愚（1805—1874），字乐川，书斋号枕湖楼，浙江上虞崧厦（今浙江省绍兴市上虞区崧厦镇）人，工商业家。其祖曾任四川忠州知府，家产丰厚，中秀才后两应乡试未中，乃以"济天下"为"真事业"。曾任上海县训导，清道光十年（1830）去职返乡，在崧厦创办协和酱园，主要产品有酱油、腐乳、仙醋、元红酱、酱瓜等。凭着自身的天赋与才干，在商界得心应手，产品除了供应本地，国内各地多有经销，如上海的朱阿祥号、武汉朱同和号及津京地区，并出口日本和新加坡，日本的章桃源号每年经销腐乳二百坛。经商成功后，利用所得资金修建图书馆、兴修水利，带领民众修建堤塘，为救灾不辞劳苦，曾得清廷礼部行文褒奖。平生性喜读书藏书，收藏图书六万部，筑"枕湖楼"以藏。著作有《塘工纪略》、《论史拾遗》、《敬睦堂条规》等。

海潮灾害是古往今来危害沿海地区的人类生命和财产主要灾害之一。江浙地区是海潮灾害频发的地区。它是由台风引起的，与一般水灾相比，具有突发性和狂暴性的特点，因而更容易造成大的危害。它不仅吞噬大量生灵，还造成巨大财产损失。所以江浙地区以人工修建的挡潮、防浪的海塘工程最为发达。

据《上虞县志》记载："道光三十年秋八月，大霖雨风潮大作，决口十有七，圣恩寺珠称夜三号，决口四十余丈，内外冲成深潭径七十余丈；钱库庙师火二号决口三十余丈，内外冲成深潭径五七十余丈，其缺口二十余丈，又间段坍卸柴土塘一千二百余丈，高田水深五、六尺，漂散庐墓不可胜数。布政使汪本铨临视，借库款银三千两，饬知县张致高交董筑复，致高属邑绅连仲愚董其役。阅一年而缺口皆合。……咸丰三年，海水啮塘址，又决大口，三署令林钧捐钱划款议筑缺口及修后海塘，又以事属仲愚。九月兴工踰二年而就。"前后凡二十余年，连仲愚备尝辛苦，奔波于前江、后海两塘之间，抢险七次，堵缺二十二处，创修王公沙塘三千六百丈。及至年迈，精力大减，但仍倾心水利，邀组"管塘会"，带头捐田二百余亩，创建群众性的海塘管理组织"众擎

揭驟赴工雖多事之秋亦不敢因循怠荒民非
虞若稍自偷安一遇春汛候成巨浸噬臍無及只
夫埤築刻不遲延誠以隄工一道先時防護猶
海所一帶土塘因近年江水漸通坍埋基累窗即雇
有侵損因漲沙遙潤尚可息肩最緊要者前江塘歷
署中是年孟冬克復上虞仲惄視工程後海塘難間
尤為商缺十餘丈料無購處工未完竣語在江塘紀
家渡坦水樁入十餘丈
利害臨於無窮是以不避艱險於萬難之中釘立孫

濱塘工范畧卷一

塘工且夫流急滋擾患在一時而塘工成敗與否其
陷没尚未跂鞠居民耕種如故而仲亦得勉強修理
蓋湖西距澁海所南盡曹江北至海方數十里雖經
為其所迫不能脫身因而靡糜之由是西鄉東連夏

会"，建塘工局用房二十六间，其前厅额曰"留耕山房"，决意以此为家，后楼称"捍海楼"，其他房屋用作管塘堆物之用。德清俞樾撰《连氏义庄记》以记其事。

《上虞塘工纪略》二卷续一卷三续一卷，为连仲愚根据修塘经历及经验所著，皆是治塘经历心得，保存了大量有关上虞北乡江堤海塘的宝贵资料。

具体内容：卷一：1.后海塘；2.上虞塘工字号册底（后海塘纂风学字号起至乌盆济字号止）。卷二：1.前江塘；2.上虞塘工字号册底（前江塘后郭王家坝添字号起至张家埠会稽上虞交界竞字号止）；3.上虞前江塘坦水字号丈尺；

4.上虞前江塘临江首险失修柴工新建石塘字号丈尺。续卷一：1.前江塘；2.杂说。三续卷一：岁修塘工并善后事宜。本书前冠：同治十三年（1874）鲍临及光绪二年（1876）张之洞撰序言、乌程汪曰桢撰行状、德清俞樾撰墓志铭、会稽李慈铭作传；后附：光绪元年（1875）王继香撰《上虞塘工纪略·后》、光绪三年（1877）陶方琦撰《捍海楼记》、光绪四年（1878）沈宝森撰《敬睦堂记》及《敬睦堂条规》一卷。

现存主要版本

1.稿本

2.清光绪四年（1878）上虞连氏敬睦堂刻本

半叶九行，行二十字，小字双行同，黑口，左右双边。

3.清光绪十三年上虞连氏枕湖楼刻本

半叶九行，行二十字，小字双行同，黑口，左右双边。

白锺山与《豫东宣防录》

白锺山（？—1761），字毓秀，号玉峰，汉军正蓝旗人。清康熙四十七年（1708）由官学生补户部笔帖式，雍正元年（1723）迁江南山清里河同知，五年（1727）迁淮扬道，九年（1731）迁江苏布政使。雍乾时官至河东河道总督，历任两河总督四十余年，对河道情形、工程利弊较为熟悉，乾隆二十六年（1761）卒，赠太子太保，赐祭葬，谥庄恪。著作有《豫东宣防录》、《续豫东宣防录》、《南河宣防录》、《豫省拟定成规》、《纪恩录》等。

白锺山是任职时间最长的两河总督，主持治理水利数十年。他主张"治水以弃为取，顺水之性而不与水争地。河防为国家第一要务"，并认为豫、兖处黄河、淮河、运河之交，治河更难。《豫东宣防录》辑其任何督期间之奏疏，为后世研究运河的治理提供了重要史料。

全书分为六卷，正文前有乾隆四年（1739）黄叔琳序、五年（1740）陈弘谋、陈法序。无总目，目录冠于每卷卷前。黄序云："河东总督河道白公河干奏议若干卷，将登诸枣梨……自公莅东以来，举数千里险夷之形，洞然如指诸掌……兹之存诸奏牍者，特十之一二耳，然展而读之，有因有创……"陈序赞曰："自先朝迄今，凡所奏议，无不报可。即余人所条上，事涉河工，皆命公折衷，公平心酌其当否，议乃定，积有卷帙……其巡历于外，酷暑严寒，犯露雾霜雪，冒赤日黄尘，不稍懈。"陈序总结道：《豫东宣防录》者，今河东总督河道白公督河以来之奏议也……戊午（乾隆三年，1738）春，弘谋调任津门，职司河防。运河数百里，与东省绣壤相错，境地虽分，源流则一，而利害亦复息息相关。公一视同仁，勤勤恳恳，开诚相告，受益良多……今年夏承乏三吴，道出济上，因得尽读公之奏议，愈有以知其规模之宏远、条理之精密，如增培河堤而寓赈于工，疏浚漕河而工归实济……"

卷一：集雍正十三年（1735）奏疏十九通。卷二：集乾隆元年（1736）奏疏二十通。卷三：集乾隆二年（1737）奏疏十七通。卷四：集乾隆三年

（1738）奏疏二十五通。卷五：集乾隆四年（1739）奏疏十九通。卷六：集乾隆五年（1740）奏疏十六通。

白锺山在乾隆间还编著有一部《续豫东宣防录》一卷。内容是：乾隆十九至二十二年（1754—1757）治河奏疏，共记三十八通。

现存主要版本

一、《豫东宣防录》

清乾隆五年（1740）刻本

半叶十行，行二十一字，白口，左右单边，单鱼尾。

二、《续豫东宣防录》

清乾隆间刻本

半叶十行，行二十一字，白口，左右单边，单鱼尾。

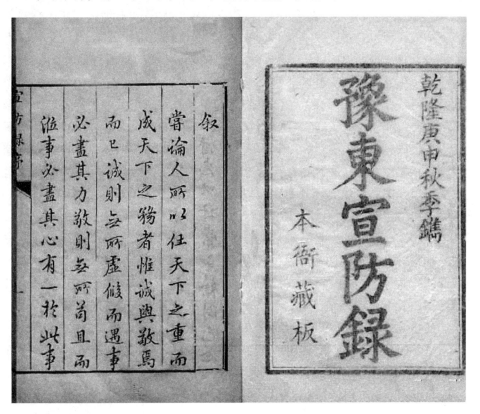

陈池养与《莆田水利志》

陈池养（1788—1859），字子龙，号春溟，晚号莆阳逸叟，兴化府莆田县荔城（今福建省莆田市荔城区）人。清嘉庆十四年（1809）进士，因诗、字欠佳，未能进入翰苑，授知县，分发直隶统补。历署无极、隆平、武邑等县知县及冀、景、深等州知州。任上能体恤民情，为民请命，政声颇佳，民望甚高。道光元年（1821）因老母患病，不敢远出宦游，从此不再出仕，全身心投入家乡的公益事业，尤以兴修水利事业为重。

道光二年（1822），在乡众推举下主持修治太平陂石圳；三年（1823），修南安陂，建渔沧溪兴文桥；四年（1824），筑航头堤；五年（1825），修木兰陂，开南洋上、中、下三段沟渠，修洋城、林墩、东山三座斗门；七年（1827），在宝胜溪筑三道拦水堰，筑东角、遮浪镇海堤；九年（1829），填洋城门斗矶，设南洋涵，开木兰陂分流大沟、延寿陂经流大沟、环城壕沟和涵江沟；十二年（1832），增筑延寿石堤；十三年（1833），抢筑新浦海涵和下江头、余埭、西利、桥兜堤；十九年至二十一年（1839—1841），连续三年挖宝胜溪三堰沙石，加固涵底、石堤，防止冲决；二十二年（1842），整修东角土堤，堵塞漏孔，填充堤外石矶，以杀潮势；二十三年至二十四年（1843—1844），又相继造通水石涵、筑沿沟石堤；二十五年（1845），集修企溪斗门；二十六年（1846）秋，修固木兰陂十二门石、回澜桥尖和万金斗门，开挖宝胜溪冲壅沙石、筑临沟短堤，修固东角、遮浪附石土堤；二十七年（1847），督修水捍堤，察知过水涵吃重，加固东角第三洋石涵，改慈圣门木涵为石涵，砌遮浪赡斋埭石涵，修固无尾沟石堤，砌延寿桥下直堤与横堤；二十八年（1848），修筑宝胜溪水毁石堤，整修被淹后漏穴的东角、遮浪附石土堤；二十九年（1849）冬，挖掘宝胜溪堰内冲积沙石，培筑整固东角、遮浪多处土、石堤。（事见《莆南北洋濬沟东角遮浪建堤纪事》卷三）

从上列水利工程项目年录，可以看到陈池养在治理家乡水利建设方面所起

到的巨大作用和取得的辉煌成就。道光二年至二十九年（1822—1849），他主持修复和新建县内水利设施三十三处，造福于莆田百姓；他于道光七年（1827）所主持的东角、遮浪镇海堤工程，是莆阳水利史上一座丰碑。

他还热心教育，历任厦门玉屏、仙游金石、莆田兴安书院教席。他著述颇丰，参与修纂《福建通志》，另著有《慎余书屋诗文集》、《毛诗择从》、《莆田水利志》等书。陈池养家居近四十年，致力于莆田水利事业，马不停蹄地奔波于兴化平原，主持众多的渠、濠、桥、坝、陡涵，大大小小做了近五十个项目。晚年，他倾心编撰《莆田水利志》，总结历年治水经验，汇集历史资料，表彰治水功臣，是一部具有很高学术性和实用性的水利学、地理学专著。咸丰九年（1859）病逝，终年71岁。光绪二十九年（1903），入祀乡贤祠。

《莆田水利志》八卷。咸丰元年（1851），他在参与编纂省志时，广搜有关莆田水利史料，加以积自己近四十年治水经历纂成本书。卷一：水道（冠图说：全莆水道图、木兰陂图、延寿陂图、太平陂图、南安陂图、东角遮浪镇海堤图）；卷二至四：陂塘；卷五：堤防、祠祀、章奏；卷六：公牍；卷七至八：传记。凡十数万字。"至水利之源委与修堤之始终，条分缕晰具详于书"（林庆贻序），意在"良有司诚取而观之，亦可知水利之关系莆田，创修不易，而加意修葺矣"（陈池养自序）。他勇于肩负历史使命，不负莆田父老乡亲寄望，以治水为生，利民为志，鞠躬尽瘁，死而后已。其治水之大功，为人之高德，赢得时人由衷的拥戴和称颂。后人以"有德者"，将他供奉于东角崇报祠（今莆田镇海堤纪念馆），奉之如神，至今香火不绝。他主持兴修的镇海堤，依然屹立在兴化湾之顶，御风抗浪，捍卫南洋沃土和莆田百万人民的安全。

现存主要版本

清光绪二年（1876）刻本

半叶十行，行二十二字，小子双行同，白口，四周双边，单鱼尾。

许承宣与《西北水利议》

许承宣，字力臣，清康熙三年（1664）进士，授翰林院庶吉士，官给事中。典试陕西，察民疾苦，上六疏，语中利害，直声大著。许承宣入仕后，有一段连升三级的佳话。据牌坊所题文字记载："康熙丙辰科会试第十六名，授翰林院庶吉士，改授工科给事中，升本科掌印给事中。"从庶吉士改授工科（工部）给事中为"七品"升"从五品"，又升本科掌印给事中为"正五品"。从新科进士出身的文林郎熬到工部给事中，按常规总需十余年光景，再升到工部侍郎、工部尚书时，人已年迈不善事务了。对许承宣的官场机遇，从《清工部吏纲·破诸侯》六部官员安排一则之中便可窥一斑。康熙乙丑年（1685年）颁《清工部吏纲·破诸侯》，对工部作了人事改革，规定"工部给事中由原十六名满员须充渗汉员四人"，一来充当监督，二来因康熙多次南巡，迷恋江南园林，用汉员便于征集江南工匠修皇家园林。因此有些江南人就被授任工部官员，许承宣也就被破格提升工科掌印给事中了。

早在康熙年间，就不断有人提倡畿辅水利，主张兴利除害，发展北方农业生产，解决京师仰食东南的问题。许承宣在《西北水利议》中说："天下无无水之地，亦无不可以溉田之水。古者众建诸侯，各食其地之所入，其时称沃饶者，率在西北，不闻其仰食东南也。鲁僖十三年，晋乞籴于秦。明年，秦乞籴于晋。又明年，晋饥，秦伯饩之粟。盖天行远不过千里，故告饥于邻封，即粟行五百里之意也。夫西北之所以沃饶者，以沟洫之制未坏也。水之流盛于东南，而其源皆在西北。用其流者，利害常兼。用其源者，有利而无害。其或有害，则不善用之之过也。"又云："行之久而西北之粟米日增，即东南之岁漕可渐减矣。国家漕运，岁费强镪四百余万，仅得米四百余万石，比民间中岁之直已过之，而民之加折增耗不与焉。况乎河漕大臣，下至闸务诸冗职经费以及每岁治河所需桩木、麻、柳、薪刍等费，尤不可胜计者哉。又况东南粳稻之田，所资以灌溉，率江湖河淮下流之水。一旦奔腾冲激，时有漂土没稼之患，未可

下至閭務諸冗職經費以及每歲治河所需椿木麻柳

薪芻等費尤不可勝計者哉又況東南秔稻之田所資

以灌溉率江湖河淮下流之水一旦奔騰沖激時有漂

土沒稼之患未可常恃以實西北豈若治其上流開溝

洫以行水築隄岸以障水為梯田以受水濬陂池以瀦

水桔槔以導其出入堨壩以時其啟閉有全利而無小

害也哉是則燕豫秦晉齊魯皆可通行不必慮集之京

東瀕海也不必脫脫之河開保定密雲順義也將見所

在皆腴壤東南漕粟可盡改為折色民無免糧之費不

錫賦而筋力已舒國家歲省四百餘萬之金不煩輸將
而天庚常滿亦何憚而久不爲也或曰漢孝武設搜粟
都尉明帝置宜禾都尉三國時有典農中郎將是宜以
武職領之如近日衛所屯營守備卽可矣余曰不然訓
農非親民之官不可用也三代時鄕大夫遂大夫皆文
臣也彼知有功得遷必自愛而勤于其職吾見古孝弟
力田之科且由是可復而國家亦豈有名器濫用之失
哉

常恃以实西北。岂若治其上流，开沟洫以行水，筑堤岸以障水，为梯田以受水，浚陂池以潴水，桔槔以导其出入，归坝以时其启闭，有全利而无小害也哉？是则燕、豫、秦、晋、齐、鲁，皆可通行。不必虞集之京东濒海也，不必脱脱之河间、保定、密云、顺义也。将见所在皆腴壤，东南漕粟，可尽改为折色，民无兑粮之费，不蠲赋而筋力以舒；国家岁省四百余万之金，不烦输将，而天庾常满，亦何惮而久不为也。"许承宣所提"西北"不独指京畿东滨海之地，河间、保定、密云、顺义等京畿地区，而更指燕、豫、秦、晋、齐、鲁，他在《西北水利议》中所指出的在西北各省垦田、治河的综合治理措施，得到朝廷的认可。雍正三年（1725）朝廷命怡亲王胤祥总理京畿水利营田，朱轼辅之。他作《西北水利议》，虽然对推动"西北"垦殖有积极作用，但缺乏实际操作的指导，有纸上谈兵的味道。王毓瑚先生曾评价："许承宣作《西北水利议》时还说'古井田之制，夫间有遂，十夫有沟，百夫有洫，千夫有浍，万夫有川。川者，水之汇也，万夫之所恃赖也。旱则川之水可由浍以入洫，由洫以入于沟，由沟以入于遂，而不病燥；溢则遂之水可达于浍，浍之水可达于川，而田不病湿。'看他的话说得是多么畅快，就像沟洫里的潺潺流水一样。这也难怪，他们一向就是这样背诵，这样想像的，而再也不肯去印证一下实际。尤其是他们奉儒家的典籍为圣经教条，不敢有丝毫怀疑。"《西北水利议》虽有纸上谈兵之嫌，但仍有启迪作用。

现存主要版本

1.清康熙三十九年（1700）刻《昭代丛书》本
半叶九行，行二十字，小字双行同，白口，四周单边。

2.清道光十一年（1831）六安晁氏木活字印《学海类编》本
半叶九行，行二十一字，白口，左右双边，单鱼尾。

3.清道光十三年（1833）吴江沈氏世楷堂刻《昭代丛书》本
半叶九行，行二十字，小字双行同，白口，四周单边，单鱼尾。

4.民国九年（1920）上海商务印书馆影印清道光十一年（1831）六安晁氏木活字印《学海类编》本

5.民国二十四年至二十六年（1935—1937）上海商务印书馆铅印《丛书集成初编》本

李好文与《长安志图》

李好文，字惟中，号河滨渔者，大名东明（今山东东明）人。元至治元年（1321）进士及第，授为大名路溶州判官。后入朝为翰林国史院编修官，国子监助教。泰定四年（1327），被任为太常博士，后迁国子监博士。父母去世，解职归家。守丧完毕之后，又被启用为国子监丞，拜监察御史。之后又受命主持河南和浙东两道廉访司之事。至正九年（1349），李好文出朝任参知湖广行省政事，改任湖北道廉访使，不久，又召任为太常礼仪院使。元顺帝时开设端本堂，命李好文以翰林学士的身份参与教育皇太子之事。李好文编写《端本堂经训要义》等书以进，深得太子嘉纳，后被拜为光禄大夫，河南行省平章政事，仍以翰林学士承旨一品的俸禄以终其身。著作有《太常集礼》、《大宝录》、《大宝龟鉴》、《端本堂经训要义》、《长安志图》等。

《长安志图》分为上中下三卷。上卷原有14幅图，分别是《汉三辅图》、《奉元州县图》、《太华图》、《汉故长安城图》、《唐宫城坊市总图》、《唐禁苑图》、《唐大明宫图》、《唐宫城图》、《唐皇城图》、《唐京城坊市图》、《唐城市制度图》、《奉元城图》、《城南名胜古迹图》、《唐骊山宫图》（经训堂刊本目录与正文中的图名文字上稍有出入）。今存11幅，其中《唐宫城坊市总图》、《唐皇城图》、《唐京城坊市图》三幅已佚，所存11幅中，只有《汉故长安城图》和《唐城市制度图》有图说，其余各图均无图说，而《唐骊山宫图》则分为上中下三幅。中卷有4幅图，分别是《咸阳古迹图》、《唐昭陵图》（分上下两幅）、《唐建陵图》、《唐乾陵图》。昭、建、乾三陵分别是唐太宗、肃宗、高宗之陵，其中昭陵图和建陵图，李好文依据的是北宋绍圣元年（1094）游师雄的《唐昭陵石刻图》，将之一分为三，分别制成《唐昭陵图上》、《唐昭陵图下》和《唐肃宗建陵图》。配合各陵之图，李好文作有《唐陵图说》，简要介绍了唐诸陵概况、各陵的位置等。另外中卷还附有图志杂说18篇，分别是"龙首山"、"北斗城"、"赋语"、"小儿原"、"邺名"、"汉瓦"、"古瓦"、"樊川"、"杜陵"、"前

代陵冢"、"华州乱石"、"火余碑"、"试官石"、"关中碑刻"、"图制"、"水磨
赋"、"补遗"、"秦瓦",内容涉及地名沿革、文人诗赋、趣闻轶事、建筑材料、
前代陵墓、自然灾害、古代碑刻、旧有图制等。下卷有《泾渠总图》和《富平
县境石川溉田图》两幅图,并有泾渠图说、渠堰因革、洪堰制度、用水则例、
设立屯田、建言利病和总论等内容,是李好文任职西台时刻泾水为图,集古今
渠堰兴坏废置始末,与其法禁条例、田赋名数、民庶利病,合为一书而成,是
研究元代陕西行省农田水利建设的宝贵资料。

　　《长安志图》是李好文所编绘的元代西安地区十分重要的方志,黄虞稷
《千顷堂书目》曾将书名误作《长安图记》。《元史》所录李好文的著作中,遗
漏了《长安志图》。《长安志图》有较高的学术价值,主要体现在志中保留了不
少十分珍贵的原始资料,如关于宋代丰利渠,《宋史》中无"丰利渠"的专门
记载,相关记载中涉及丰利渠的开凿情况也非常简略,宋代其他史料中关于丰

利渠的记载也寥寥无几，但保存在《长安志图》中的北宋资政殿学士侯蒙所撰写的开凿石渠（即宋代丰利渠）引泾灌溉情况的石碑，则详细记载了宋代丰利渠的开凿情况。《长安志图》所录侯蒙的碑文，不但记载了丰利渠开凿的背景、前后经过，而且还详细记载了所开丰利渠的大小、开渠支出的劳工、渠成后的灌溉面积、开渠费用的支出等。

此外，《长安志图》所载关于元代泾渠水利建设的资料更为丰富，如卷下详细记载了元代陕西屯田总管府的官员设置、所属屯所、所立屯数、参与屯田的户数、屯垦的土地面积、农具及收获粮食数量情况，所记陕西屯田总管府下辖终南、渭南、泾阳、栎阳、平凉五所司属，共立屯数48处，并于每所之后录有具体屯名；所记泾渠各处用来均水的斗门共有135个，并一一注明各斗的具体名称；《用水则例》实为元代泾渠渠系用水管理的具体规章制度，在我国古代水利建设史上占有比较重要的地位，对研究元代乃至中国古代水利管理制度均有学术意义；《建言利病》部分则收录了宋秉亮和云阳人杨景道向朝廷所上建言，保留了时人关于泾渠水利建设的不同观点和解决泾渠水利建设过程中出现的种种弊端的办法。

现存主要版本

1.清乾隆间《四库全书》写本
2.清乾隆四十九年（1784）镇洋毕氏刻《经训堂丛书》本
半叶十一行，行二十二字，小字双行同，黑口，四周单边，双鱼尾。
3.清光绪十三年（1887）上海大同书局影印《经训堂丛书》本
半叶十一行，行二十二字，小字双行同，黑口，四周单边，双鱼尾。

附　录

历代水利著作目录

一　　画

《1947年三峡工程初步规划》　美国内务部垦务局编　中国水利水电出版社本

二　　画

《二十四年江河修防纪要》　全国经济委员会编　民国二十五年（1936）全国经济委员会印本

《二十四年伏汛海河放淤工程计划说明》　华北水利委员会编　民国二十四年（1935）华北水利委员会印本

《二华开河浚渠图说》二卷　〔清〕汪廷栋等撰　光绪二十三年（1897）石印本

《二渠九河图考》一卷图一卷　〔清〕孙冯翼撰　《问经堂丛书》本

《九十九淀考》一卷　〔清〕沈联芳撰　钞本　《续修四库全书》本

《九江记》〔魏〕何晏撰　《四库全书》本

《九江彭蠡辨》〔宋〕朱熹撰　《晦安集》本

《九江辨》一种　〔清〕庄有可撰　《续修四库全书》本

《九江儒林乡志·建置略闸务》二十一卷　〔清〕朱次琦等修，冯栻宗总纂　光绪九年（1883）刻本

《九河指地》三卷　〔清〕徐寿基撰　钞本

《九河故道考》一卷　〔清〕张亨嘉撰　光绪八年（1882）东河节署刻本

《九河臆说》〔清〕王实坚撰　国家图书馆藏本

《九鲤湖志》十八卷首一卷　〔明〕康当世撰　万历三十六年（1608）刻本　缩微复制本

《九鲤湖志》〔明〕方应侁、柯宪世编　传钞本

《九鲤湖志》　徐鲤九辑　民国三十一年（1942）金石山房铅印本

《七厅河图指掌》　一卷　〔清〕赵广墣绘　光绪刻本

《入海水道计划》　导淮委员会编　民国二十二年（1933）导淮委员会印本

三　画

《三十六浦利害》〔元〕赵肃之撰　清《吴都文粹》本

《三十年来中国之水利事业》　佚名编　民国三十年（1941）华北水利委员会印本

《三元沟始末》二卷《新港开塞编》一卷　《闽会水利故》一卷　《福州浚湖事略》一卷　〔清〕郭柏苍撰　同治十一年（1872）刻本

《三台可亭堰灌溉工程计划书》　四川省水利局辑　民国三十二年（1943）晒印本

《三台县郑泽堰建修经过》　刘伯宪撰　民国二十八年（1939）三台郑泽堰水利工程协会铅印本

《三江九江辩》〔清〕黎庶昌撰　《拙尊园丛稿》本

《三江水利纪略》四卷　〔清〕苏尔德、庄有恭、李永书等纂　乾隆二十九年（1764）刻本　钞本

《三江水利论》〔明〕金藻撰　《天下郡国利病书》本

《三江考》一卷　〔清〕毛奇龄撰　《檀几丛书》本

《三江志略》〔清〕陈宗洛撰　钞本

《三江图叙说》〔明〕归有光撰　《震川先生集》本

《三江闸务全书》（一名《塘闸务全书》）二卷续刻四卷　〔清〕程鸣九撰　康熙四十一年（1702）刻本　咸丰九年（1859）刻本

《三江彭蠡东陵考》一种　〔清〕邹汉勋撰　《续修四库全书》本

《三江辩惑论》〔清〕程瑶田撰　《程瑶田全集》本

《三吴水考》十六卷　〔明〕张内蕴、周大韶撰　万历刻本　钞本

《三吴水利考》十卷　〔明〕王叔杲撰　《王叔杲集》本

《三吴水利录》四卷　《续录》一卷　〔明〕归有光撰《附录》〔明〕归子宁撰　旧钞本　《涉闻梓旧》本　《借月山房汇钞》本　刻本　海昌蒋氏刻本　民国《丛书集成初编》本

《三吴水利便览》八卷　〔明〕童时明撰　万历四十一年（1613）淳安县府刻

《三吴水利图考》四卷　《苏松常镇水利图》一卷　〔明〕吕光洵撰　嘉靖四十年（1561）刻本

《三吴水利论》一卷 〔清〕伍馀福撰 《金声玉振集》本 《借月山房汇钞》本 民国《丛书集成初编》本 泽古斋重钞本

《三吴水利条议》一卷 〔清〕钱中谐撰 《救荒》一卷〔清〕钱泳辑 《昭代丛书》本 道光三年（1823）刻本 道光二十四年（1844）世楷堂刻本

《三河纪要》〔清〕曹于道撰 钞本

《三泉志》一卷 〔明〕胡松等撰 明刻本

《三省黄河图说》四卷 〔清〕易顺鼎等撰 光绪十六年（1890）石印本

《三峡通志》五卷 〔明〕吴守忠、卢国祯撰 万历十九年（1591）刻本 中国书店影印本

《三湖水利本末》二卷 〔元〕陈恬等撰〔清〕朱鼎祚续编 光绪三年（1877）木活字本

《三湖塘工合刻》〔清〕连蕃辑 光绪九年至十四年（1883—1888）连氏枕湖楼刻本（子目：《上虞县五乡水利本末》二卷 《上虞塘工纪略》二卷续一卷三续一卷首一卷 《连氏义田纪略》三卷首一卷）

《工作分级考核实施细则》 陕西省水利局编 民国三十一年（1942）印本

《工科题本—水利工程》〔清〕佚名编 中国第一历史档案馆藏本

《工部则例》〔清〕工部撰 朱丝栏钞本

《下河水利说》〔清〕包世臣撰 道光二十四年（1844）刻本

《下河水利集说》不分卷 〔清〕刘台斗撰 钞本

《下河水利新编》三卷 〔清〕孙应科撰 道光三十年（1850）刻本 《续修四库全书》 本

《下河辑要备考》不分卷 〔明〕朱楹撰 红格钞本 《中国水利志丛刊》本 《续修四库全书》本

《下属县试行水车檄》〔清〕乔光烈撰 道光二十八年（1848）刻本 同治四年（1865）重刻本 同治八年（1869）湖北崇文书局刻本

《下游黄河堤埝险工埽坝图说》〔清〕佚名绘 光绪彩绘本

《大名县水道考》〔清〕崔述撰，胡适辑佚 民国印本

《大禹》 祝实明著 民国三十五年（1946）晨钟书局铅印本

《大学士云岩阿公平金川后治河豫省事毕趋赴》〔清〕赵翼撰 《瓯北全集七种》本

《大泽口成案》不分卷 胡子明辑 民国铅印本

《大脉渠图说》〔清〕陈坤撰 光绪十四年（1888）刻本

《大清渠录》二卷　〔清〕王全臣撰　康熙五十一年（1712）刻本

《大嵩水利案撰记》一卷　江臣纯节录　钞本

《万金渠考略》　安阳三万金渠水利分会编　民国十八年（1929）石印本

《万城堤防辑要》　徐国彬撰　民国五年（1916）印本

《万城堤防辑要》　徐国彬撰　民国五年（1916）印本

《马当水道整理计划》　扬子江水利委员会编　民国二十六年（1937）复印本　《续修四库全书》本

《马棚湾漫工始末》一卷　〔清〕范玉琨撰　《小灵兰馆家乘》本

《卫根治运计划报告书》　天津督办运河工程局制　民国二十年（1931）复制本

《上山东省公署履勘黄河三游工程情形暨整顿办法》　劳之常撰　民国六年（1917）印本

《上车湾裁湾取直工程计划书》　扬子江水利委员会辑　民国二十六年（1937）复写本

《上吕相公书》〔宋〕范仲淹撰　《范文正公集》本

《上陈大中丞论黄河运米赈灾书》〔清〕乔光烈撰　《最乐堂文集》本

《上河督请复淮水故道书》〔清〕裴荫森撰　《暝庵杂识》本

《上海吕侯疏河碑记》〔明〕陈继儒撰　《陈眉公全集》本

《上海华洋义振会导淮意见书》　上海华洋义振会辑　民国十一年（1922）石印本

《上海绅士公叶附浚浦局暂行章程驳议》　佚名辑　民国铅印本

《上海浦东塘工善后局案附建筑置器册报册》〔清〕佚名编　宣统二年（1910）铅印本

《上海浦东塘工善后局民国五年、十一年至十四年收支计算书》　上海浦东塘工善后局辑　民国五年至十四年（1916—1925）铅印本

《上海浦东塘工善后局呈省咨部核准规定东西沟港口宽度案》　上海浦东塘工善后局编　民国九年（1920）印本

《上海浦东塘工善后局规划沿浦公渡码道案》　上海浦东塘工善后局辑　民国八年（1919）铅印本

《上海浦东塘工善后局第六届收支报告》　上海浦东塘工善后局辑　民国二年（1913）铅印本

《上游北岸金堤濮范寿阳一带形势图说》〔清〕佚名绘　光绪彩绘本

《上游金堤临黄民埝河形图说》　佚名绘　民国绘本

《上游南北两岸文武衔名抢险图说》〔清〕佚名绘　光绪彩绘本

《上游黄河堤堰形势图说》 山东上游河务分局工程股绘 民国八年（1919）绘本

《上游南岸下段大堤河势情形极次险工图说》〔清〕佚名绘 光绪彩绘本

《上游南岸寿张县高家大庙堤工图说》〔清〕佚名绘 光绪十五年（1889）彩
绘本

《上虞县五乡水利本末》一卷 〔元〕陈恬纂 至正二十二年（1362）陈氏刻
本 清光绪九年（1883）枕湖楼连氏刻明张光祖重校清朱鼎祚续集本 钞
本 民国精钞本

《上虞县五乡水利纪实》一卷 〔清〕金鼎撰 光绪三十四年（1908）柯庄谦守
斋刻本

《上虞塘工纪略》二卷续一卷三续一卷 〔清〕连蘅撰 光绪四年（1878）敬睦
堂刻本 光绪十三年（1887）枕湖楼刻本 光绪三十年（1904）刻本

《山川水利古迹杂地志第二馆十五年登记簿摘录》 国立北京大学图书馆编 民
国十五年（1926）朱丝栏钞本

《山丹、敦煌、武威三县修建蓄水池以资灌溉案》 陈世光等撰 民国三十五年
（1946年）印本

《山东小清河工程施工报告》 山东省建设厅小清河工程局编 民国二十一年
（1932）山东省建设厅小清河工程局印本

《山东小清河五柳闸、边庄闸工程纪要》 小清河临时工程委员会编 民国
二十二年（1933）小清河临时工程委员会印本

《山东水利管窥略》四卷 〔清〕李方膺撰 钞本

《山东中游河工详细图说》 袁裕如绘 民国元年（1912）彩绘本

《山东运河成案》〔清〕曾藩编 朱丝栏钞本

《山东全河备考》四卷 〔清〕叶方恒撰 康熙十九年（1680）刻本

《山东运河兵备道档》〔清〕佚名辑 写本

《山东运河图说》〔清〕黄春圃辑 钞本

《山东运河备览》十二卷图说一卷 〔清〕陆耀撰 乾隆四十一年（1776）切问
斋刻本 同治十年（1871）重刻本 《中国水利要籍丛编》本

《山东河工保案》 山东河防总局编 稿本

《山东河务局特刊》 山东河务局编 民国二十五年（1936）印本

《山东沿海渔航调查录》 佚名辑 民国十六年（1927）铅印本

《山东南运湖河水利报告录要》 潘复编 民国五年（1916）南运湖河水利筹办
处印本

《山东南运湖河疏浚事宜筹办处第一届报告》 山东南运湖河疏浚事宜筹办处
　　撰　民国四年（1915）印本

《山东省建设厅浚治洙水万福两河及湖埝工程报告》 张鸿烈撰　民国二十一年
　　（1932）山东省建设厅印本

《山东省河务行政沿习利弊报告书》〔清〕山东调查局撰　宣统二年（1910）
　　石印本

《山东省政府建设厅水利专刊》 山东省政府建设厅编　民国二十五年（1936）
　　山东省政府建设厅印本

《山东通志·运河考》〔清〕杨士骧等修，孙葆田等纂　民国四年至七年
　　（1915—1918）刻本

《山东黄河上游堵口工程处记录》 山东黄河上游堵口工程处辑　民国十六年
　　（1927）印本

《山东黄河水灾救济报告书》 山东黄河水灾救济委员会撰　民国二十四年
　　（1935）山东黄河水灾救济委员会印本

《山东黄河沿岸虹吸淤田工程计划》 山东省政府建设厅编　民国二十三年
　　（1934）山东省政府建设厅印本

《山东黄河南岸十三州县迁民图说》〔清〕黄玑撰　光绪二十二年（1896）点
　　石斋石印本

《山东黄河南岸自东平州起至利津海口止十三州县滨河村庄新旧迁民总图
　　说》〔清〕黄玑绘　光绪二十年（1894）彩绘本

《山西水利与对策》附《山西省水系要图》不分卷　山西省政府水利局编　民
　　国二十四年（1935）铅印本

《山西水利杂抄》 佚名撰　水科院藏钞本

《山西河川水利发展计划书》不分卷　鲍璞撰　民国二十三（1934）石印本

《山西省各县渠道表》 六政考核处编　民国八年（1919）石印本

《山阴中天乐乡沈冤纪略》 汤寿潜撰　清宣统三年（1911）铅印本　国家图书
　　馆藏民国印本

《山阴县朱储石斗门记》〔宋〕沈绅撰　当代《会稽掇英总集》本

《山河舆地考》十九卷〔明〕程禹谟撰　蓝格旧钞本

《山萧两邑沿海筑堤工赈征信录》〔清〕佚名撰　光绪本

《小溪志》八卷〔清〕柴望撰　钞本

《小西湖志略》一卷〔清〕潘口辑　道光活字本

《与吴南屏舍人论罗水出巴陵》〔清〕郭嵩焘撰 《续修四库全书》本

《与瑚中丞言粤东沙坦屯利弊书》〔清〕龙廷槐撰 《敬学轩文集》本

《川主五神合传》〔清〕向时鸣撰 稿本 《灌江四种》本

《川江水道与航行》 盛先良编著 民国二十六年（1937）自印本

《川江图说集成》二卷 杨宝珊辑 民国十二年（1923）中西书局石印本

《川江航运一览表》 邓少琴辑 民国二十七年（1938）油印本

《川康农田水利查勘报告附图》 佚名撰 民国二十七年（1938）蓝晒印本

《川渎异同》六卷 〔清〕顾祖禹撰 钞本

《川滇水道初步计划》 佚名撰，吴南凯绘 民国朱丝栏钞本

《川藏哲印水陆记异》 吴崇光撰 油印本

《勺湖志》十六卷附一卷 毛乃庸编 民国钞本

《广东水利》 中国水利工程师学会广东分会编 民国十九年至二十二年
　（1930—1933）中国水利工程师学会广东分会印本

《广东水利年刊》 中国水利工程师学会广东分会编 民国三十六年（1947）中
　国水利工程师学会广东分会印本

《广东水患问题》（瑞典）柯维廉等著 民国十三年（1924）督办广东治河事
　宜处印本

《广东全省水灾紧急救济委员会会刊》 广东全省水灾紧急救济委员会编 广东
　全省水灾紧急救济委员会印本

《广东省农田水利事业辅导规程》 佚名编 《顺德县民国时期农田水利档案材
　料选编》本

《广东省农田水利事业管理养护及管理费规则》 佚名编 《顺德县民国时期农
　田水利档案材料选编》本

《广东省各江报汛抢险办法》 佚名编 《顺德县民国时期农田水利档案材料选
　编》本

《广东省堤围修防办法》 佚名编 《顺德县民国时期农田水利档案材料选
　编》本

《广利渠水利镜》一卷 〔清〕戴宝蓉撰 嘉庆刻本 道光二十二年（1842）
　刻本

《广积官堰书》〔清〕刘则诚编 光绪二十六年（1900）刻本

《广武黄河抢险记》 长怡撰 油印本

《广经室文抄》四卷 〔清〕陈沣撰 光绪十五年（1889）广雅书局刻本

《广德湖记》〔宋〕曾巩撰　清《曾巩集》本

四　画

《王介庵奏稿》六卷　〔明〕王恕撰　弘治五年（1492）刻本　正德十六年
　　（1521）刻本

《王家营堤工随笔》　李开先撰　民国十三年（1924）本

《王端毅公奏议》十五卷　〔明〕王恕撰　正德刻本　上海书店影印本

《天一遗书》不分卷　〔清〕陈潢撰　《续修四库全书》本

《天下水利配置五年筹划大纲》　经济委员会制定　民国三十五年（1946）年
　　印本

《天下水陆路程》（一名《水陆路程便览》）〔明〕黄汴撰　隆庆四年（1570）
　　刻本

《天下郡国利病书》一百二十卷　〔清〕顾炎武撰　敷文阁刻本

《天乐水利图议》〔明〕刘宗周撰　《刘子全书》本

《天津堤头减水大石坝暨各引河图说》〔清〕佚名绘　光绪彩绘本

《开井》〔清〕黄可润撰　徐栋辑　道光二十八年（1848）刻本　同治四年
　　（1865）重刻本

《开平湖横桥堰后记》〔清〕王纯撰　嘉庆二十五年（1820）刻本

《开发黄河瀑布及晋南晋中各处水力用以灌田及发展工业之初步计划》　太原山
　　西省水利工程委员会编　民国二十三年（1934）太原山西省水利工程委员
　　会铅印本

《开河记》一卷　〔明〕陈大器撰　刻本

《开河修塘》〔明〕陈仁锡撰　《无梦园初集》本

《开垦水田图说》一卷附《开河挖沟图说》、《营田四局摘要》〔清〕施彦士、
　　倪承弼撰　旧钞本　道光十八年（1838）刻本　石印本

《开浚上南川都台浦河工案牍》〔清〕上海浦东塘工善后局编　宣统元年
　　（1909）时中书局铅印本

《开浚田亩水利图说》〔清〕佚名撰　清钞本

《开浚练湖意见书》　朱渊撰　民国铅印本

《开浚摇船湾取直河道案·开浚钱家湾取直河道案·开浚缪家湾取直河道·开
　　挖东沟口于浅重建轮埠修筑驳岸案·建造新陆第一第二桥工程案·开筑秋
　　骊永兴赖发洛文道路并浚张家浜工程案》　上海浦东塘工善后局辑　民国

十五年（1926）铅印本

《开浚镇洋干支各河图说》一卷附《纪事诗》一卷 〔清〕吴镜沅撰 光绪
二十六年（1900）刻本 石印本

《开横桥堰水利记事叙》〔清〕王纯撰 嘉庆二十五年（1820）刻本

《井利说》〔清〕王心敬撰 道光二十八年（1848）刻本 同治四年（1865）
重刻本 民国《关中丛书》本

《井利图说》〔清〕刘青藜撰 扬州大学图书馆藏本 钞本

《云南温泉志补》四卷 董振藻撰 民国八年（1919）云南学会铅印本

《云南水利问题》 丘勤宝撰 民国三十六年（1947）新云南丛书社印本

《云南水道考》五卷附《滇南山川辨误》一卷 〔清〕李诚撰 《嘉业堂丛
书》本

《云南水道记略》〔清〕师范撰 云南大学历史系民族历史研究室油印本

《云南省城六河图说》一卷 〔清〕黄世杰撰 道光十五年（1835）刻本 光绪
六年（1880）云南粮储水利道崔奠彝重刻本

《无为州江坝记》三卷 〔清〕刘煜撰 道光刻本

《无为州志·无为内河外江图说》〔清〕顾浩、宁贵承修，吴元庆纂 刻本

《韦漪园水利丛钞》 汪胡桢撰 钞本

《长江》 潘星南编 民国三十一年（1942）民众书店铅印本 民国三十二年
（1943）世界书局印本

《长江三峡水利工程计划》 行政院新闻局编 民国三十六年（1947）行政院新
闻局印本

《长江上游宜渝段航行指南》 顾久宽编 民国三十四年（1945）刻本 《中国
水利要籍丛编》本

《长江与太湖间水利之研究》 华毓鹏等撰 民国铅印本

《长江水程详记》 成都图书局编 清光绪三十年（1904）刻本

《长安图志·经渠图说》〔元〕李好文撰 清乾隆五十二年（1787）刻经训堂
丛书本

《长江图说》十二卷 〔清〕马征麟撰 同治九年（1870）金陵提署刻本 同治
十年（1871）湖北崇文书局刻本 刻本 《续修四库全书》本

《长江图说》一卷 （英）金约翰、（英）傅兰雅辑，（美）金楷理口译，〔清〕
王德均笔述 光绪二十二年（1896）上海书局石印本

《长江通考》 宋希尚撰 民国教育部中华丛书会印本

《长江流域》桂芬编著　民国二十四年（1935）正中书局铅印本

《长江流域游记》佚名撰　民国三十六年（1947）大东书局铅印本

《长河志籍考》十卷〔清〕田雯撰　康熙三十七年（1698）古欢堂刻本

《木龙书》一卷〔清〕李昞撰　乾隆刻本

《木兰陂集》十三卷〔明〕李熊撰　清乾隆刻本

《木兰陂集节要·重修木兰陂集》〔明〕郑岳编，〔清〕李嗣岱编　乾隆十九年
　　（1754）刻本

《太仓洲新刘河志正集》一卷附集《治水要法》一卷《娄江志》二卷〔清〕顾
　　士琏撰　顺治十二年（1655）刻本　《吴中开江书》本

《太仓州新刘河志·治水要法》〔清〕顾士琏等辑　民国二十九年（1940）晒
　　印本

《太湖》〔宋〕沈括撰　《梦溪笔谈》本

《太湖志略》〔清〕程思乐撰　嘉庆四年（1799）对山堂刻本

《太湖备考》十六卷首一卷附《湖程纪略》一卷〔清〕金友理纂，吴曾订
　　正　乾隆十五年（1750）艺兰圃刻本

《太湖备考续编》四卷〔清〕郑言绍辑　光绪二十九年（1903）刻本

《太湖水利手稿》胡雨人撰　稿本

《太湖流域之雨量及蒸发量》苏州太湖流域水利委员会编　民国二十三年
　　（1934）苏州文新印书馆铅印本

《太镇海塘纪略》四卷〔清〕宋楚望撰　乾隆十九年（1754）宋氏刻本

《五江五溪考》〔清〕刘豹撰　《黔轺纪行集》本

《五河源流沿革删稿》内务部撰　民国朱丝栏稿本

《五省沟洫图说》一卷《补录》一卷〔清〕沈梦兰撰　道光二十八年（1848）
　　刻本　同治四年（1865）重刻本　同治八年（1869）湖北崇文书局刻
　　本　光绪五年（1879）太原刻本　《所愿学斋书》本　光绪六年（1880）
　　刻本　光绪江苏书局丛书刻本　《中国水利志丛刊》本

《五溪记》一卷〔清〕陈运溶辑　《麓山精舍丛书》本

《五溪考》一卷〔清〕谢钟英撰　《南菁书院丛书》本

《车逻十字河说》殷自芳撰　稿本

《历山湖埂册》〔清〕佚名撰　光绪木活字本

《历代导渭之实迹》吕益斋编　民国二十二年（1933）陕西弥灾水利促进会铅
　　印本

《历代治河方略述要》 张含英撰　民国三十四年（1945）商务印书馆铅印本

《历代治河考》〔清〕朱鋐撰　钞本　国家图书馆藏本

《历代治黄河史》六卷首一卷　林修竹纂，徐振声纂，潘镒芬绘　民国十五年
　　（1926）山东河务局铅印本

《历代河决考》〔清〕佚名辑　钞本

《历代河患表说》 许世英辑　民国二十五年（1936）香港铅印本

《历代都江堰功小传》 二卷 〔清〕钱茂纂　钞本　清宣统三年（1911）成
　　都刻本

《历代黄河指掌图说》〔清〕朱鋐撰　《续修四库全书》本　钞本

《历代黄河变迁图考》四卷 〔清〕刘鹗撰　光绪十九年（1893）袖海山房石
　　印本

《书补救山东黄河事》 周馥撰　民国《玉山文集》本

《书补救北运河水患事》 周馥撰　民国《玉山文集》本

《为修筑胶莱河等情禀》〔清〕王俊生、张弼等撰　钞本

《办理海塘册档》〔清〕严烺撰　道光刻本

《子牙河宣泄图说》〔清〕佚名绘　光宣间彩绘本

《日本统治下的台湾水利》 中央设计局台湾调查委员会编　民国三十四年
　　（1945）重庆中央训练团印本

《日知录·水利》〔清〕顾炎武撰　康熙三十四年（1695）福建建阳本　道光
　　十四年（1834）集释本

《内乡治河改地》 河南宛西乡村师范学校编　民国二十四年（1935）河南宛西
　　乡村师范学校印本

《内务部全国河务会议议案汇编》 内务部编　民国油印本

《内务部第二次河务会议汇编》 内务部编　民国七年（1918）内务部印本

《内务部陈报派员考察河塘大概情形并筹拟治本治标救济办法文》 田文烈
　　纂　民国九年（1920）朱丝栏钞本

《甘肃开发河西水利十年实施计划概要》 甘肃省政府编　民国三十一年
　　（1942）印本

《甘肃河西农田水利计划纲要》 水利林牧公司编　民国三十一年（1942）印本

《甘肃开发河西农田水利第一期实施计划》 张掖工作总站编　民国三十一年
　　（1942）印本

《甘肃河西水利十二年计划》 国民党中央行政院水利委员会编　民国三十三年

（1944）印本

《甘肃省黄河沿岸改良水车示范工程计划》　佚名编　民国三十六年（1947）甘
　　肃省档案馆藏本

《甘肃新固渠水利纪实》　薛位撰　清光绪三十四年（1908）本

《中央水利实验处概况》　中央水利实验处编　长江委档案室藏民国三十七
　　（1948）铅印本

《中华水利书目》　胡希定编　民国油印本

《中牟大工奏稿》〔清〕廖鸿荃撰　道光二十三年（1843）刻本

《中兴大工疏》　一卷〔明〕工部撰　《玄览堂丛书》本

《中国之水利》　郑肇经撰　民国二十八年（1939）商务印书馆铅印本

《中国历代水利述要》　张念祖辑　民国二十一年（1932）华北水利委员会图书
　　室印本

《中国水利工程学章程》　中国水利工程学会撰　民国三十四年（1945）油印本

《中国水利史》　郑肇经撰　民国二十八年（1939）商务印书馆铅印本

《中国水利问题》　李书田撰　民国二十六年（1937）商务印书馆铅印本

《中国水利问题与二十四年之水利建设》　中央统计处编　民国二十五年
　　（1936）中央统计处铅印本

《中国水利图书提要》　中央水利实验处编　民国三十三年（1944）油印本

《中国水利珍本丛书》　汪胡桢主编　民国二十五年（1936）中国水利工程学会
　　印本

《中国水道地形图索引》　郑肇经编　民国二十五年（1936）铅印本

《中国防洪治河法汇编》　杨文鼎编　民国二十五年（1936）建国印刷所铅印本

《中国河工辞源》　郑肇经编　民国二十五年（1936）铅印本

《中国河渠水利工程书目》　茅乃文编　民国二十四年（1935）铅印本

《中国治水刍议》（瑞士）基雅慕著　民国七年（1918）印本

《中国洪水问题》（美）费礼门撰　民国十一年（1922）印本

《中国第一水工试验所》　李赋都著　民国二十四年（1935）中国第一水工试验
　　所印本

《中国第一水工试验所一年来之工作实施与最近将来之工作计划》　李赋都
　　编　民国二十五年（1936）中国第一水工试验所油印本

《中国第一水工试验所二十五年度工作计划书》　佚名编　民国中国第一水工试
　　验所油印本

《中国第一水工试验所二十五年度已往各月份及现在进行之各项试验工作报
　　告》 佚名编　民国二十六年（1937）中国第一水工试验所油印本

《中国第一水工试验所二十六年度工作计划书》 佚名编　民国中国第一水工试
　　验所油印本

《中国第一水工试验所设计大纲》 李赋都编　民国二十三年（1934）中国第一
　　水工试验所董事会印本

《中国第一水工试验所进行实况》 中国第一水工试验所编　民国二十四年
　　（1935）中国第一水工试验所印本

《中国第一水工试验所董事会请款书》 中国第一水工试验所编　民国二十四年
　　（1935）中国第一水工试验所印本

《中国第一水工试验所筹备经过》 华北水利委员会编　民国二十三年（1934）
　　华北水利委员会印本

《中候握河记》〔明〕孙毂辑　民国十一年（1922）上海博古斋铅印本

《中衢一勺》〔清〕包世臣撰　《安吴四种》本　咸丰元年（1851）刻本　同治
　　十一年（1872）刻本　光绪十四年（1888）重校本　刻本

《水工名词》 中国水利工程学会编　民国三十七（1948）中国水利工程学会
　　印本

《水工学》 李仪祉著　民国印本

《水之建设》 武宜停编　民国十七年（1928）文古斋印本

《水车赋》〔宋〕范仲淹撰　《范文正公集》本

《水月令》一卷　〔清〕王士禛撰　《檀几丛书》本　民国《丛书集成初编》本

《水西答问》〔明〕翟台撰　扬州大学图书馆藏本

《水权登记规则》 行政院制订　民国三十二年（1943）印本

《水地记》一卷　〔清〕戴震撰　《昭代丛书》本　《问影楼舆地丛书》本　民国
　　《安徽丛书》本　《丛书集成初编》本

《水地小记》〔清〕程瑶田撰　《通艺录》本

《水机图说》〔清〕陈忠倚撰　《农学丛书》本

《水运学》 佚名撰　民国间国民革命军第二十四军训练处印本

《水路运输业统一会计科目》 国民政府主计处会计局编　民国国民政府主计处
　　会计局印本

《水利》〔清〕王士俊、潘杓灿撰，徐栋辑　道光二十八年（1848）刻本　同
　　治四年（1865）重刻本　同治八年（1869）湖北崇文书局刻本

《水利》一卷　〔清〕尤珍撰　刻本

《水利》　江西省地方政治讲习院编　民国二十九年（1940）江西省地方政治讲
　　习院印本

《水利工作者职业道德信条》　中国水利工程师学会编　民国二十五年（1936）
　　印本

《水利工程》　王寿宝编著　民国二十九年（1940）商务印书馆印本

《水利工程设计》　佚名辑　民国四川省水利局油印本

《水利工程学》（捷）旭克列许著　民国三十七年（1948）水工图书出版社铅
　　印本

《水利工程须知》　哈雄文、孙宗文撰　民国三十三（1944）商务印书馆印本

《水利工程施工章则示范》　佚名撰　民国铅印本

《水利五论》一卷　〔清〕顾士琏撰　《娄东杂著》本　《棣香斋丛书》本

《水利书序》〔明〕归有光撰　《震川先生集》本

《水利公牍》　佚名辑　钞本

《水利刍议》不分卷　〔清〕茅谦撰　民国十一年（1922）印本　国家图书馆
　　藏本

《水利刍言》一卷　〔明〕李卿云撰　正德十六年（1521）刻本　爱日精卢藏
　　钞本

《水利议》〔清〕鲁之裕撰　《式馨堂文集》本

《水利考》〔明〕徐渭撰　《徐渭集》本

《水利杂识》　君墨辑　民国稿本

《水利观摩会》　江苏河海工程测绘养成所编　民国油印本

《水利论》不分卷　〔明〕归有光撰　《续修四库全书》本

《水利论后》〔明〕归有光撰　《归太仆文集》本

《水利纪实》〔清〕金鼎撰　光绪三十一年（1905）刻本

《水利行政》　行政院新闻局编　民国三十六年（1947）行政院新闻局印本

《水利行政报告》　水利部撰　民国三十六年（1947）水利部印本

《水利问题》　薛笃弼述　民国三十一年（1942）中央训练团党政训练班印本

《水利讲义》　燕万畋述　民国二十四年（1935）江西省县政人员训练所印本

《水利初步计划》　邵从燊撰　民国二十五年（1936）鸿记华丰印字馆铅印本

《水利事宜》〔明〕王叔杲撰　《玉介园存稿》本

《水利事业统计辑要》　水利部统计室编　民国三十五年（1946）水利部统计室

印本

《水利事业统计辑要》 水利部统计室编 民国三十七年（1948）水利部统计室
印本

《水利建设报告》 全国经济委员会编 民国二十六年（1937）全国经济委员会
印本

《水利图志黄河篇》一卷 〔清〕佚名撰 民国钞本

《水利图考》〔明〕吕光询撰 天津图书馆藏本

《水利实验谈》 庄崧甫著 民国二十一年（1932）新学会社印本

《水利荒政合刻》〔明〕徐贞明等撰 清刻本

《水利官员考绩条例》 绥远省政府与建设厅编 民国十八年（1929）绥远省政
府与建设厅印本

《水利法规汇编》 行政院水利委员会编 民国三十三年（1944）行政院水利委
员会印本

《水利法规汇编》 水利委员会编 民国三十五（1946）水利委员会印本

《水利法规辑要》 水利部编 民国三十六年（1947）印本

《水利法浅释》 行政院水利委员会编 民国三十二年（1943）行政院水利委员
会印本

《水利法草案初稿》 佚名撰 民国朱丝栏钞本

《水利学术论文选集》 薛履坦著 民国三十六年（1947）水利部印本

《水利委员会三十四年度政绩比较表》 水利委员会辑 民国三十四年
（1945） 油印本

《水利委员会对国民参政会第四届第二次大会张参政员金监水利询问之答
复》 水利委员会编 民国油印本

《水利集》 十卷（一名《水利议答》）〔元〕任仁发撰 明钞本

《水利集要》 佚名撰 稿本

《水利施工法讲义》 佚名辑 民国四川省水利局油印本

《水利复员计划》 佚名辑 民国三十四年（1945）油印本

《水利部中央水利实验处暨附属机关职员录》 中央水利实验处编 民国三十七
年（1948）中央水利实验处印本

《水利部对国民参政会第四届第三次大会各参政员水利询问之答复》 水利部撰
民国三十六年（1947）油印本

《水利营田图说》一卷 〔清〕陈仪撰 吴邦庆补图 道光四年（1824）益津吴

氏刻本

《水利策》〔清〕李商铭撰　稿本

《水利常识》　行政院水利委员会编　民国三十三年（1944）行政院水利委员会
　　印本

《水利富国述要》　吕志谦撰　民国十四年（1925）西安酉山书局铅印本

《水利概论》　西康省地方行政干部训练团编　民国三十年（1941）西康省地方
　　行政干部训练团印本

《水利概要》　王尹曾撰　民国二十四年（1935）正中书局印本

《水利辑说》不分卷　〔清〕王兰荪撰　钞本

《水利摘要补注》一卷　〔清〕罗仲玉撰　道光九年（1829）敬恕堂刊

《水利谭》　郭希仁撰　陕西临潼图书馆藏本

《水利簿》〔清〕佚名撰　嘉庆十五年（1810）钞本

《水利簿》〔清〕佚名撰　道光六年（1826）钞本

《水学图说》二卷　（英）傅兰雅译　清光绪十六年（1890）刻本

《水学赘言》一卷　〔清〕钱泳著　道光四年（1824）刻本

《水法辑要》〔明〕徐光启撰，〔清〕罗仲玉补注，杨钜源校订　道光十三年
　　（1833）杨氏刻本

《水学须知》（英）傅兰雅撰　清《西学格致大全》本

《水险须知》　郑纯一著　民国三十六年（1947）中国文化服务社印本

《水险学原理》　胡继瑗著　民国三十六年（1947）商务印书馆铅印本

《水经》四十卷　〔汉〕桑钦撰，〔北魏〕郦道元注　明正德三卷本　万历十三
　　年（1585）新安吴氏校刊本　嘉靖十三年（1534）黄省曾刊四卷本　《广
　　汉魏丛书》本　清宛委山堂《说郛》本　乾隆十八年（1753）新安黄氏草
　　堂刊注批校本　《增订汉魏丛书》二卷本　民国《五朝小说》本

《水经》三卷　〔明〕杨慎辑　《杨升庵杂著》本

《水经广注》〔北魏〕郦道元撰　稿本

《水经序补逸》一卷　〔清〕卢文弨撰　《群书拾补初编》本　《报经堂丛书》本

《水经图及附录》二卷　〔清〕汪士铎撰　咸丰十一年（1861）刻本

《水经注》四十卷　〔汉〕桑钦撰，〔北魏〕郦道元注　明万历十三年（1585）
　　吴琯校刻本　崇祯二年（1629）余杭严武顺刻　崇祯刻本　清康熙
　　五十三年至五十四（1714—1715）秀水项絪群玉书堂刻本　《四库全书》
　　本　《武英殿聚珍丛书》本　浙江翻刻武英殿本　江西书局本　福建刻

本　广雅书局本　崇文书局本　光绪十八年（1892）思闲讲舍刻本　光绪二十三年（1897）新文化三味书屋重刻本　民国二十四年（1935）商务书馆影印《永乐大典》十五卷本　文学古籍刊行社印本　《四部丛刊》本　《四部备要》本　《续古逸丛书》本　国学整理社印本

《水经注引书考》 马念祖考　民国二十一年（1932）　蟫吟社铅印本

《水经注正误举例》 三卷　〔清〕丁谦撰　民国《求恕斋丛书》本

《水经注写景文钞》 佚名撰　民国十八年（1929）北平朴社印本

《水经注汇校》 四十卷附录二卷　〔清〕杨希闵撰　光绪七年（1881）福州刻本

《水经注西南诸水考》 三卷　〔清〕陈沣撰　民国《求实斋丛书》本　广雅书局印本

《水经注佚文》 一卷　〔清〕王仁俊辑　《经籍佚文》本

《水经注图》 一卷附录一卷　〔清〕汪士铎　咸丰十一年（1861）长沙刻本　咸叠河刻本　同治刻本　刻本　石印本

《水经注图》 四十卷补一卷　〔清〕杨守敬撰　光绪三十一年（1905）砚海室刊朱墨套印本　光绪三十一年（1905）宜都观海堂刻本

《水经注图及附释》 二卷　〔清〕汪士铎撰　刻本

《水经注图说残稿》 四卷　〔清〕董祐诚撰　道光三年（1823）刻本　光绪六年（1880）会稽新氏刻本

《水经注删》 八卷　〔明〕朱之臣辑并评　万历刻本

《水经注卷刊误》 十二卷　〔清〕赵一清撰　光绪六年（1880）会稽章氏刻本

《水经注钞》 六卷　〔明〕钟惺辑　注钞本

《水经注洛泾二水补》 一卷附《五溪考》〔清〕谢钟英撰　《南菁书院丛书》本

《水经注笺》 四十卷　〔汉〕桑钦，〔北魏〕郦道元注，〔明〕朱谋㙔笺　万历二年（1574）刻本　万历四十三年（1615）刻本

《水经注笺跋》 王国维撰　《观堂集林》本

《水经注跋尾》 王国维撰　民国十二年（1923）乌程蒋氏聚珍本

《水经注所载碑目·舆地纪胜所载碑目》 〔明〕杨慎辑　嘉靖十六年（1537）刻本

《水经注提纲》 四十卷　〔清〕陈沣撰　《东塾集》本

《水经注疏要删》 四十卷补遗一卷　〔清〕杨守敬撰　宣统元年（1909）刻本

《水经注疏要删补遗》 〔清〕杨守敬撰　宣统元年（1909）刻本

《水经注释》四十卷刊误十二卷附录一卷　〔清〕赵一清撰　乾隆五十一年
（1786）仁和赵氏小山堂刻本　《四库全书》本　光绪六年（1880）会稽章
氏刻本　光绪六年（1880）蛟川张氏花雨楼刻本

《水经注释地》四十卷附《水道直指》一卷《补遗》一卷　〔清〕张匡学撰　嘉
庆三年（1798）西衡堂刻本

《水经释地》八卷　〔清〕孔继涵撰　光绪六年（1880）会稽辛氏刻本　《微波
榭丛书》本　《积学斋丛书》本

《水经注集释订讹》四十卷　〔清〕沈炳巽撰　《四库全书》本

《水经注碑目》一卷　〔明〕杨慎编　钞本

《水经诗义钞》〔清〕任象益撰　钞本

《水经综要》〔清〕邓成编　钞本

《水府诸神祀典记》周馥撰　民国十一年（1922）石印本

《水荒吟》一卷附《下河水利说》一卷　〔清〕郑銮辑　道光十四年（1834）
刻本

《水部式》〔唐〕佚名撰　罗振玉辑《鸣沙石室佚书》本

《水部》佚名编　明天启至清乾隆甘肃省档案馆藏稿本

《水部备考》〔明〕周梦旸撰　万历十五年（1587）刻本

《水部稿》三卷　〔明〕许应元撰　嘉靖刻本

《水道考》二卷　〔明〕杨慎撰，〔清〕郑宝琛纂辑　光绪八年（1882）刻本

《水道各考》〔清〕章煜堂撰　光绪七年（1881）刻本

《水道运输学》王洗著　民国三十四（1945）商务印书馆铅印本

《水道直指》一卷　〔清〕张匡学撰　嘉庆二年（1797）写刻本

《水道图说》七卷附考正德清胡氏禹贡图一卷　〔清〕陈沣撰　同治刻本

《水道查勘报告汇编》经济部编　民国二十八年（1939）经济部印本

《水道查勘报告汇编》水利委员会编　民国二十九年（1940）水利委员会印本

《水道提纲》二十八卷　〔清〕齐召南撰　浦江戴殿海初印本　乾隆四十一年
（1776）傅经书局刻本　光绪三年（1877）重刻本　光绪四年（1878）刻
本　光绪七年（1881）文瑞楼石印本　光绪十七年（1891）刻本　光绪
二十四年（1898）刻本　霞城精舍刻本　活字本　钞本

《水道源流》五卷　〔清〕胡宣庆编　光绪十七年（1891）长沙胡氏刊本

《今水经》一卷　〔清〕黄宗羲撰　乾隆四十二年（1777）刻本　嘉道间海宁
张氏六有斋刻本　孔继涵家钞本　《知不足斋丛书》本　《明辩斋丛书》

本 《梨洲遗书》本 《丛书集成初编》本

《今水经注》四卷 〔清〕吴承志撰 《求恕斋丛书》本

《今水经注》〔清〕周闲撰 秀水周氏范湖草堂钞本

《今水经注要览》二卷 〔清〕黄宗羲、黄锡龄撰 嘉庆二年（1797）春晖阁
刻本

《今日之农田水利及其应采方策》 万晋撰 民国油印本

《公安县堤防考略》〔清〕陈梦雷编，蒋廷锡校订 《古今图书集成》本

《分湖小识》六卷 〔清〕柳树芳撰 道光二十七年（1847）胜溪草堂刻本

《分湖志稿》〔清〕沈刚中纂 稿本 缩微复制本

《介石堂水鉴》六卷 〔清〕郭起元撰，蔡寅斗评 刻本

《乌程长兴二邑溇港说》一卷 〔清〕王凤生撰 光绪刻本

《什邡水利志叙论》〔清〕纪大奎撰 《双桂堂稿续编》本

《文井江水利案牍》 佚名辑 民国二十六年（1937） 晒印本

《文安堤工录》六卷 〔清〕刘宝南撰 水科院藏本

《文登温泉游览记及全国温泉考略》不分卷 王毓升撰 民国二十三年（1934）
铅印本

《六安州义渡记》〔清〕金宏勋撰 《檇李文系》本

《六河总图说》一卷 〔清〕鄂尔泰等纂 道光十五年（1835）刻本

《六河图说》（一名《六河总分图说》）一卷 〔清〕黄士杰撰 道光十五年
（1835）刻本 光绪六年（1880）重刊本 《续修四库全书》本

《六柜运道册》〔清〕两广盐运使司纂 咸丰七年（1857）刻本

《六脉渠图说》一卷 〔清〕陈坤撰 光绪十四年（1888）刻本 民国《广东丛
书》本

五　画

《玉泉源流整理大纲》 北平市工务局编 民国十八年（1929）北平市工务局
印本

《玉廉泉在庐山》 江西地质矿业调查所编 民国铅印本

《邗记》二卷 〔清〕焦循撰 稿本

《邗沟故道历代变迁图说》〔清〕徐庭曾撰 光绪三十年（1904）刻本

《可也简庐笔记》一卷附《续记》一卷《养恬斋笔记》一卷 〔清〕高骧云
撰 道咸间刻本

《古今白沟河辨》　苏莘撰　民国铅印本

《古今治河图说》　吴君勉辑　民国三十一年（1942）铅印本

《古今治河要策》〔清〕佚名撰　光绪十四年（1888）本

《古今疏治黄河全书》一卷附《酌议迦黄便宜疏》一卷　〔明〕黄克缵撰，
　　〔明〕刘士忠撰　万历三十九年（1611）刻本

《古今源流至论》〔宋〕林駉撰　清《四库全书》本

《古今漕船总论》〔明〕章潢撰　《四库全书》本

《古代灌溉工程发展史之一解》　翁文灏撰　民国《庆祝蔡元培先生六十五岁论
　　文集》本

《古代灌溉工程原起考》　徐中舒撰　民国《中央研究院历史语言研究集刊》本

《古河考》一卷　〔清〕吴楚椿撰　钞本

《甲午海塘图记》不分卷　〔清〕严烺编　道光刻本

《正续行水金鉴征引书目》　中央水利处编　民国中央水利实验处印本

《石羊河流域规划书》　甘肃河西水利工程总队第一分队编　民国三十六年
　　（1947）印本

《石矶图说》〔清〕任鹗撰　光绪五年（1879）刻本

《石渠余纪·纪河夫河兵》〔清〕王庆云撰　光绪十四年（1888）宁乡黄氏校
　　刻本　光绪十六年（1890）攸县龙璋重刻本

《石湖志略》一卷　〔明〕卢襄撰　旧钞本　嘉靖刻本

《东三省水田志》　黄广撰　民国十九年（1930）铅印本

《东太湖蓄洪垦殖工程初步计划》　扬子江水利委员会辑　民国二十六年
　　（1937）复写印本

《东平湖地区水利开发方策案》　兴亚院华北联络部编　民国三十一年（1942）
　　兴亚院华北联络部印本

《东平湖附近水系及说明》　佚名绘　民国三十三年（1944）绘本

《东北水利概况》　中央设计局东北调查委员会编　民国三十四（1945）年东
　　北调查委员会油印本

《东北江河纪要》　金锐新编　民国十八年（1929）稿本

《东吴水利》〔明〕金澄撰　钞本

《东吴水利考》十卷《吴淞江议》一卷　〔明〕王圻撰　天启刻本　万历刻本

《东吴水利通考》一卷　〔明〕王同祖纂　民国本

《东坝记录》一卷附《荡滩文》　马敬培辑　光绪七年（1881）刻本

《东坝答问》 罗致勋撰 民国本

《东河各厅振工须知》〔清〕佚名辑 钞本

《东南水利》三卷 〔明〕徐光启撰 《农政全书》本 《万有文库》本

《东南水利论》〔明〕屠隆撰 《四库全书》本

《东南水利》八卷 〔清〕沈恺曾撰 康熙刻本 光绪二十四年（1898）刻本

《东南水利》〔清〕陆陇其撰 《三鱼堂外集》本

《东南水利论》三卷 〔清〕张崇俅撰 光绪七年（1881）刻本

《东南水利略》六卷 〔清〕凌介禧撰 《蕊珠仙馆水利集》本

《东泉志》四卷 〔明〕王宠撰 正德五年（1510）陈澍刻本 钞本

《东湖志》二卷 〔清〕特通阿修，洪震煊等纂 嘉庆十三年（1808）刻
  本 《续修四库全书》本

《东湖乘》二卷 〔清〕卢生甫撰 《丛书集成续编》本

《东钱湖志》 王荣商纂，陆澍咸、戴彦辑 民国五年（1916）刻本

《龙凤河节制闸工程报告书》 华北水利委员会编 民国二十四年（1935）华北
  水利委员会印本

《平湖横桥堰图说》一卷 〔清〕余楙撰 光绪刻本

《平湖县疏浚盐运顾公两河征信录》 佚名辑 民国十一年（1922）铅印本

《民国二十二年黄河水灾调查统计报告》 黄河水利委员会撰 民国二十三年
  （1934）铅印本

《民国二十年运河防汛纪略》 茅以升撰 民国二十年（1931）

《民国江南水利志》十卷首一卷末一卷 沈佺、秦绶章等纂 民国十一年
  （1922）铅印本

《巴溪志》不分卷 朱保熙纂 民国二十四年（1935）铅印本

《札道府州县筹办水利》〔清〕程含章撰 徐栋辑《牧令书》本 同治四年
  （1865）重印本

《对于华洋义赈会导淮之忠告及其希望》 裴楠撰 民国十二年（1923）石印本

《对于襄河防洪治本初步计划之审查意见》 李仪祉撰 当代《李仪祉水利论著
  选集》本

《对河决问》一卷 〔清〕胡宗绪撰 乾隆元年（1736）万卷楼精刻本

《四川水利机构沿革及水利事业》 四川省水利局编 民国三十五年（1946）四
  川省水利局印本

《四川水利初步计划》 邵从燊著 民国二十五年（1936）荣华工程公司印本

《四川水利资料》　二百十七种　四川省水利局辑　民国二十四年至三十四年
　　（1935—1945）油印本

《四川省二十县农田水利调查报告》　四川省建设厅撰　民国油印本

《四川省三台县甘江坝水利灌溉工程概说》　王孟良撰　民国三十八年（1949）
　　铅印本

《四川省水利之进展》　四川省政府建设厅秘书室编审股主编　民国三十二年
　　（1943）四川省政府建设厅秘书室编审股印本

《四川省水利局文件汇编》　四川省水利局辑　民国二十九年（1940）铅印本

《四川省水利局民国二十八的年度施政纲要》　四川省水利局编　民国二十八年
　　（1939）四川省水利局油印本

《四川省水利局概况》　四川省水利局编　民国二十八年（1939）四川省水利局
　　油印本

《四川省水利局整理彭县官渠堰灌溉工程计划书》　四川省水利局编　民国
　　二十七年（1938）油印本

《四川省各县水利工程协会组织规则草案》　四川省政府辑　民国油印本

《四川省各县办理掘塘蓄水人员奖惩办法》　四川省政府辑　民国印本

《四川省农田水利贷款委员会资料》四种　四川省农田水利贷款委员会辑　民
　　国二十七年（1938）油印本

《四川省农林水利》　中国人民解放军西南服务团研究室编　民国三十八
　　（1949）印本

《四川都江堰水利概要》　四川省政府建设厅编　民国四川省政府建设厅本

《四川灌县都江堰灌溉区域图说》　四川省建设厅第二科辑　民国二十二年
　　（1933）铅印本

《四川綦江船闸模型试验报告书》　经济部中央水工试验所撰　民国二十九年
　　（1940）经济部中央水工试验所印本

《四大水考》不分卷　〔清〕佚名撰　存素堂藏钞本

《四明它山水利备览》二卷　〔宋〕魏岘撰，〔明〕陈朝辅、杨德周订正　旧钞
　　本　明崇祯十四年（1641）鄞县陈朝辅刻本　四明徐氏校刻本　清《四库
　　全书》本　道光二十四年（1844）金山钱氏据墨海金壶版重编增刻本　光
　　绪十四年（1888）上海鸿文书局据钱氏本影印本　《守山阁丛书》本　《宋
　　元四明六志》本　《丛书集成初编》本　上海博古斋据钱氏本影印本

《田直指修筑宣城诸圩及学田碑记》〔明〕汤宾尹撰　清嘉庆《宣城县志》本

《申江名胜图说》〔清〕题珊城砚北主人辑　光绪十年（1884）管可寿斋刻本

《申江随录》〔清〕徐木立撰　稿本

《北二上汛图说》〔清〕佚名绘　光绪彩绘本

《北七工现在河流形势图说（永定河）》佚名绘　民国彩绘本

《北平市沟渠建设计划》北平市政府工务局编　民国二十三（1934）北平市政
　　府工务局印本

《北平市河道整理计划》北平市政府编　民国二十三年（1934）北平市政府
　　印本

《北河水志》六卷首一卷〔清〕焦循撰　《焦氏丛书》本

《北河记》八卷《纪余》四卷〔明〕谢肇淛撰　万历刻本

《北河纪馀》〔明〕谢肇淛撰　万历四十二年（1614）刻本　清钞本

《北河续记》七卷附余二卷〔清〕阎廷谟撰　顺治九年（1652）刻本

《北湖小志》六卷首一卷〔清〕焦循撰　《焦氏丛书》本　嘉庆十三年
　　（1808）本

《北湖续志》六卷〔清〕焦循撰　道光二十七年（1847）刻本

《北湖续志补遗》〔清〕焦循撰　扬州大学图书馆藏本

《北徼水道考》二卷　王肇鋐辑　钞本

《卢沟河堤工完谢赐银币》〔明〕雷礼撰　《镡墟堂摘稿》本

《归德府一州七县水道图说册》〔清〕王凤生撰　《续修四库全书》本

《月河所闻集》一卷〔宋〕莫君陈撰　《丛书集成续编》本

《弁山湖志》一卷〔清〕刘福升撰　光绪二十五年（1899）刻本

《发展甘肃省农田水利及农牧事业合作办法》中国银行甘肃省政府签订　民国
　　二十九年（1940）印本

《牟山湖志》〔清〕刘福升撰　光绪二十五年（1899）刻本

《仙潭后志》〔明〕胡道传、沈戬谷纂修　清光绪二年（1876）钞本

《乍闸纪原》〔清〕盛沅编　民国十一年（1922）铅印本

《乍浦志》六卷首末各一卷〔清〕宋景关纂　乾隆五十七年（1792）增刻本

《乍浦备志》三十六卷首一卷〔清〕邹璟纂　道光二十三年（1843）补刻本

《乍浦续志》六卷〔清〕许河纂　道光二十三年（1843）刻本

《台湾水道志》台湾总督府土木局编　民国七年（1918）台北印本

《台湾水资源的规划开发》水资会编　民国三十八年（1949）印本

《台湾省之农田水利》芝田三男撰　民国三十七年（1948）台湾省水利局印本

《台湾省水利要览》 台湾省建设厅水利局编　民国三十八年（1949）台湾省建
　　设厅水利局印本

《白沙图志》存一卷 〔明〕赵崇善撰附《白沙水利碑记》〔明〕徐与参撰、
　　《白沙昭利侯事》〔明〕佚名撰、《合参稗史碑》〔明〕佚名撰　清光绪
　　二十七年（1901）刻本

《白革湖志》不分卷 〔清〕汪定基等撰　民国钞本

《白茆河水利考略》 扬子江水利委员会撰　民国二十四年（1935）铅印本

《白茆河水利考略常州武阳水利书》 佚名撰　民国二十一年（1932）天津协成
　　印刷局本

《句章水利图经》〔清〕姚燮撰　稿本

《包头市开凿东西水道工程报告书》 包头市修筑东西水道工程委员会编　民国
　　二十四年（1935）包头市修筑东西水道工程委员会印本

《包西水利辑要》 乌济时撰　民国十八年（1929）绥远省政府铅印本

《包西各渠水利公社通行章程》 绥远省政府与建设厅编　民国十八年（1929）
　　绥远省政府与建设厅印本

《包西各渠水利暂行章程》 绥远省政府与建设厅编　民国十八年（1929）绥远
　　省政府与建设厅印本

《永乐大典本水经注》〔北魏〕郦道元撰　嘉庆二十年（1815）刻本　光绪八
　　年（1882）据嘉庆原刻重印本　民国二十四年（1935）商务印书馆影印本

《永定闸航道工程说明书》 涪江航道工程处编　民国三十一年（1942）油印本

《永定河三角淀中泓工程报告书》 华北水利委员会撰　民国二十五年（1936）
　　华北水利委员会印本

《永定河上下游大工图说》〔清〕佚名绘　光宣间彩绘本

《永定河改道说》〔清〕佚名撰　光绪朱丝栏钞本

《永定河务局简明汇刊》 孔祥榕编　民国十四年（1925）永定河务局印本

《永定河志》三十二卷首一卷附《治河摘要》一卷 〔清〕李蓬亨纂　嘉庆二十
　　年（1815）刻本

《永定河芦沟桥滚坝消力试验报告书》 中国第一水工试验所撰　民国二十五年
　　（1936）印本

《永定河治本计划》二卷附《永定河治本计划总图》、《永定河支流图》 华北水
　　利委员会编　民国二十二年（1933）华北水利委员会铅印本

《永定河治理工程计划书》 孙庆泽著　民国二十年（1931）顺直水利委员会

印本

《永定河官厅拦洪坝消力试验报告》 中国第一水工试验所编　民国二十四年至二十五（1935—1936）中国第一水工试验所印本

《永定河续志》十六卷首一卷　〔清〕朱其诏、蒋延皋纂　光绪八年（1882）刻本

《永定河疏治研究》 张恩祐著　民国十三年（1924）志成印书馆印本

《永定滩规行川总要》一卷　〔清〕左永魁撰　光绪刻本

《永昌宁远堡地下水灌溉工程计划书》 民国水利部甘肃河西水利工程总队编　民国三十六年（1947）印本

《永陵苏子河土堤泊岸原估续修工程钱粮册》一卷　〔清〕佚名编　写本

《永陵明堂前草仓河泊岸及补栽树株并填垫坑洼等项工作估计做法用过银两副册》一卷　〔清〕佚名编　钞本

《永陵草仓河并苏子河等工三转钱粮飞呈》一卷　〔清〕佚名编　写本

《永陵草仓河苏子河修理泊岸挖淤并各工约估册》〔清〕盛京将军工部编　同治八年至光绪七年（1869—1881）钞本

《永陵草仓河挑淤修理泊岸等工加给走工报销钱粮册》一卷　〔清〕佚名编　写本

《永福县金鸡河灌溉工程计划书》 李湛恩撰　民国三十年（1941）油印本

《宁郡河工局征信录》 宁波河工局编　光绪二十八年（1902）河工局刻本

《宁郡城河丈尺图志》二卷　〔清〕宗源瀚撰　光绪二年（1876）刻本　《续修四库全书》本

《宁郡城河丈尺图志·群城浚河征信录》〔清〕佚名纂　光绪十四年（1888）河工局木活字本

《宁夏大清渠录》〔清〕王全臣撰　康熙五十一年（1712）刻本

《宁夏水利事业1》 李翰园著　民国三十年（1941）印本

《宁夏水利事业2》 李翰园著　民国三十一年（1942）印本

《宁夏水利事业3　排水专号》 马鸿逵编　民国三十年（1941）印本

《玄武湖志》八卷　夏仁虎撰　民国二十一年（1932）刻本

《齐溪小志》 李楚石纂　民国十五年（1926）铅印本

《它山水利图经》（一名《四明它山水图经》）〔清〕姚燮撰　传钞本

《汉书·地理志·水道图说》七卷　〔清〕陈沣撰　同治十一年（1872）刻本

《汉书·地理志·水道图说补正》七卷　〔清〕吴承志撰　民国十年（1921）刘

氏求恕斋刻本

《汉江纪程》一卷附《江水自武昌东达海门入海图说》一卷《大江自金陵以东
　　至海门厅入海考》一卷《江西省水道江入鄱阳湖图说》一卷　〔清〕王凤
　　生撰　道光十一年（1831）刻本

《汉志水道疏证》四卷　〔清〕洪颐煊撰　光绪十八年（1892）广雅书局印本

《汉糜水尚龙溪考》〔清〕成蓉镜撰　《广雅书局丛书》本

《兰封小新堤块石护岸及其上游挑水坝工程计划》　附《黄河水利委员会工作纲
　　要》　黄河水利委员会编　民国二十三年（1934）黄河水利委员会印本

《半世纪间台湾农业水利大观》　牧隆泰撰　民国三十三年（1944）台湾水利组
　　合联合会印本

《记水灾》一卷　〔清〕彭泰来撰　同治二年（1863）刻本

六　画

《考察哈密水利报告》　黄育贤撰　民国印本

《共匪破坏黄河复堤》　行政院新闻局编　民国三十六年（1947）行政院新闻局
　　印本

《邦畿水利集说》四卷附《九十九淀考》一卷　〔清〕沈联芳撰　嘉庆八年
　　（1803）自序传钞本

《邦畿水利集说总论》四卷　〔清〕沈联芳撰　钞本　道光三年（1823）刻本

《扬子江》（日）林安繁撰　清光绪二十八年（1902）商务印书馆铅印本

《扬子江三峡计划初步报告》（美）萨凡奇著　民国三十三（1944）资源委员
　　会印本

《扬子江之水利》　孙辅世撰　民国二十八年（1939）艺文丛书编辑部印本

《扬子江水利考》　钟歆著　民国二十五年（1936）商务印书馆铅印本

《扬子江水利问题与二十四年之整治工程》　中央统计处编　民国中央统计处印

《扬子江水利委员会十年来之工作概况》　傅汝霖撰　民国三十四年（1945）长
　　江委档案室藏本　民国铅印本

《扬子江水利委员会工作计划》　扬子江水利委员会辑 民国二十七年
　　（1938）钞本

《扬子江技术委员会年终报告·1—11》　扬子江技术委员会撰　民国十一至
　　二十一年（1922—1932）扬子江技术委员会印本

《扬子江水利委员会重要工程消息》　佚名编　民国三十六年（1947）《水利委

员会水利通讯》本

《扬子江水利委员会职员录》 扬子江水利委员会总务处第一科编 民国二十五年（1936）扬子江水利委员会总务处第一科印本

《扬子江水道整理委员会年报·1—8》 扬子江技术委员会编 民国十一至十八年（1922—1929）扬子江技术委员会印本

《扬子江汉口吴淞间整理计划草案》 扬子江水道整理委员会编 民国扬子江水道整理委员铅印本会

《扬子江形势论略》一卷 〔清〕陈乾生撰 光绪二十三年（1897）木活字本

《扬子江流域现势论》 不分卷 （日）林繁撰，〔清〕汪国屏译 光绪二十八年（1902）广智书局铅印本

《扬子江筹防刍议》一卷 〔清〕佚名撰 光绪二十四年（1898）广州书局刻本

《扬子江防汛专刊》 周象贤辑 民国二十二年（1933）扬子江防汛委员会铅印本

《扬子江、滦河、白河干支流堵口复堤工程》 行政院新闻局编 民国三十六年（1947）行政院新闻局印本

《扬州水利论》一卷 〔清〕佚名撰 民国《扬州丛刻》本

《扬州水利图说》二卷 胡滋甫撰 稿本 清末刻本 民国三十三年（1944）钞本

《扬州水道记》四卷 〔清〕刘文淇撰 道光二十五年（1845）江西抚署校刊本 同治十一年（1872）淮南书局补刻本

《扬州北湖小志》六卷 〔清〕焦循撰 嘉庆刻本

《扬州北湖续志》六卷 〔清〕阮元撰 道光二十七年（1847）刻本

《扬州盐河水利沿革图说》一卷 〔清〕佚名撰 稿本

《西北水田 西北水利》〔明〕沈德符撰 《万历野获编》本

《西北水利》〔清〕俞森撰 《农学丛书》本

《西北水利议》一卷 〔明〕徐贞明撰 清道光二十五年（1845）东皋草堂刻本

《西北水利议》一卷 〔清〕许承宣撰 《昭代丛书》本 道光十三年（1833）世楷堂刻本《学海类编》本 《丛书集成初编》本

《西园文钞》一卷 〔清〕冯道立撰 《中国水利要籍丛编》本

《西河记》一卷 〔晋〕喻归撰 清光绪广雅书局刻本 《二西堂丛书》本

《西河合集》〔清〕毛奇龄撰 康熙刻本

《西河（滏阳、漳沱等）图说》〔清〕佚名撰 水科院藏本

《西南各省江河水道查勘报告汇编》 郑肇经编　民国二十八年（1939）经济部印本

《西淒大河志》六卷　〔明〕张光孝撰　万历三十八年（1610）刻本

《西域水道记》五卷　〔清〕徐松撰　《大兴徐氏三种》本

《西域水道记校补残本钞》 星伯先生补正　钞本

《西湖水利考》一卷《续考》一卷　〔清〕吴农祥撰　《武林掌故丛编》本　光绪二十四年（1898）钱塘丁氏刻本

《西湖月观纪》一卷　〔明〕陈仁锡撰　《丛书集成续编》本

《西湖手镜》不分卷　〔清〕季婴辑　钞本

《西湖六一泉崇祀录》一卷　〔清〕柴杰撰　钞本

《西湖杂记》一卷　〔明〕黎遂球撰　《丛书集成续编》本

《西湖岁修章程全案》不分卷　〔清〕刘彬士撰　道光十年（1830）刻本

《西湖纪述》一卷　〔明〕袁宏道撰　《丛书集成续编》本

《西湖纪胜》二卷　〔清〕孙自成撰　刻本

《西湖纪胜全图说》〔清〕吴骞撰　雍正九年（1731）刻本　雍正十三年（1735）两浙盐驿道刻本　光绪四年（1878）浙江书局雍正原刻重刻本

《西湖合记》 杨元恺撰　民国十二年（1923）本

《西湖志》六卷首一卷　〔清〕姚循义辑　乾隆十六年（1751）刻本

《西湖志》二十四卷附表一卷　许世英修，何振岱纂　民国五年（1916）福建水利局铅印本

《西湖志图志余》〔明〕田汝成撰　姚氏三鉴堂清康熙二十八年（1689）刻本

《西湖志览》二十四卷　〔明〕田汝成撰　嘉靖二十六年（1547）田氏自刻本　万历十二年（1584）重刻本　万历四十七（1619）会稽商浚继锦堂刻本

《西湖志类钞》三卷首一卷　〔明〕俞思冲纂　万历刻本

《西湖志摘翠补遗溪囊便览》十二卷　〔明〕高应科摘略，陈有孚校正　万历刻本

《西湖志纂》十二卷末一卷　〔清〕沈德潜、傅王露、梁诗正撰　乾隆十八年（1753）刻本　乾隆二十三年（1758）刻本

《西湖游览志余》二十六卷　〔明〕田汝成纂　《武林掌故丛编》本

《西湖新志》十四卷　胡祥翰辑　民国十年（1921）铅印本　民国十五年（1926）铅印本

《西塘浚河征信录》一卷　陆炳言编　民国三年（1914）铅印本

《西徼水道》（一名《金沙江源流考》）一卷　〔清〕黄楙材撰　新阳赵氏丛刊本

《再申浚泉檄》〔清〕陈弘谋撰　《培远堂文集》本

《再续行水金鉴》一百六十卷　武同举等纂　民国三十一年（1942）铅印本

《至正河防记》一卷　〔元〕欧阳玄撰　民国二十五年（1936）中国水利工程学
　　会印本

《划定洞庭湖湖界报告》　佚名撰　民国二十七年（1938）油印本

《芍陂纪事》〔清〕夏尚忠撰　嘉庆六年（1801）刻本

《防汛须知》（一名《防泛须知》）　江汉工程局编　《中国水利要籍丛编》本

《防护堤围注意事项》　佚名编　《顺德县民国时期农田水利档案材料选编》本

《防河要览》〔清〕题珊城砚北主人辑　光绪十四年（1888）砚北山房木活
　　字本

《防河奏议》十卷　〔清〕嵇曾筠撰　雍正十一年（1733）刻本

《防治黄河摘记》〔清〕佚名撰　稿本

《防浦纪略》六卷（一名《挹江轩防浦纪略》）〔清〕周士拔撰　嘉庆二年
　　（1797）刻本

《阳江舜河水利备览》四卷附《治水要言》、《常州武阳水利书》〔清〕胡景堂
　　撰　光绪十六年（1890）刻本

《观河存稿》　叶锡麒撰　民国印本

《导江三议》一卷　〔清〕王柏心撰　《湖北丛书》本　《丛书集成初编》本

《导淮入江水道三河活动坝模型试验报告书》　经济部中央水工试验所编　民国
　　二十七年（1938）经济部中央水工试验所印本

《导淮入海水道杨庄活动坝模型试验报告书》　郑肇经撰　民国二十五年
　　（1936）中央水利实验处印本

《导淮入海水道第一期工程计划》　导淮委员会工程处编　民国二十年（1931）
　　导淮委员会工程处油印本

《导淮工程计划》　导淮委员会编　民国二十年（1931）导淮委员会印本

《导淮工程计划附编》　导淮委员会编　民国二十年（1931）导淮委员会铅印本

《导淮工程计划释疑》　须恺撰　民国二十二年（1933）导淮委员会印本

《导淮与粮食》　陈果夫著　民国印本

《导淮之重要》　建设委员会编　民国建设委员会印本

《导淮之根本问题》　杨杜宇著　民国二十年（1931）新亚细亚书店铅印本

《导渭计划》　昌益斋撰　钞本

《导淮图说》〔清〕丁显撰　同治八年（1869）集韵书屋刻本

《导淮委员会工作报告》　导淮委员会编　民国二十三年（1934）导淮委员会印本

《导淮委员会第十七次常务会委员会议事录》　导淮委员会辑　民国二十年（1931）油印本

《导淮说明书》　柏文蔚撰　民国铅印本

《导淮罪言》　武同举撰　民国铅印本

《式馨堂文集》　文集十五卷诗前集十二卷诗后集八卷诗余偶存三卷　〔清〕鲁之裕撰　康乾间鲁氏家刻本

《回修虎谭陂志》一卷　〔清〕佚名撰　康熙五十九年（1720）正月刻本

《回澜纪要》二卷《安澜纪要》二卷　〔清〕徐瑞撰　嘉庆十二年（1807）豫省聚文斋刻本　道光九年（1829）德清徐氏刻本　光绪十一年（1885）重刊嘉庆本

《问水集》五卷　〔明〕刘天和撰　《金声玉振集》一卷本　民国二十五年（1936）中国水利工程学会印本　《中国水利珍本丛书》六卷本（附《黄河图说》）

《问水漫录》四卷　〔清〕盛百二撰　南京图书馆藏乾隆四十九年（1784）刻本

《问河事优略》〔清〕包世臣撰　《庚辰杂著》本

《吕公渠志》〔清〕蒋基辑　乾隆六十年（1795）古邠官署刻本

《吕堨源流志》〔清〕佚名撰　钞本

《光州志·沟洫》十二卷　〔清〕高鉴、李玥修，黄销纂　乾隆二十七年（1762）刻本

《当湖外志》八卷　〔清〕马承昭纂　光绪元年（1875）刻本

《匠人沟洫之法考》〔清〕戴震撰　《戴震文集》本

《先公遗著治河答策》　佚名撰　民国钞本

《朱止泉先生河道合意编》〔清〕朱泽沄撰　钞本

《行水金鉴》一百七十五卷　〔清〕傅泽洪、郑元庆纂辑　雍正三年（1725）淮扬道署刻本　乾隆年傅氏刻本

《行政院水利委员会三十一年度计划及概算》　行政院水利委员会编　民国三十年（1941）油印本

《行政院水利委员会西北垦移报告》　行政院水利委员会撰　民国三十二年（1943）行政院水利委员会印本

《行政院水利委员会存档水利资料总目录第1集》 水利委员会资料室编 民国
　　三十三年（1944）石印本

《伊江汇览》〔清〕格瑑额撰 民国钞本

《伊江行记》 宋伯鲁撰 海棠仙馆刻本

《各省二十四年灌溉水利工程》 中央统计处编 民国中央统计处印本

《各省水利委员会组织条例》 国家水利局制定 民国四年（1915）印本

《各省水道考》六卷 〔清〕汪日暲撰 乾隆四十八年（1783）燃藜轩刻本

《后泾渠志》三卷 〔清〕蒋湘南撰 民国十四年（1925）铅印本

《后淮水故道图说》〔清〕丁显撰 同治八年（1869）集韵书屋刻本

《后湖志》十一卷附录一卷 〔明〕赵惟贤、万文彩撰 刻本

《后湖事绩汇录》 王作楲、钱福臻、刘德沛撰 宣统二年（1910）本

《后渠庸书》一卷 〔明〕崔铣撰 清道光晁氏活字印本

《创开新河记》〔清〕刘焕章撰 《霁斋文钞》本

《创开潊水渠堰记》〔金〕元好问撰 《元遗山先生集》本

《创凿龙井记》〔清〕胡聘之撰 《山右石刻丛编》本

《自来水灌田公司章程》〔清〕佚名编 光绪二十三年（1897）《农学报》本

《自流井风物名实说》（《自流井图说》）一卷 〔清〕吴鼎立撰 同治十一年
　　（1872）刻本

《华北水利文选第1集》 华北水利委员会编 民国二十二年（1933）华北水利
　　委员会天津印本

《华北水利建设概况》 内政部华北水利委员会编 民国二十三（1934）内政部
　　华北水利委员会铅印本

《华北水利委员会二十年来工作概况》 华北水利工程总局编 民国三十六年
　　（1947）华北水利工程总局印本

《华北水利委员会工作概要》 华北水利委员会编 民国二十四年（1935）铅
　　印本

《华北水利委员会计划汇刊》 华北水利委员会编 民国二十一年（1932）华北
　　水利委员会印本

《华北水利委员会会务报告》 华北水利委员会撰 民国二十年（1931）华北水
　　利委员会天津印本

《华北水利委员会技术工作报告》 华北水利委员会撰 民国十七年（1928）天
　　津益世报馆本

《华北水利委员会技术工作报告附水利建设实施程序表》 华北水利委员会
　　编　民国二十一年（1932）铅印本

《华北水利委员会抗战期中工作报告》 华北水利委员会撰　民国三十年
　　（1941）华北水利委员会天津印本

《华北水利委员会职员录》 华北水利委员会总务处编　民国二十五年 （1936）
　　铅印本

《华北砂基闸坝工程图谱》 华北水利委员会工程组编制　民国二十六年
　　（1937）华北水利委员会工程组晒印本

《华阳水利区工程计划大纲》 安徽省水利工程处编　民国二十三年（1934）安
　　徽省水利工程处印本

《华阳泄洪堰及泄洪道工程计划大纲》 扬子江水利委员会辑　民国二十六年
　　（1937）晒印本

《华阳河流域马华区东郊整理工程计划》 扬子江水利委员会编　民国二十六年
　　（1937）印本

《华州开河浚渠图说》〔清〕汪延栋制　光绪二十三年（1897）刻本

《华阴县开河浚渠图说》〔清〕汪延栋制　光绪二十三年（1897）刻本

《华阴县新修河渠图说》不分卷 〔清〕杨调元撰　钞本

《华亭海塘纪略》〔清〕曹家驹辑，唐候、宋长庆订　康熙刻本

《华亭海塘全案》十卷 〔清〕陶澍撰　道光十七年（1837）刻本

《会办河防预筹堵口事宜》〔清〕潘方伯撰　《潘方伯公遗稿》本

《会勘运河通告江北同人书》 佚名撰　民国五年（1916）铅印本

《全氏七校水经注》〔清〕全祖望校　光绪十四年（1888）薛福成刻本

《全吴水略》七卷 〔明〕吴韶撰　嘉靖刻本

《全国水利建设五年计划大纲》 全国经济委员会制订　民国二十五年（1936）
　　印本

《全国水利局拟具江淮水利计划提纲附表三种》 李国珍撰　民国八年（1919）
　　铅印本

《全国水利局等呈文函电稿》 佚名辑　民国北平共和印刷局铅印本

《全国水利局察勘直隶水灾报告及救治计划》 方维因、杨豹灵撰　民国六年
　　（1917）铅印本

《全国主要河流堤防善后计划》 佚名编　民国油印本

《全国经济委员会水利处图书室中国河渠水利书目》 全国经济委员会水利处

编 民国二十五年（1936）全国经济委员会水利处印本

《全国经济委员会泾洛工程局洛惠渠屈里渡槽计划》 佚名编 民国二十四

（1935）铅印本

《全国经济委员会报告汇编第12集·全国水利建设报告》 全国经济委员会

撰 民国二十六年（1937）全国经济委员会印本

《全国经济委员会实施水利工程办法》 全国经济委员会编 民国二十六年

（1937）全国经济委员会印本

《全国河务会议案》 内务部全国河务会议编 民国七年（1918）内务部全国河

务会议油印本

《全国重复水名河名改订草案》 全国经济委员会水利委员会编 民国二十四年

（1935）全国经济委员会水利委员会印本

《全校水经注》 四十卷补遗一卷附录二卷正误一卷 〔清〕全祖望撰 光绪

十四年（1888）薛福成宁波崇实书院刻本

《全校水经郦注水道表》四十卷 〔清〕王楚材辑 《四明丛书》本

《全舆图并水陆道里记》〔清〕宗源瀚撰 民国四年（1915）石印本

《合校水经注》四十卷附录二卷 〔清〕王先谦校 光绪十八年（1892）思贤讲

舍刻本

《江心志》〔明〕王光蕴辑 万历十八年（1590） 刻本

《江心志》〔清〕元奇辑 康熙四十六年（1707） 刻本

《江北水利》〔清〕晏思盛撰 《楚蒙山房全集》本

《江北运河工程局长胡树钺条陈导淮计划》 江苏省政府建设厅制定 民国十七

年（1928）民国法政学会《省行政法》本

《江北运河为水道系统论》 武同举撰 民国铅印本

《江北运河分年施工计划书》 张謇撰 民国铅印本

《江北运程》四十卷首一卷 〔清〕董恂辑 咸丰十年（1860）京兆尹署空青

《江北治河要策》〔清〕章钧撰 光绪三十三年（1907）石印本水碧斋刊

本 同治六年（1867）京都龙文斋刻本

《江汉工程局业务报告》 全国经济委员会江汉工程局编 民国二十二年

（1933）全国经济委员会江汉工程局印本

《江汉沅湘记》〔清〕刘献廷撰 《广阳杂记》本

《江汉堤防图考》三卷 〔明〕施笃臣辑 隆庆刻本

《江西水利局整理江西全省水利今后六年进行计划书》 全国经济委员会江西办

　　事处编　民国二十四年（1935）全国经济委员会江西办事处油印本

《江西水道考》五卷　〔清〕蒋湘南撰　《蒋子遗书》本　民国铅印本

《江西南昌附近之地下水》　朱庭祜等著　民国二十三年（1934）行政院农村复
　　兴委员会印本

《江防考》六卷（原缺卷一卷四）〔明〕吴时来撰，〔明〕王篆增补　万历五年
　　（1577）王篆增补本

《江防志》二十二卷　〔清〕佚名撰　缩微复制本

《江防述略》一卷　〔清〕张鹏翮撰　《学海类编》本

《江防集要》一卷　〔清〕赵宁撰　《学海类编》本

《江行日记》〔清〕郭麐撰　嘉庆本

《江行杂录》〔宋〕廖莹中撰　道光元年（1821）刻本

《江行纪程》〔清〕范来芝撰　道光二年（1822）本

《江苏水利》　丁铭忠撰　民国油印本

《江苏水利论》〔明〕姜宝撰　刻本

《江苏水利全书》〔清〕蒋师辙撰　宣统二年（1910）重刻本

《江苏水利全书》　武同举撰　《续修四库全书》本

《江苏水利全书图说》二十一卷　〔清〕陶澍纂　道光刻本　江苏官刻本

《江苏水利图说》不分卷　〔清〕李庆云　蒋师辙撰　宣统二年（1910）刻本

《江苏东台等处闸关建筑照片》　全国经济委员会水利处里下河工程局摄　民国
　　二十三年（1934）全国经济委员会水利处里下河工程局印本

《江苏抚两江督江北提宪为运河伏汛奇涨抢护堤工及启放车南坝始末细情
　　由》　袁照藜撰　宣统本

《江苏运河防汛善後工程计划案》　佚名撰　民国铅印本

《江苏省政府建设厅公布江北运河工程局组织条例》　江苏省政府建设厅制
　　定　民国十七年（1928）民国法政学会《省行政法》本

《江苏省政府建设厅公布江南水利局章程》　江苏省政府建设厅制定　民国十七
　　年（1928）民国法政学会《省行政法》本

《江苏省政府建设厅公布治河处章程》　江苏省政府建设厅制定　民国十七
　　（1928）民国法政学会《省行政法》本

《江苏黄淮运河水利图说》（一名《抄绘水利图》）〔清〕佚名绘　抄绘康雍乾
　　呈报本　彩绘本

《江苏海运全案》十二卷　〔清〕贺长龄撰　道光六年（1826）刻本

《江苏海塘新志》八卷首一卷 〔清〕李庆云撰 光绪十六年（1890）刻本

《江河万古流》三卷 严献章撰 民国二十二年（1933）石印本

《江南水利全书》五十三卷 〔清〕陈銮撰 道光二十一年（1841）刻本

《江南水利志》十卷首末二卷 秦锡田、姚文楠、沈佺修等辑 民国十一年
（1922）木活字本 涵芬楼影印本

《江南水利河道地形水势修防图说》〔清〕汪德编绘 乾隆四年（1739）彩
绘本

《江南各厅全河图说》二卷 〔清〕佚名绘 嘉庆绘本

《江南经略》〔明〕郑若曾撰 隆庆二年（1568）刻本 万历四十二年（1614）
据隆庆本重刻本 清康熙郑起泓刻本 《四库全书》本

《江南河道图说》一卷 〔清〕高斌撰 乾隆彩绘本

《江浙水利实地调查报告》 胡思敬撰 铅印本

《江浙水利联合会审查员对于太湖局水利工程计划大纲实地调查报告书函》 附
《江南水道大势图》 胡雨人撰 民国铅印本

《江淮水利计划第三次宣言书》 张謇撰 民国铅印本

《江淮水利图说摘要·附各河比较表》 谈礼成辑 民国二年（1913）油印本

《江淮水利施工计划书》 张謇撰 民国八年（1919）江淮水利测量局印本

《江淮水利调查笔记》 胡雨人著 刻本 《中国水利要籍丛编》本

《江程一览》〔清〕董醇辑 钞本

《江程蜀道现势书》〔清〕傅崇矩撰 光绪三十年（1904）印本

《江源考》（一名《溯江纪源》）〔明〕徐弘宏祖撰 《徐霞客游记》本

《江源考证》一卷附校刊记 〔清〕李荣陛撰 《豫章丛书》本

《江源考证》一卷附校勘记 胡思敬撰 《豫章丛书》本

《江源记》一卷 〔清〕查拉 吴麟撰 《中外地舆图说集成》本 《丛书集成初
编》本

《江源记》一卷 〔清〕王仁俊撰 《玉函山房辑佚书补编》本

《江堤说》〔清〕阮元撰 《研经室集》本

《江塘志略》一卷 〔清〕甘国奎辑 康熙五十四年（1715）劲节堂刻本

《补水经注洛水泾水武陵五溪考》一卷 〔清〕谢钟英撰 《南菁书院丛书》本

《汝淮泗注江说》〔清〕邹汉勋撰 《邹叔绩文集》本

《论三吴水利》〔元〕周文英撰 清光绪八年（1882）印本

《论六里陂水利书》〔明〕陈紫峰撰 清《陈紫峰先生文集》本

《论农桑水利》〔元〕胡祗遹撰　《紫山大全集》本

《论兴元河渠司不可废》〔元〕蒲道元撰　《顺斋先生闲居丛稿》本

《论围田劄子》〔宋〕卫泾撰　《后乐集》本

《论禹治水说不可信书》　丁文江撰　民国《古史辩》本

《论禹治水故事书》　顾颉刚撰　民国《古史辩》本

《关于防水治河生产救灾工作的报告》　鄄城县政府编　民国三十八年（1949）
　　复写本

《关中水利刍议》三卷　吕益斋编　民国十六年（1927）陕西省政府印刷局铅
　　印本

《关中水利议》一卷　〔清〕张鹏飞撰　民国《关中丛书》本

《关中水道记》四卷　〔清〕孙彤撰　《问经堂丛书》本　《问影楼舆地丛书》

《关东厅上水道概要》　关东厅内务局土木课编　民国铅印本

《兴办农田水利条例》　边委会颁布　民国二十八年（1939）边委会印本

《许公治青浦河功告成记》〔明〕陈继儒撰　《陈眉公全集》本

《许仙屏督河奏稿》十卷　〔清〕许振祎撰　宣统刻本

《安东改河议》一卷　〔清〕范玉琨撰　道光二十五年（1845）刻本

《安东改河议录》三卷附《马棚湾漫工始末记》〔清〕范玉琨撰　《小灵兰馆家
　　乘》本　道光二十五年（1845）刻本　《续修四库全书》本

《安徽江西湖北湖南四省水灾查勘报告书》　许世英编　民国二十四年（1935）
　　振务委员会印本

《安徽省水灾查勘报告》　洪回撰　民国二十年（1931）内政部振务委员会印本

《安徽亳县全境水利总分图说》　佚名撰　民国四年（1915）水科院藏本

《安澜纪要》二卷　〔清〕徐瑞撰　嘉庆十二年（1807年）豫省聚文斋刻
　　本　道光二十一年（1841）刻本　光绪刻本

《决排脱》〔清〕陆士仪撰　民国《徐兆玮日记》本

《庐江疆域考》　陈诗撰　民国铅印本

《充实扬子江水利工作及扩充组织与经费之意见》　佚名撰　民国铅印本

《汛闸约言》一卷　〔清〕李时清撰　泉州图书馆藏本

《汤山温泉记》不分卷　马华庵撰　民国铅印本

《汉州水源册》〔清〕陈铦编　道光六年（1826）刻本　民国二十八年（1939）
　　铅印本

《交通部长江区航政局中华民国三十一年度统计》　交通部长江区航政局统计室

编 民国三十二年（1943）交通部长江区航政局统计室印本

《交通部长江区航政局绞滩管理委员会成立四年》 交通部长江区航政局绞滩管理委员会编 民国三十一年（1942）交通部长江区航政局绞滩管理委员会印本

《交通部扬子江水道整理委员会工作报告〈1928—1931年事〉》 扬子江水道整理委员会撰 民国二十年（1931）铅印本

《交通部扬子江水道整理委员会第六、七期年报合编》 佚名编 民国十七年（1928）交通部扬子江水道整理委员会铅印本

《交通部扬子江水道整理委员会第八期年终报告》 佚名撰 民国十七年（1928）交通部扬子江水道整理委员会铅印本

《交通部扬子江水道整理委员会第九期年报》 交通部扬子江水道整理委员会撰 民国交通部扬子江水道整理委员会印本

《农书·灌溉门》〔元〕王祯撰 清武英殿聚珍本 刻本 民国石印本

《农田水利》 东北物质调节委员会研究组编 民国三十六年（1947）东北物资调节委员会印本 《东北经济小丛书》本

《农田水利学》 沙玉清编著 民国二十五年（1936）商务印书馆铅印本

《农田水利学》 过立先著 民国三十一年（1942）文通书局印本

《农田水利浅说》 四川省政府建设厅编 民国间巴县建设局农林推广处印本

《农具记》一卷〔清〕陈玉璂撰 《常州先哲遗书》本

《农政全书》六十卷 〔明〕徐光启撰 崇祯平露堂刻本 清道光十七年（1837）贵州粮署刻本 同治十三年（1874）山东书局刻本 宣统元年（1909）上海求学斋局据曙海楼刊石印本

《农政全书水利摘要补注》一卷 〔清〕罗仲玉撰 道光九年（1829）敬恕堂刻本

七　画

《两江奏稿录存》〔清〕琦善等撰 清钞本 缩微复制本

《两江督宪江苏抚宪江北提宪为运河伏汛奇涨抢护堤工及启放车两南坝始未细情由附两江督宪江苏抚宪为神州报妄载开坝抢毙及淹毙人口等事情派员确查核办由》 吴学廉等撰 清宣统元年（1909） 铅印本

《两轩剩语》 武同举撰 民国十六（1927）印本

《两河奏疏》不分卷 〔清〕严烺撰 道光十二年（1832）刻本

《两河观风便览》存三卷 〔明〕佚名撰 万历刻本

《两河经略》四卷　〔明〕潘季驯撰　万历十八年（1590）刻本

《两河备览》〔清〕佚名撰　刻本

《两河清汇》八卷　〔清〕薛凤祚撰　《四库全书》本

《两河清江易览》〔清〕薛凤祚撰　钞本

《两河管见》三卷　〔明〕潘季驯撰　万历十八年（1590）刻本

《两修都江堰工程纪略》〔清〕强望泰撰　嘉庆十八年（1813）江溧阳五云堂谱刻本

《两浙水利详考》一卷　〔清〕佚名撰　光绪十六年（1890）石印本　光绪十七年（1891）王氏铅印本

《两浙防护录》〔清〕阮元辑　钞本

《两浙海塘通志》二十卷首一卷　〔清〕方观承等修　乾隆十六年（1751）刻本

《两淮水利》　胡焕庸撰　民国三十六年（1947）铅印本

《两淮水利盐垦实录》　胡焕庸编订　民国二十三年（1934）中央大学铅印

《两湖水利条陈》　李国栋撰　民国四年（1915）铅印本

《苏太水利图考》　汪曾武撰　苏州地方志馆藏本

《苏北人民反对黄河改道分流入苏电文请愿书及其他》　江苏徐海淮杨水利协会筹备会撰　民国铅印本

《苏州府水利纂》不分卷　〔清〕宋大棠撰　钞本

《苏州码头》〔清〕佚名撰　光绪刻本

《苏鲁运河会议之略史》　朱绍文撰　民国八年（1919）　江苏水利协会铅印本

《芙蓉湖修堤录》八卷　〔清〕张之杲撰　道光二十六年（1846）刻本光绪十五年（1889）重刊活字本　光绪三十四年（1908）活字本

《芙蓉湖修堤录》〔清〕陈镐等修　光绪三十四年（1908）木活字本

《束水刍言》〔清〕冯道立　魏源撰　刻本

《赤山湖志》六卷　〔清〕尚兆山撰　《金陵丛书》本　民国三年（1914）上九蒋氏慎修书屋铅印本

《枣强县古漳河官堤志》十卷首一卷　〔清〕扈维藩辑，陶和春纂　光绪三十二年（1906）枣强县署刻本

《吉林堰堤附近地质调查报告》　满洲水力电气建设局编　民国二十八年（1939）印本

《李文田呈刘坤一书论清远石角围筑堤事》〔清〕李文田撰　钞本

《李冰凿都江堰》　顾颉刚撰　民国三十八年（1949）大中国图书局铅印本

《李渠志》六卷 〔清〕程国观纂 道光六年（1826）刻本

《巫山县志·巫山坪垅坝消水始末》〔清〕连山等修，李友梁等纂 光绪十九年（1893）刻本

《邳县公民水患呼吁书》 窦鸿年等撰 民国四年（1915）铅印本

《寿县芍陂塘引淠工程计划书》 裴益祥著 民国二十三年（1934）安徽省水利工程处印本

《寿阳南岸贵字河防营承防堤埝埽坝堡房牌坊起止里数以及黄河形势绘图说》〔清〕佚名绘 光绪彩绘本

《灵泉志》〔清〕陈仅撰 稿本

《灵璧河防录》一卷 〔清〕贡震编 乾隆《灵璧志略》本

《灵璧河渠原委》二卷 〔清〕贡震撰 乾隆《灵璧志略》本

《陈明水利进行办法呈》 张謇撰 《张謇全集》本

《陈侍郎奏稿》四卷 〔清〕陈世杰撰 光绪三十二年（1906）刻本

《张公奏议》〔清〕张鹏翮撰 嘉庆五年（1800）刻本

《张仙浜河簿》 佚名辑 民国二十三年（1934）铅印本

《张季子政闻录·水利类》 张謇撰 民国中华书局印本

《张啬老见复先治黄沙港商榷书》 张謇撰 民国铅印本

《杨豹灵调查长江变流情形及调查长江报告》 杨豹灵撰 民国油印本

《杨填堰开渠筑堤碑记》〔清〕岳震川撰 《赐葛堂文集》本

《杜白二湖全书》（一名《慈溪县鸣鹤乡杜白二湖全书》）〔明〕佚名撰 清嘉庆十年（1805）王崇德刻本 民国七年（1918）吴锦堂铅印本

《抢险图谱》 中国水利工程学会编 民国二十五年（1936）印本

《拟皖北治水弭灾条议致同乡公启》 吴学廉撰 铅印本

《报汛办法》 全国经济委员会制订 民国二十五年（1936）印本

《抗战时期迁都重庆之水利委员会》 行政院水利部编 《中央各院部会迁渝史实概况》本

《驳皂李湖易名曹黎湖说》〔清〕宋璇撰 《赋梅堂文集》本

《驳湖日释疑》 陶惟坻撰 民国铅印本

《改订修浚黄浦河道条款》〔清〕袁树勋撰 光绪三十一年（1905）奏折

《改定井田沟洫说》二卷 〔清〕杨焘撰 道光二十四年至二十五年（1844—1845）刻本

《延寿河册》〔清〕佚名撰 当代《中国水利志丛刊》本

《进呈水利全书疏》〔明〕张国维撰　《张忠敏公遗集》本

《运河纪略》（一名《运漕记录》）不分卷　〔清〕侯鼎谟撰　乾隆十年（1745）
　　刻本　《续修四库全书》本

《运河伏汛奇涨抢护堤工及启放车南坝始末详细情由》　吴学廉等撰　宣统铅
　　印本

《运河总说》〔清〕佚名撰　钞本　宣统民国铅印本

《运河道所属事宜并额征河银册》〔清〕佚名编　朱丝栏钞本

《运河考》〔清〕佚名撰　钞本

《运迦捕上下泉陆厅光绪二十六年抢修各工咨估册等》　崔永安撰　清光绪
　　二十七年（1901）本

《运输学水道编》　熊大惠撰　民国二十三年（1934）铅印本

《运漕摘要》三卷附《漕运便览》一卷　〔清〕张光华编纂　乾隆五十七年
　　（1792）刻本　嘉庆八年（1803）刻本

《围田》〔清〕钱泳撰　《履同丛话》本

《吴中开江书》二卷（一名《娄江志》）〔清〕顾士琏等辑　康熙五年（1666）
　　刻本

《吴中水利书》一卷　〔宋〕单锷撰　清《墨海金壶》本　《守山阁丛书》
　　本　道光本　光绪二十六年（1900）弇册铎署刻本　《常州先哲遗书》
　　本　《丛书集成初编》本

《吴中水利全书》二十四卷　〔明〕陈仁锡撰　《吴中小志丛刊》本

《吴中水利全书》二十八卷　〔明〕张国维撰　崇祯九年（1636）自刻本

《吴中水利通志》十七卷　〔明〕佚名撰　嘉靖三年（1524）锡山安国活字铜
　　版本

《吴江水考》十卷附《太湖全图》、《苏州府全图》、《东南水利七府总图》、《吴
　　淞江全图》、《娄江全图》、《白茆江全图》、《吴江水利全图》〔明〕沈㻌
　　撰　清雍正间沈守义刻本　乾隆刻本　光绪黄象曦另增辑五卷附篇二卷本

《吴江水考图》〔明〕沈㟧撰　清乾隆二年（1737）刻本

《吴江水考增辑》〔明〕林应训撰　光绪二十年（1894）刻本

《吴江水考增辑》五卷附编二卷〔清〕黄象曦撰　光绪二十一年（1895）刻本

《吴江水利议》〔明〕史鉴撰　当代《吴郡文编》本

《吴兴掌故集·水利》〔明〕徐献忠撰　嘉靖三十九年（1560）刊本

《吴郡志·水利》十二卷　〔宋〕范成大撰　明万历四十五年（1617）刻本

《吴淞江水利工程局十一年度报告书》 佚名辑 民国十一年（1922）铅印本

《吴淞江水利协会修浚新闸桥东段报告》 吴淞江水利协会撰 民国十六年
（1927）吴淞江水利协会印本

《吴淞江虞姬墩戴湾工程》 扬子江水利委员会辑 民国二十六年（1937）复
写本

《里下河水利施工计划书》 佚名撰 民国油印本

《里下河东堤归海论集》 吴君勉纂辑 民国三十一年（1942）水利委员会

《呈温榆河全图及说帖》〔清〕金简撰 乾隆五十五年（1790）晋呈本

《非常时期强制修筑塘坝水井暂行办法》 国民政府颁布 民国三十二年
（1943）印本

《收回归江霸管理权记》 武同举撰 民国《两轩剩语》本

《邯郸县志·沙东水利条规》 杨肇基修 李世昌纂 民国二十八年（1939）
刻本

《呈奉核定整顿清浊峪河水利简章》 王虚白编 民国二十五年（1936）石印本

《听卢铖章先生讲演（三峡水利工程）的回忆》 唐伯涛撰 民国油印本

《佐治刍言》一卷〔清〕范玉琨撰 道光二十五年（1845）刻本

《条陈江南浙西水利》〔宋〕范仲淹撰 《范文正公集》本

《伊洛河工振述要》 郭芳五撰 民国二十一年（1932）石印本

《甬上水利志》六卷〔清〕周道遵撰 道光二十八年（1848）木活字本 刻
本 民国二十三年（1934）刻本 《四明丛书》本

《饬兴水利牒》〔清〕李光地撰 徐栋辑《牧令书》本 同治四年（1865）重
刻本

《饬查江北水利檄》〔清〕晏斯盛撰 徐栋辑《牧令书》本 同治四年（1865）
重刻本

《利津县黄河决口后分溜情形并筹办法图说》 佚名绘 民国十一年（1922）彩
绘本

《纪恩录》〔清〕白钟山撰 存素堂藏乾隆刻本

《皂李湖水利事实》不分卷〔明〕罗朋撰，〔清〕曹云庆辑 康熙刻本 乾隆
二十年本

《龟湖塘规》（一名《龟湖塘规簿》）〔宋〕蔡襄撰 民国十四年（1925）印本

《余支湖图志》〔清〕蒋怀清编 光绪二十三年（1897）石印本

《余江百塔河复兴坝灌溉工程计划书二册》 江西水利局编 民国三十二年

（1943）江西水利局铅印本

《余杭南湖图考》〔明〕陈幼学撰　清书福楼刻本

《余姚兰塘乡千金湖浚垦志略》　陈国材纂　民国十五年（1926）铅印本

《余姚海堤集》〔元〕叶翼撰　清钞本

《绵阳龙西堰记》　林思进撰　民国三十二年（1943）影印本

《牡丹江筋航空写真水准测量（直管作业实行决议书、设计书、旅费预算书、直管作业着手报告、精算书、审查书、竣工报告书）》　满洲水利电气建设局调查科编　民国三十一年（1942）中水东北勘测设计院档案室藏本

《近五十年中国之水利》　张相文撰　民国《南园丛稿》本

《近年来的农田水利》　行政院新闻局编　民国三十六年（1947）新闻局印本

《近畿疏通河道造价估工料等清册》　督办近畿疏通河道事宜机关编　民国督办近畿疏通河道事宜机关钞本

《辛亥水利调查笔记》　胡雨人撰　民国铅印本

《辛酉皖北灾情报告书》　皋俞撰　民国十年（1921）石印本

《宋州从政录》不分卷　〔清〕王凤生撰　道光刻本

《宋隆防潦计划》　卜嘉·G著　民国十七年（1928）督办广东治河事宜处印本

《定斋河工书牍》一卷　〔清〕陈法撰　民国印本

《庐阳客记·水利》〔明〕杨循吉撰《四库全书存目丛书》本

《序越州鉴湖图》〔宋〕曾巩撰　《南丰类稿》本

《沅川记》一卷　〔清〕陈运溶辑　《麓山精舍丛书》本

《沅水流域识小录》（译名《湘西》）　沈从文著　民国二十八年（1939）文史丛书编辑部印本

《沅江白水溪案控诉呈文》不分卷附《白水溪图说》　李祖道等撰　民国二十一年（1932）铅印本

《沟沟始末》二卷　〔清〕郭柏苍撰　光绪刻本

《沟沟始末》（一名《西北沟渠水利辑说》）八卷　〔清〕陈仲良撰　咸丰元年（1851）南雪斋刻本

《沙河新港开塞合编》不分卷　〔清〕郭柏苍撰　同光间刻本

《沙湖志》不分卷　任桐辑　民国十五年（1926）油印本

《沂沭偏重筹泄淮泗宜蓄泄兼筹论》　武同举撰　民国铅印本

《泛湖偶记》一卷　〔清〕缪艮撰　《香艳丛书》本

《沁河口滩地护岸工程计划》　黄河水利委员会编　民国二十四年（1935）黄河

水利委员会晒印本

《沟洫私议》一卷《图说》一卷 〔清〕王晋之撰 《牧令书》本 《龙泉师友遗
　　稿合编》本

《沟洫图说》二卷 〔清〕何济川撰 嘉庆蟾山书屋刻本

《沟洫图说》〔清〕施彦士撰 《开垦水田》一卷 〔清〕倪承弼撰 道光十八
　　年（1838）自跋钞本 《农学丛书》本

《沟洫事宜示（乾隆二十三年）》〔清〕陈弘谋撰 《牧令书》本 同治四年
　　（1865）重刻本

《沟洫说》〔清〕马平撰 《问政农桑合刊》本

《沟洫举隅》 张廷枏著 民国二十一年（1932）新学会社印本

《沟洫疆理小记》一卷 〔清〕程瑶田撰 《通艺录》本 民国《安徽丛书》本

《沟渠》 王丕训编 民国世界书局印本

《沟渠工程学》 顾康乐著 民国二十四年（1935）商务印书馆铅印本

《沟渠利溉录》一卷 〔清〕蒋作霖撰 光绪《宜兴荆溪县志》本

《沧浪三滋考》〔清〕金鹗撰 康熙三十五年（1696）刻本 光绪十年（1884）
　　江苏书局本

《汴水说》一卷 〔清〕朱际虞撰 《昭代丛书》本

《汴城筹防备览》四卷 〔清〕傅寿彤撰 咸丰十年（1860）大梁刻本

《沪绅力争扬子江水道主权公牍江存》 佚名辑 民国十一年（1922）铅印本

《沪杭西湖记》〔清〕张一魁撰 《商辂文集》本

《详陈津东水利并拟开海运各处引河由营试办屯垦禀》〔清〕周盛传撰 钞本

《诏起巡视畿南水利事》〔清〕赵翼撰 《瓯北全集七种》本

八　　画

《奉使安南水程日记》〔明〕黄福撰 《纪录汇编》本 《丛书集成初编》本

《直未河防辑要》 于振宗撰 民国十三年（1924）铅印本

《直隶五大干河汇津达海图说》一卷（一名《直省五河图说》） 黄国俊撰 民
　　国六年（1917）铅印本

《直隶五大河流图说》〔清〕佚名撰 钞本

《直隶五河图说》一卷 黄国璋编 民国四年（1915）印本 民国二十八年
　　（1939）重印本（一说著者黄国俊）

《直隶五道成规》（书题《五道成规》）五卷目录一卷 〔清〕高斌辑 乾隆八

年（1743）刻本

《直隶水利图说》〔清〕佚名撰　钞本

《直隶水田简要事宜》〔清〕姚椿撰　钞本

《直隶河防辑要》　于振宗撰　民国十三年（1924）复制本

《直隶治河淀》不分卷　伯英撰　钞本

《直隶河渠书》一百二卷　〔清〕戴震、赵一清撰　戴氏手删底稿本

《直隶河渠水利》一百三十二卷　〔清〕方观承属，赵一清撰　稿本

《直隶南雄州志》〔清〕余保纯、徐维清重修，黄其勤编纂，戴锡伦续修　道
　　光四年（1824）心简斋刻本（子目：《大丰塘记》、《万丰陂记》、《开晋丰
　　塘记》、《开登丰陂记》、《修庆丰陂记》、《修安丰陂记》、《修筑和丰陂记》、
　　《重开咸丰陂记》、《重开景丰塘记》、《重修凌陂记》、《新丰塘记》、《新开
　　渐风、南丰、济丰三塘记》）

《肃州直隶州高台县估修桑平二屯渠道图说》〔清〕佚名绘　光绪三十四年
　　（1908）彩绘本

《建平县志·浮湖塘记》〔清〕王廷曾纂修　雍正刻本

《建行都水庸田使司记》〔元〕杨维祯撰　钞本

《建设委员会调查全国水灾情形初步报告》　建设委员会编　民国二十年
　　（1931）建设委员会印本

《建芜湖县治记》〔清〕陶澍撰　《陶澍集》本

《建闸议》〔清〕陆士仪撰　《徐兆玮日记》本

《建筑中央水工试验所章则》　全国经济委员会编　民国二十五年（1936）全国
　　经济委员会印本

《杭州府东塘海防档》〔清〕佚名辑　写本

《杭湖防堵纪略》〔清〕姚承舆撰　同治刻本

《松江考志》　佚名撰　清钞本

《松江志料》　雷君曜辑　钞本

《松江府重浚蒲汇塘记》〔明〕钱溥撰　清《四库全书》本

《松江漴缺石塘录》〔清〕吴嘉胤撰　冯敦忠辑　雍正二年（1724）重刻本

《松花江水运》　南满铁道株式会社编　民国十一年（1922）印本

《松花江航运之研究》　满铁物所调查课编　民国二十五年（1936）印本

《松花江流域图说》　萨阴团撰　彩印本

《松滋县政府关于各堤垸设立修防处并督令认真修防的呈文》　高季浦撰　民国

三十四年（1945）写本

《武进市区浚河录》不分卷　沈保宜、曾省三编　民国三年（1914）活字本

《武进孟德两河公滩全案》〔清〕佚名撰　光绪二十四年（1898）刻本

《武进怀南乡郑墅西荡水利案卷》吴国屏编　民国十一年（1922）木活字本

《武定府沾化县徒骇河图说》〔清〕佚名绘　光绪彩绘本

《武威杂木河灌溉区旧渠整理工程计划书》甘肃河西水利工程总队第一分队编
　　民国三十六年（1947）印本

《武威西营河灌溉区旧渠整理工程计划书》甘肃河西水利工程总队第一分队编
　　民国三十六年（1947）印本

《武威全县水利情形一览表》佚名编　《民国时期武威县的农田水利开发》本

《武威卯藏滩水库工程计划书》甘肃河西水利工程总队第一分队编　民国
　　三十六年（1947）印本

《武威齐家滩地下水灌溉工程计划书》甘肃河西水利工程总队第一分队编　民
　　国三十六年（1947）印本

《武威金塔河旧渠整理工程计划书》甘肃河西水利工程总队第一分队编　民国
　　三十六年（1947）印本

《武威黄羊河灌溉区旧渠整理工程计划书》甘肃河西水利工程总队第一分队编
　　民国三十六年（1947）印本

《武威黑墨湖地下水灌溉工程计划书》甘肃河西水利工程总队第一分队编　民
　　国三十六年（1947）印本

《武清县杨村附近稻田图》佚名撰　民国初石印本

《规画江北水利书》武同举撰　民国四年（1915）铅印本

《居济一得》八卷〔清〕张伯行撰　康熙初刻本　《正谊堂全书》本　《四库全
　　书》本　仪封本　衙刻本　《丛书集成初编》本

《昆山县全境水利说略》李传元、赵诒琛纂　《新昆两县续补合志》本

《昆仑河源考》一卷〔清〕万斯同撰　《四库全书》本　《借月山房汇钞》
　　本　泽古斋重钞本　式古居汇钞本　《丛书集成初编》本

《明代之漕运》（日）清水泰次著，王崇武译　民国二十五年（1936）印本

《明代河渠考》十二卷〔清〕万斯同撰　刻本　钞本

《明江南治水记》一卷〔清〕陈士矿撰　钞本　《学海类编》本　《丛书集成初
　　编》本

《明河工学者潘季驯学说概略（附潘季驯年谱）》沈怡撰　民国十七年（1928）

《同济大学二十周年纪念册》本

《国民政府导淮委员会工作报告（1930—1931）》　国民政府导淮委员会辑　民国二十年（1931）油印本

《国民政府救济水灾委员会工赈报告》　国民政府救济水灾委员会编　民国二十一年（1932）上海国民政府救济水灾委员会印本

《国民政府救济水灾委员会察勘各区工程备览》　上海国民政府救济水灾委员会编民国二十一年（1932）上海国民政府救济水灾委员会印本

《国民政府黄河水利委员会组织条例》　国民政府颁布　民国十八年（1929）印本

《国立北平图书馆筹赈水灾展览会水利图书目录附补遗》　国立北平图书馆辑　民国二十四年（1935）铅印本

《国联工程专家考察水利报告书》附图　佚名辑　民国二十二年（1933）彩印本（子目：《导淮工程计划总图》、《导淮工程初步施工计划图》、《华北河道整理计划图》、《上海商港图》）

《图书编·两浙水利》〔明〕章潢撰　清《四库全书》本

《固始水利纪实》二卷　桂林编　民国八年（1919）河南开封惜荫书店铅印本

《闸务全书续刻》四卷　〔清〕平衡撰　咸丰介眉堂刊刻本

《临川青莲山温泉调查报告》　江西地质矿业调查所编　民国二十三年（1934）江西地质矿业调查所铅印本

《临河捷镜》（一名《河工图说》）二卷　〔清〕谢上仁编　民国晒印本

《临洮县水利略图》　临洮县建设局制　民国十九年（1930）彩绘本

《岩居丛录黄河考、东庄遗集》〔清〕汪份撰　道光十五年（1835）刻本　钞本

《欧美水利调查录》　宋希尚著　民国十三年（1924）河海工程专门学校印本

《岷江纪程·楛贴偶存》〔清〕陈钟祥撰　咸丰十年（1860）《趣园初集》刻本

《岷江源委》三卷　〔汉〕桑钦撰，〔北魏〕郦道元注，〔清〕钟登甲校订　光绪十五年（1889）乐道斋刻本

《促时导淮商榷书》　苏民生、武同举撰　民国铅印本

《促进各县兴办水利办法》　四川省政府制定　民国三十年（1941）印本

《金山张泾河工征信录》　高燮编　民国十三年（1924）铅印本

《金山沈泾河工载记》　陈光辉编　民国十六年（1927）沈泾河工局印本

《金堂县水电灌溉区暂行水利法》　金堂县政府编　民国二十四年（1935）印本

《金陵后湖志》（一名《五洲公园金陵后湖志》） 王晏犀撰 民国二十二年
（1933）翰文书店印本

《金陵唐颜鲁公乌龙潭放生池古迹考》 检斋居士辑 民国十九年 （1930）众
香庵刻本

《金堤汜》〔宋〕张孝祥撰 《于湖居士文集》本

《钦定河工则例章程》〔清〕工部编 嘉庆十三年（1808）刻本

《饬查水利及时疏浚以备旱潦事》〔清〕田文镜 徐栋辑 道光二十八年
（1848）刻本

《练湖志》十卷首一卷 〔清〕黎世序纂修 嘉庆十五年（1810）刻本 民国五
年（1916）铅印本

《练湖志续编》 孙国钧撰 民国六年（1917）振华公司铅印本

《京兆尹造送永定北运两河防局局长暨各职员履历清册》 永定北运两河防局
编 民国五年（1916）写本

《京兆北运河防局详复宝坻绅民修河意见书》 京兆北运河防局辑 民国铅印本

《京兆永定河防局中华民国五年堵筑北六大工漫口支出计算书》 京兆永定河防
局编 民国五年（1916）钞本

《京师城内河道沟渠图说》 伪建设总署编 民国三十年（1941）伪建设总署
印本

《京省水道考》六卷 〔清〕汪日暐撰 乾隆四十年（1775）刻本 乾隆四十八
年（1783）刻本

《京都水利考》〔明〕袁黄撰 《四库全书存目丛书》本

《京畿水利档案汇编》不分卷 〔清〕佚名编 缩微复制本

《京畿水灾善后纪实》二十二卷附征信录一卷 熊希龄撰 民国八年（1919）
铅印本

《京畿河工善后纪实》 顺直水利委员会编 民国顺直水利委员会印本

《京畿除水害兴水利刍议》 武桓著 民国十五年（1926）新新印刷局印本

《宝山海塘全案》十卷 〔清〕佚名撰 清刻本

《宝山海塘图说》 朱日宣撰 民国九年（1920）铅印本

《宝庆四明志·叙水》二十一卷 〔宋〕罗濬等撰 钞本

《宝应弥患商榷书》 居福升撰 民国六年（1917）石印本

《宝坻县水利设计》 李菜撰 民国二十年（1931）铅印本

《宝坻县河道图说》〔清〕佚名撰 宣统彩绘本

《实业计划之水利建设》　沈百先编　民国三十二年（1943）长江委档案室印

《宗太守筹河论》〔清〕佚名撰　国家图书馆藏本

《宗孟卢行水三议》一卷　〔清〕盛沅撰　民国铅印本

《河工》　冯雄著　民国十九年（1930）商务印书馆印本　民国二十八年
　　（1939）长沙简版本　民国三十六年（1947）印本

《河工书》一卷　〔明〕吕坤撰　《吕新吾全集》本　万历刻本

《河工方略》　余家洵撰　民国三十四年（1945）正中书局铅印本

《河工讨论会议事录》　督办京畿水灾河工办公处编　民国铅印本

《河工合龙图谱》〔清〕佚名绘　彩绘本

《河工纪要》〔清〕佚名撰　国家图书馆藏本

《河工防要》二卷　〔清〕薛传均撰　缩微复制本

《河工则例》五卷　〔清〕工部编　雍正十二年（1734）刻本（子目：《秸麻帮
　　价章程》一卷　《碎石方价成规》一卷　《续增成规》一卷　《拟定成规》
　　二卷）

《河工杨木桩规则例》（书名页题《杨木桩规》）〔清〕佚名编　乾隆九年
　　（1744）刻本

《河工条约》一卷　〔清〕陈鹏年撰　《陈恪勤公集》本

《河工奏稿》〔清〕稽承志等撰　钞本

《河工学》　郑肇经撰　民国二十三年（1934）商务印书馆铅印本

《河工学》（日）浅野撰　民国三十二年（1943）新中国印书馆铅印本

《河工要义》四卷　章晋墀　王乔年述　民国七年（1918）刻本

《河工择要》〔清〕佚名辑　朱丝栏钞本

《河工备考》二卷　〔清〕钞本

《河工便览续注》〔清〕佚名辑　钞本

《河工捐输议叙章程》〔清〕佚名辑　钞本

《河工案牍》　谢源深、朱日宣编　宣统元年（1909）上海浦东塘工善后局铅
　　印本

《河工资料杂辑》　天津县十二乡联合会等编　民国钞本

《河工海防策》　佚名撰　清十万卷楼　石印本

《河工诸议》三卷附一卷新议一卷　〔明〕李国祥撰　明万历十八年（1590）
　　刻本

《河工奢侈之风》〔清〕薛福成撰　《庸盦笔记》本

《河工策》（美）李佳白撰　清光绪二十二年（1896）尚贤堂铅印本

《河工策要》四卷　〔清〕佚名辑　光绪十四年（1888）上海蜚英馆石印袖珍本

《河工集》〔清〕许汝霖撰　康熙刻本

《河工简要》四卷　〔清〕邱步洲辑　光绪十三年（1887）刻本

《河工摘录》〔清〕黄之纪撰　国家图书馆藏本

《河工摘要》　陆建瀛撰　扬州大学图书馆藏本

《河工器具图》一卷　〔清〕郭成功撰　乾隆四十四年（1779）刻本　民国
　　二十三年（1934）钞本

《河工器具图说》四卷　〔清〕麟庆纂辑　道光十六年（1836）河南节署刻
　　本　《中国水利要籍丛编》本　民国十五年（1926）河南河务局刻本

《河工禀稿》〔清〕刘鹗撰　当代《刘鹗集》本

《河工蠡测》〔清〕刘永锡撰　钞本

《河干问答》一卷《河工书牍》一卷《塞外纪程》一卷　〔清〕陈法撰　道光八
　　年（1828）陈氏刻本　常惺惺室刻本　民国二十四年（1935）中国营造学
　　社铅印本

《河上易注》八卷图说二卷　〔明〕黎世序撰　清道光元年（1821）刻本

《河上金针》附《河防须知》、《河工备考》〔清〕朱霈编　据道光钞本抄

《河上语》（一名《河上语图解》）〔清〕蒋楷撰　光绪二十三年（1897）刻
　　本　民国三十八年（1949）黄河水利委员会印本

《河上楮谈》〔明〕朱孟震撰　钞本

《河口图说》〔清〕麟庆撰　道光二十年（1840）绘本　民国《王家营志》本

《河川》（日）野满隆治著　民国二十八年（1939）商务印书馆铅印本

《河川法》"伪满洲国"颁布　民国二十七年（1938）印本

《河川堰堤规则》"伪满洲国"颁布　民国三十二年（1943）印本

《河东河工物料价值》〔清〕工部纂　刻本　国家图书馆藏本

《河北水利论》　白眉初著　民国十七年（1928）京津印书局印本

《河北采风录》〔清〕王凤生撰　道光六年（1826）刻本　刻本

《河北省农田水利委员会第三届成绩书》　河北省农田水利委员会编　民国
　　二十六年

《河北省南运河下游疏浚委员会报告书（1936年事）》　石家庄河北省南运河下
　　游疏浚委员会撰　民国二十五年（1936）河北省南运河下游疏浚委员会文
　　牍股铅印本

《河东河道总督奏事折底》〔清〕黄赞汤撰　缩微复制本

《河议本末》一卷　〔清〕赵洵撰　钞本

《河务初模》〔清〕林绍清编　光绪刻本

《河务所闻集》六卷　〔清〕李大镛撰　民国二十五年（1936）铅印本

《河西水利》行政院新闻局编　民国三十六年（1947）行政院新闻局印本

《河西水系与水利建设》江戎疆撰　《民国时期武威县的农田水利开发》本

《河臣箴》〔清〕康熙御撰　写本

《河防》一卷　〔清〕程含章撰　刻本

《河防一览》十四卷　〔明〕潘季驯撰　万历十八年（1590）自刻本　清顺治
　　十四年（1657）刻本　康熙间十二卷刻本　乾隆十三年（1748）刻本　民
　　国二十五年（1936）中国水利工程学会印本

《河防一览榷》十二卷　〔明〕潘大复撰　万历四十七年（1619）刻本

《河防一览纂要》六卷　〔清〕陈于豫撰　康熙三十九年（1700）刻本

《河防刍议》六卷　〔清〕崔维雅撰　康熙刻本　刻本　钞本

《河防刍议》一卷　〔清〕刘成忠撰　同治十三年（1874）刻本

《河防议》〔明〕潘埙撰　《冰壑遗稿》本

《河防议辑》〔清〕佚名撰　钞本

《河防记》一卷　〔元〕欧阳玄撰　嘉庆二十二年（1817）刻本　《学海类编》
　　本《漕河通志》本　《丛书集成初编》本

《河防考》五卷　〔清〕郑大郁撰　顺治三槐堂刻本

《河防杂著》四种四卷　周馥纂　民国十一年（1922）秋浦周氏石印本

《河防纪略》四卷　〔清〕孙鼎臣撰　咸丰九年（1859）刻本　《苍莨初集》本

《河防志》二十四卷　〔清〕佚名撰　康熙钞本

《河防志》十二卷　〔清〕张希良　《中国水利要集丛编》本

《河防志》十二卷　〔清〕张鹏翮撰　刻本

《河防志》朱经撰　民国《宝应县志》本

《河防述言》十二卷附《治河奏疏》、《治河书》〔清〕张霭生纂　钞本　《青照
　　堂丛书》本

《河防述要》一卷　〔清〕陈璜　张霭生撰　钞本

《河防条陈》一卷　王湛霖等撰　民国钞本　民国印本

《河防奏议》〔清〕嵇曾筠撰　雍正十一年（1733年）刻本

《河防奏疏》〔清〕费淳、吴敬撰　钞本

《河防要诀》二卷（一名《河工秘要》）〔清〕佚名辑　钞本

《河防要览》四卷〔清〕陆燿辑　光绪十四年（1888）砚北山房刊木活字巾箱本

《河防通议》二卷〔元〕赡思撰　后至元四年（1338）嘉兴路儒学刻本　《守山阁丛书》本　明南监本　《四库全书》本　《守山阁丛书》　明辨斋本　民国二十五年（1936）铅印本　《丛书集成初编》本

《河防辑要》四卷　周家驹辑　清宣统三年（1911）铅印本

《河防榷》十二卷〔明〕潘季驯撰　清康熙刻本

《河防疏略》二十卷附崇祀录一卷墓志铭一卷〔清〕朱之锡撰　康熙寒香馆刻本　《金华丛书》本

《河防摘要》二卷（一名《河防要诀》）〔清〕陈潢辑　钞本

《河纪》二卷〔清〕孙承泽撰　康熙刻本

《河决考》〔清〕张鹏翮撰　雍正钞本

《河图道原》〔清〕朱云龙撰　乾隆刻本

《河治通考》十卷〔明〕吴山撰　崇祯十一年（1638）刻本　清《四库全书》本

《河南河务局二十五年河防报告书》　王力仁编　民国二十五年（1936）河南河务局石印本

《河南沙河工振实录》　佚名撰　民国油印本

《河南河工档》〔清〕佚名辑　写本

《河南治河工程旧册》不分卷〔清〕佚名辑　钞本

《河南省水利规划》　曹瑞芝撰　《民国史料丛刊》本

《河南减漕录》二卷　河南漕粮商榷会辑　民国铅印本

《河南管河道事宜》一卷〔明〕尚大节撰　刻本

《河间海防清军兼理屯田水利同知卢象观条议》〔明〕卢象观撰　国家图书馆藏本

《河套图考》一卷〔清〕杨江撰　咸丰七年（1857）刻本《关中丛书》本

《河套图志》　张鹏一纂　民国十一年（1922）在山草堂铅印本

《河套现状及疏浚之意见书》　须恺撰　民国油印本

《河套新编》十五卷　金天翮、冯际隆编　钞本

《河徙及其影响》不分卷　孙元鼎撰　民国二十四年（1935）金陵大学铅印本

《河海的成因》　杜若城著　民国商务印书馆印本

《河海昆仑录》四卷　〔清〕裴景福撰　光绪三十二年（1906）铅印本

《河海测量指导·深度测量》　张含英编著　民国二十二年（1933）铁道部北方
　　大港筹备委员会印本

《河流与文明之关系》（日）志贺重昂著　清光绪二十九年（1903）人演社
　　印本

《河源志》一卷（一名《河源记》）〔元〕潘昂霄撰　清宛委山堂《说郛》
　　本　《百川学海》本

《河源志》一卷（一名《河源记》）〔元〕潘昂霄撰　《百川学海》本

《河源异同辩》一卷　〔清〕范本礼撰　《续修四库全书》本

《河源纪略》三十六卷　〔清〕高宗敕修，纪昀等纂　乾隆四十七年（1782）武
　　英殿刻本　民国二十年（1931）影印本

《河源纪略承修稿》五卷《图说》一卷　〔清〕吴省兰撰　嘉庆十二年（1807）
　　刻本　《艺海珠尘》本　《丛书集成初编》本

《河源述》一卷　〔清〕许鸿磐撰　稿本

《河渠汇览》十六卷　〔清〕张丙嘉撰　钞本

《河渠考略》一卷　〔明〕曹印儒辑　民国钞本

《河渠纪闻》三十一卷　〔清〕康基田撰　嘉庆九年（1804）霞荫堂刻本　民国
　　二十五年（1936）影印本

《河渠备征》不分卷　〔清〕傅云龙汇钞　稿本

《河道工程学》　刘友惠著　民国十七年（1928）商务印书馆印本

《河赋注》（一名《河赋》）一卷　〔清〕江潘撰，钱坤注　光绪三十一年
　　（1905）刻本　《藕香零拾》本　《丛书集成初编》本

《河漕》〔明〕沈德符撰　《万历野获集》本

《河漕备考》四卷　〔清〕朱鋐撰　钞本　《续修四库全书》本

《河漕通考》四十五卷　〔明〕黄承玄撰　刻本　清钞本

《河壖杂志》一卷　〔清〕王藻撰　嘉庆三年（1798）恕堂刻本

《河壖杂志·河工料物扫土择要便览》〔清〕佚名辑　钞本

《视察无锡、江阴、武进、丹阳、丹徒、金坛、宜兴、溧阳水利记录》　华毓
　　鹏、林保元、龚允文撰　民国铅印本

《视察台湾水利报告》　沈百先撰　民国三十七年（1948）印本

《视察洞庭湖水利报告书》　湖南水灾善后委员会撰　民国二十四年（1935）湖
　　南水灾善后委员会油印本

《视察洞庭水利建议补充办法意见书》 湖南水灾善后委员会编　民国二十四年
　　（1935）湖南水灾善后委员会油印本

《视察浏河七浦白茆后之水利说略》 王清穆撰　民国十一年（1922）石印

《治下河水论》一卷　〔清〕张鹏翮撰　民国《扬州丛刻》本

《治水工程节要》四卷　李澍撰　民国十四年（1925）铅印本

《治水刍言》 李澍撰　民国二年（1913）铅印本

《治水刍言》 张孔殷撰　民国十八年（1929）铅印本

《治水刍言》 易荣膺撰　稿本

《治水论》（日）冈崎文吉著　民国十一年（1922）内政部编译处印本

《治水利调查实施计划书》 国道局第二技术处水利科编　民国二十五年
　　（1936）中水东北勘测设计院档案室藏本

《治水私议》 喻哲文撰　民国石印本

《治水沉言》 齐咏苹撰　民国七年（1918）石印本

《治水述要》十卷　周馥撰，周学熙等校　民国十一年（1922）秋浦周氏刻朱
　　印《周悫慎公全集》本

《治水筌蹄》二卷　〔明〕万恭撰　万历刻本

《治汉要略》〔清〕田宗汉撰　光绪刻本

《治运必先恢复淮水故道说略》 佚名撰　民国石印本

《治河七说》〔清〕刘鹗撰　刻本

《治河五说》一卷附续说　〔清〕刘鹗撰　光绪刻本

《治河书》三卷　〔清〕靳辅撰　钞本

《治河方略》（一名《治河书》）八卷首一卷附录一卷　〔清〕靳辅、吴慰祖
　　撰　乾隆三十二年（1767）刻本　嘉庆四年（1799）刻本　靳镕垅重刻乾
　　隆本　钞本　民国二十五年（1936）崔应阶重编排印本

《治河刍议》〔清〕莫炳琪撰　国家图书馆藏本

《治河记》十卷　〔清〕张鹏翮撰　《张文端公全集》本

《治河议》不分卷　佚名撰　清钞本

《治河节要》 唐尊玮辑　民国铅印本

《治河杂抄》 佚名撰　民国印本

《治河论》三卷〔清〕裘曰修撰　《裘文达公文集》本

《治河论丛》不分卷　张含英撰　民国二十五年（1936）商务印书馆铅印本

《治河改地》 别廷芳撰　民国二十九年（1940）印本

《治河全书》二十四卷　〔清〕张鹏翮撰　钞本

《治河私议》〔明〕姚文灏撰　清《长洲县志》本

《治河奏绩书》四卷附《河防述言》一卷　〔清〕靳辅撰　《四库全书》本　钞本

《治河奏议》〔汉〕贾让撰　清《经史百家杂钞》本

《治河奏疏》二卷　〔明〕周堪庚撰　清乾隆周硕勋念兹堂刻本　光绪十八年
　　（1892）泲水校经书院刻本

《治河奏疏》四卷　〔明〕李化龙撰　《平播全书》本　《四库全书》本

《治河奏疏》一卷　〔明〕曹时聘撰　摘钞本

《治河奏牍》〔清〕张鹏翮撰　钞本

《治河奏稿》〔清〕傅山撰　稿本

《治河事宜》（一名《河南管河道事宜》）一卷　〔明〕商大节撰　民国紫江朱氏
　　存素堂钞本

《治河事宜》〔清〕李清时撰　泉州图书馆藏本

《治河择要》〔清〕佚名撰　刻本

《治河图略》一卷　〔元〕王喜撰　《四库全书》本　《墨海金壶》丛书本　《丛
　　书集成初编》本

《治河要语》一卷　〔清〕丁恺曾撰　道光十五年（1835）青照堂丛书本　民国
　　二十四（1935）望奎楼九种本

《治河要领》　佚名撰　扬州大学图书馆藏本

《治河要略》〔清〕刘士林撰　刻本

《治河研究》（德）温克·R著　民国二十九年（1940）长沙商务印书馆印本

《治河研究》　王寿宝著　民国三十七年（1948）商务印书馆铅印本

《治河前策》二卷　〔清〕冯祚泰撰　乾隆七年（1742）蓝晒本　钞本

《治河总考》四卷（存卷三、卷四）〔明〕车玺撰，陈铭续撰　正德十一年
　　（1516）刻本

《治河说略》五卷　屈映光撰　民国铅印本

《治河通考》十卷　〔明〕吴山撰　嘉靖十五年（1536）刻本　崇祯十一年
　　（1638）刻本　《中国水利志丛刊》本　钞本

《治河通考》十卷　〔明〕刘隅撰　《续修四库全书》本

《治河策》一卷　〔清〕傅咸如撰　道光刻本

《治河概念》四卷　〔清〕黄贻楫撰　泉州图书馆藏本

《治河管见》一卷　〔清〕董毓琦撰　光绪十六年（1890）刻本

《治河纂要》二卷 〔清〕俞瑒辑 钞本

《治修河渠农田书》 佚名撰 东洋文库所藏清乾隆五十年（1785）刻本

《治黄刍议》 张维潘撰 民国二十四年（1935）铅印本

《治黄河论》 殷自芳撰 稿本

《治黄意见书》 王露洪撰 民国铅印本

《治淮计划书》（美）费礼门撰 民国十一年（1922）安徽水利局印本

《治淮宜浚复故道意见书》 乔仲麟撰 民国石印本

《治淮源委计划图说》 安徽水利测量局拟 民国八年（1919）皖江同文印书馆
铅印本

《治湖录》〔清〕吴兴祚辑 光绪木活字本

《治湖箴言》 胡雨人撰 民国铅印本

《治颍述要》 马兆骧撰 民国二十五年（1936）颍河工振第二事务所颍河下游
桥工委员会铅印本

《泸水志》不分卷 殷承钧纂 民国二十一年（1932）石印本

《沱江查勘报告》 扬子江水利委员会撰 民国二十六年（1937）油印本

《泾水论》一卷 〔清〕王太岳撰 光绪扫叶山房石印本

《泾渠志》一卷 《图考》一卷 〔清〕王太岳撰 乾隆刻本 嘉庆九年（1804）
刻本 光绪扫叶山房石印本

《泾渠志后序》〔清〕王太岳撰 道光二十八年（1848）刻本 同治四年
（1865）重刻本 同治八年（1869）湖北崇文书局刻本 光绪扫叶山房石
印本

《泾渠志稿》 高士蔼撰 民国二十四年（1935）陕西水利局刻本

《泾渠图考》一卷《志》一卷 〔清〕王太岳撰 刻本

《泾渠图说》〔元〕李好文撰 清《长安志图》本 《宋元方志丛刊》本

《泾惠渠》 行政院新闻局编 民国二十一年（1932）行政院新闻局印本 民国
三十六年（1947）印本

《泾惠渠》 李协撰 民国印本

《泾惠渠概况》 陕西省泾惠渠管理局编 民国三十年（1941）油印

《泽国之利》〔清〕黄可润撰，〔清〕徐栋辑 道光二十八年（1848）刻本 同
治四年（1865）重刻本

《郑工并沁河漫口工程各案》三卷 〔清〕倪文蔚撰 钞本

《郑工启事》二卷 〔清〕倪文蔚撰 钞本

《炀帝开河记》一卷　佚名撰　清道光元年（1821）邵氏西山堂刻本

九　画

《泰西水法》六卷　（意）熊三拔口述,〔明〕徐光启编译　万历四十年（1612）
　　曹于汴、彭惟成刻本　《四库全书》本　嘉庆五年（1800）刻本

《泰州纤堤说略》一卷　〔清〕王又朴撰　《诗礼堂全集》本

《奏定东河新设河防局章程》〔清〕许振祎撰　光绪铅印本

《奏复米价及修陂塘水利事》〔清〕杨文乾撰　雍正四年（1726）写本

《南乐县潴龙河图说》一卷　〔清〕任士虎撰　钞本　乾隆三十八年（1773）
　　刻本

《南汇县团区水利会辛酉工赈征信册》佚名编　民国十七年（1928）铅印本

《南汇县沈庄塘盐铁塘河工征信册》朱祥绂辑　民国十二年（1923）铅印本

《南汇修筑李公塘报告书》黄报延等撰　民国五年（1916）铅印本

《南江辩》〔清〕程廷祚撰　《青溪集》本

《南运河工程图说》〔清〕佚名绘　国家图书馆藏本

《南运河光绪三十二年分抢修草土工程图说》〔清〕官撰　光绪三十二年
　　（1906）绘本

《南陂坂灵波水利志》二卷　〔清〕佚名撰　乾隆三十五年（1770）刻本

《南河成案》五十八卷　〔清〕江南河道总督衙门编　嘉庆江南河道总督衙门
　　刻本

《南河成案续编》三十八卷首一卷　〔清〕江南河道总督衙门编　嘉庆官刻本　道
　　光工部刻本

《南河成案简明目录》不分卷　〔清〕佚名编　钞本

《南河全考》二卷　〔明〕朱国盛撰　《中国水利志丛书》本

《南河志》十四卷全考二卷　〔明〕朱国盛撰,徐标续撰　刻本

《南河图说》〔清〕高晋撰　乾隆河督进呈本

《南河宣防录》〔清〕白钟山撰　存素堂藏乾隆刻本

《南河编年纪要》五卷　〔清〕袁青绶编　稿本　《续修四库全书》本

《南通张季子水利史实》沈秉璜撰　民国钞本

《南通保坍计划报告书》（荷）特来克撰　民国五年（1916）印本

《南湖水利图考》二卷事略一卷　〔明〕陈善撰　浙江书局刻本

《南湖考》一卷　〔明〕陈幼学撰,〔清〕梁恭辰增辑　光绪五年（1879）刻本

《南湖记》〔明〕何瑭撰 《何瑭集》本

《南湖志》一卷 〔明〕陈幼学撰 万历刻本

《南湖志考》〔明〕陈善撰，陈幼学重辑 清光绪五年（1879）重校刻本

《南湖图考》 佚名撰 民国浙江图书馆印本

《南湖考斟异》 佚名撰 民国油印本

《查办盐务河工海塘奏稿》不分卷 〔清〕敬征等撰 钞本

《查看黄河形势拟仍由铁门关迤下旧河入海图说》〔清〕佚名绘 光绪彩绘本

《查勘丹阳湖放垦报告》 蒋涤家撰 民国二十六年（1937）复写本

《查勘正定等属滹沱滏阳子牙河图说》〔清〕佚名绘 光绪彩绘本

《查勘汉江报告（自陕西安康县岚河口起至湖北宣城县蛮河口止）》 李萼奇、
　　顾守仁辑 民国二十四年（1935）油印本

《查勘华阳河流域地形报告》 杨建撰 民国二十五年（1936）铅印本

《查勘扬子江复工程及南京至家昌闻水道报告》 傅汝霖撰 民国二十五年
　　（1936）铅印本

《查勘南盘江上游水利工程初次计划书》 秦光第撰 民国十六年（1927）石
　　印本

《查勘沫溪河航道报告暨改进工程初步计划》 杨子江水利委员会辑 民国
　　二十六年（1937）油印本

《查勘堤工折》〔清〕张之洞撰 《张之洞全集》本

《恭城势江灌溉工程计划书》 李湛恩撰 民国三十一年（1942）油印本

《胡尹雨人实地调查报告书书後》 金翩撰 民国铅印本

《咸丰元年起捐修柴土塘并石塘各工案》〔清〕连仲愚等纂 钞本

《瓯江小记》〔清〕郭钟岳撰 光绪四年（1878）和天倪斋刻本

《桃园大工辑略》〔清〕李大镛辑 刻本

《按运图说》〔清〕孙承泽撰 《春明梦余录》本

《陕西省之水利建设》 佚名撰 民国三十一年（1942）印本

《陕西省水利局二十七年份统计年报》 陕西省水利局统计股编 民国二十九年
　　（1940）陕西省水利局石印本

《陕西省水利局各河堤修防人员惩罚办法》 省水利局制订 民国二十五年
　　（1936）印本

《陕西省汉惠渠灌溉管理规则》 国民政府行政院颁布 民国三十三年（1944）
　　印本

《陕西省各河堤防协会暂行组织大纲》　陕西省政府颁布　民国二十二年
　　（1833）省水利局印本

《陕西省各渠工业用水简章》　省水利局颁布　民国三十年（1941）印本

《陕西省泾惠渠灌溉管理规则》　国民政府行政院颁布　民国三十三年（1944）
　　印本

《陕西省梅惠渠灌溉管理规则》　国民政府行政院颁布　民国三十三年（1944）
　　印本

《陕西省黑惠渠灌溉管理规则》　国民政府行政院颁布　民国三十二年（1943）
　　印本

《陕西省渭惠渠灌溉管理规则》　国民政府行政院颁布　民国三十三年（1944）
　　印本

《陕西省褒惠渠灌溉管理规则》　国民政府行政院颁布　民国三十三年（1944）
　　印本

《陕西凿井成案》一卷　〔清〕崔纪、陈弘谋撰　陕西省图书馆藏本

《陕西渭北水利工程局引泾第二期报告书》　李仪祉撰　民国十三年（1924）渭
　　北水利委员会印本

《陕西渭惠渠计划书》　黄河水利委员会导渭工程处编　民国二十四年（1935）
　　黄河水利委员会导渭工程处铅印本

《赵州东晋湖志》〔清〕佚名撰　道光三十年（1850）刻本

《闽会水利考》一卷　〔清〕郭柏苍辑　同治十一年（1872）郭氏刻本　光绪九
　　年（1883）郭氏刻本

《闽会水利故·福州历代浚湖事略》〔清〕郭柏苍辑　光绪九年（1883）刻本

《闽轮五年》　闽江轮船股份有限公司编　民国三十四年（1945）铅印本

《贯江辨》　殷自芳撰　稿本

《奖励兴办水利简章》　绥远省政府与建设厅编　民国十八年（1929）绥远省政
　　府与建设厅印本

《奖励兴办农田水利暂行办法》　陕甘宁边区政府颁布　民国二十七年（1938）
　　陕甘宁边区政府印本

《鸭江行部志》一卷　（金）王寂撰，孙楻蔚考释　油印本

《怀庆府八县水道图说》一卷　〔清〕佚名撰　嘉庆刻本

《郧溪集》〔宋〕郑獬撰　清《湖北先正遗书》本

《趵突泉志》〔清〕任弘远撰　乾隆七年（1742）刻本

《峡船》三卷　刘声元等编绘　民国九年（1920）石印本　民国十一年（1922）
　　北京和济印刷局铅印本

《看河纪程》三卷　〔清〕周洽撰　刻本　嘉庆二十年（1815）书三味楼刻本

《重开平湖县虹桥堰记》〔清〕吴骞撰　《愚谷文存续编》本

《重开吕昌两堨记》〔清〕郑时辅编　咸丰八年（1858）　刻本

《重开顾会浦记》〔宋〕杨炬撰　清《四库全书》本

《重订苏省水卡捐章》〔清〕佚名编　光绪刻本

《重订松沪水厘章程》〔清〕佚名编　光绪刻本

《重订河渠纪略》不分卷　〔清〕王世仕辑　稿本

《重印直隶五河图说》　黄国俊著　民国二十八年（1939）印本

《重建泰州长堤碑记》〔清〕陈宏谟撰　《海陵文征》本

《重刻运河备览》〔清〕陆朗甫纂　同治刻本

《重刻河防一览序》〔清〕高斌撰　《水利珍本丛书》

《重修木兰陂集》一卷　〔清〕佚名辑　乾隆刻本

《重修中卫七星渠本末记》〔清〕王树楠撰　光绪稿本

《重修平度州志》〔清〕吴慈修，李图纂　道光二十九年（1849年）刻本（子
　　目：《胶莱河论》、《胶莱河运图》、《胶莱河漕运形势图》）

《重修石岗陡门记》〔宋〕陈傅良撰　清《止斋文集》本

《重修安徽通志·开河筑坝议略》〔清〕吴坤修等修，何绍基、杨沂孙纂　光
　　绪四年（1878）刻本

《重修兴化县志河渠志纂稿》　佚名纂　民国稿本

《重修芙蓉湖堤录》八卷　〔清〕陈镐等撰　光绪三十四年（1908）聚珍版校
　　印本

《重修固始县水利续志》三卷　〔清〕杨汝楫撰，谢聘重修　民国八年（1919）
　　全国水利委员会固始分会石印本

《重修桑园围总志》十四卷　〔清〕明之纲重辑　道光刻本

《重修通利渠册》〔清〕佚名撰　光绪三十四年（1908）重修本

《重修淮郡文渠记》〔清〕陆元鼎辑　光绪三十年（1904）善后局刻本

《重修槎陂志（附碉石陂志）》　周鉴冰等编纂　民国二十八年（1939）重修本

《重浚广济渠记》〔明〕何瑭撰　《何瑭集》本

《重浚太仓州七鸦浦记》〔清〕苏品仁撰　光绪刻本

《重浚江南水利全书》八十四卷图一卷　〔清〕陈銮撰　道光二十一年（1841）

洪玉珩刻本

《重浚吴淞江全案》五卷　〔清〕佚名撰　道光刻本

《重浚沇沟始末》〔清〕郭柏苍撰　同治六年（1867）刻本

《重浚杭城水利记》〔清〕阮元撰　《研经室集》本

《重浚徒阳运河图附说》〔清〕李庆云撰　光绪本

《重浚鄞三喉水道议》〔清〕全祖望撰　《万有文库》本

《重筑孙家堰案》一卷　〔清〕陈䴙辑　乾隆三十五年（1770）刻本

《重辑桑园围志》十七卷　〔清〕冯拭宗撰　光绪十五年（1889）刻本

《禹贡九江三江考》一卷　荣锡勋撰　刻本

《禹贡三江考》三卷　〔清〕程瑶田撰　《通艺录》本

《禹贡川泽考》二卷　〔清〕桂文燦撰　附《先考皓庭君事略》一卷　〔清〕桂
　　壇等撰　民国三十五年（1946）铅印本

《禹贡水道考异》〔清〕李鸿宾撰　道光四年（1824）刻本

《禹贡水道考异南条》五卷　《禹贡水道考异北条》五卷首一卷　〔清〕方塈
　　撰　光绪十七年（1891）务本书局刻本

《禹贡水道析疑》二卷　〔清〕张履元撰　道光五年（1825）刻本

《皇明经世文编水利文抄》　赵世暹辑　民国稿本

《皇都水利》一卷　〔明〕袁黄撰　万历三十三年（1605）建阳余氏刻本

《皇朝通志·地理略·水道》〔清〕高宗敕撰　乾隆三十二年（1767）武英殿聚
　　珍版　光绪八年（1882）浙江书局刻本

《泉河史》十五卷　〔明〕胡瓒撰　万历二十七年（1599）刻本　清顺治四年
　　（1647）增修本

《香泉志》一卷　〔明〕胡永成编　嘉靖十七年（1538）刻本

《复陈黄洋河渠工利害禀》〔清〕童兆蓉撰　《童温处公遗书》本

《复制府议农田水利书》〔清〕晏斯盛撰　《牧令书》本　同治四年（1865）重
　　印本

《复套议》二卷　〔明〕曾铣撰　嘉靖刻本

《复淮故道图说》〔清〕丁显撰　同治八年（1869）集韵书屋刊本　光绪十五
　　年（1889）刊本　民国二十五年（1936）铅印本

《修订浙江全省舆图并水陆道里记》不分卷　〔清〕宗源瀚、胡文渊撰，徐则恂
　　修订　民国四年（1915）杭州石印本

《修防须知要略》二卷　〔清〕张旭阳辑　钞本

《修防琐志》二十六卷 〔清〕李世禄述 民国二十五年（1936）铅印本

《修防琐志图说》二十六卷 〔清〕李世禄编 民国晒印本

《钦定满洲源流考》〔清〕阿桂、于敏中、和珅等编 《四库全书》本

《修皂李湖水利记》〔明〕周忱撰 《双崖集》本

《修理韩城县桥路沟渠檄》〔清〕陈弘谋撰 《培远堂偶存稿》本

《修浚辽河报告书》附图 荣厚撰 民国四年（1915）石印本

《修浚辽河报告书》二编 辽沈道道尹公署编 铅印本

《修筑无和段江堤概况》 善后救济总署安徽分署编 民国三十五年（1946）善
后救济总署安徽分署印本

《修筑江淮堤概况》 善后救济总署安徽分署编 民国善后救济总署安徽分署
印本

《修筑宝山海塘全案》十卷首一卷 〔清〕佚名编 刻本

《修攘统考》六卷 〔明〕何镗撰 万历六年（1578）自刻本

《保安湖田志》二十四卷续编四卷 〔清〕曾继辉辑 民国四年（1915）刻本

《种植水利》二种 （日）高田鉴三、中江太一郎等撰 《农学丛书》本

《顺直水利委员会会议记录》 顺直水利委员会编 民国七年至九年（1918—
1920）天津顺治水利委员会本

《顺直河道改善建议案》 熊希龄撰 民国十七年（1928）印本

《顺直河道治本计划报告书附图》 顺直水利委员会编 民国十四（1925）印本

《顺德县各堤围测量报告》 佚名编 《顺德县民国时期农田水利档案材料选
编》本

《统一水利行政事业进行办法》 黄绍竑撰 民国二十三（1934）国民党第四届
中央执行委员会第四次全体会议印本

《统一水利行政及事业办法纲要》 黄绍竑撰 民国二十三（1934）国民党第四
届中央执行委员会第四次全体会议印本

《绍兴县麻溪坝利害记略》 佚名辑 民国铅印本

《高加堰记》 一卷 〔明〕丁士美撰 民国《扬州丛刻》本

《高淳县志·禁单花津渔筏缘由》〔清〕杨福鼎修 光绪七年（1881）刻本

《官圩修防汇述》（一名《当邑官圩修防汇述》）初编四卷续编五卷三编六卷
四编七卷述余八卷补编一卷 〔清〕朱万滋撰 光绪十四年（1888）刻
本 光绪二十五年（1898）朱诒谷堂於诗书味长轩聚珍本

《总理河道》〔明〕王恕撰 《四库全书》本

《总理河道奏议》〔明〕李若星撰　钞本

《总理河槽奏疏》十四卷　〔明〕潘季驯撰　刻本

《总督河东河道宣化录》〔清〕田文镜撰　茅乃文藏本

《前清河工处分事例大要》　佚名撰　民国铅印本

《娄江志》二卷　〔清〕顾士琏辑　顾学斋刻本　钞本

《娄江条议》一卷　〔清〕陆士仪撰　道光十三年（1833）太仓邵氏刻本

《娄塘志》九卷　〔清〕陈曦编　民国二十五年（1936）娄塘梅祖德铅印光绪
　　十七年本

《说江》〔清〕谭绍衮撰　《海存仙馆丛刻》本

《说淮》　宋希尚撰　民国十八年（1929）京华印书馆铅印本

《洪桐县水利志补》二卷　孙奂仑纂　民国铅印本

《洱海丛谈》一卷　〔清〕释同揆撰　《昭代丛书》本

《浯溪考》二卷　〔清〕王士禛撰　《王渔洋遗书》本　《息柯居士全集》本

《沮江隋笔》二卷〔清〕朱锡绶撰　光绪十六年（1890）刻本

《洞山九潭志》四卷　〔明〕刘中藻撰　清钞本

《洞庭上下石矶图说》三卷附《洞庭湖水昨私议》、《行舟要览》〔清〕任鹗
　　撰　光绪八年（1882）重刻本

《洞庭水利解释概要》　湖南水灾善后委员会编　民国二十四年（1935）湖南水
　　灾善后委员会油印本

《洞庭石矶图说矶》一卷《行舟要览》一卷　〔清〕任鹗纂　光绪九年（1883）
　　刻本

《洞庭记》一卷　〔清〕王仁俊撰　《玉函山房辑佚书补编》本　《麓山精舍丛
　　书》本

《洞庭纪实》〔明〕郑杰撰　清钞本

《洞庭湖志》十四卷　〔清〕綦世基纂，沈筠堂、夏大观补辑，万年淳重订　道
　　光五年（1825）刻本

《洞庭湖保安湖田志》　曾继辉纂　民国四年（1915）刻本

《洞庭源流考》　荣锡勋撰　刻本

《浦泖农咨》〔清〕姜小枚撰　道光十四年（1834）刻本

《济水考》〔清〕高宗敕撰　《思余堂集》本

《洮儿河水库计划书》　交通部编　民国三十二年（1943）中水东北勘测设计院
　　档案室藏本

《洮河防导计划书》不分卷　王耒撰　民国六年（1917）铅印本

《泖河案牍》一卷　佚名辑　民国元年（1912）铅印本

《洛河蜕略》五卷　屈映光撰　民国铅印本

《济南七十二泉诗》〔明〕晏璧撰　崇祯《历乘》本

《济漕志补略》二卷　〔明〕邵经清撰　旧钞本　钞本

十　画

《秦淮志》十二卷　夏仁虎撰　民国三十二（1943）印本

《青神县鸿化堰章程》　堰局编　民国二十九年（1940）钞本

《晋省汾河测量工作报告》　塔德著　民国二十二年（1933）、二十八年（1939）
　　印本

《晋省桑干滹沱漳沁四河测量报告〈1934年版〉》　太原山西省水利工程委员会
　　编　民国二十三年（1934）太原山西省水利工程委员会铅印本

《栗恭勤公砖坝成案》〔清〕栗毓美撰　道光十七年（1837）刻本　光绪八年
　　（1882）东河节署刻本

《夏禹治水》　陈鹤琴、朱泽甫合编　民国二十九年（1940）世界书局铅印本

《夏镇漕渠志略》二卷　〔清〕狄敬撰　康熙刻本

《莆田小西湖志》五卷　〔清〕李东阳撰　水科院藏本

《莆田水利志》（一名《莆阳水利志》）八卷　〔清〕陈池养撰　咸丰刻本　光绪
　　元年（1875）刻本　钞本

《莫愁湖志》六卷首一卷　〔清〕马士图辑　光绪八年（1882）重刻本　光绪
　　十七年（1891）增刻重印本

《荆州万城堤志》十卷首末各一卷　〔清〕倪文蔚纂　同治十三年（1874）刻
　　本　光绪二年（1876）刻本　光绪十一年（1885）广州节署两疆勉斋刻
　　本　光绪二十年（1894）据同治本纂修补刻本　两疆勉斋重刻本

《荆州万城堤图说》〔清〕徐家干　光绪十三年（1887）本

《荆州万城堤续志》九卷首末各一卷　〔清〕舒惠撰　光绪二十一年（1895）长
　　白舒惠刻本

《荆州堤防辑要》二卷　徐国彬编　民国五年（1916）刻本

《荆湖图经》三十六种　〔清〕陈运溶辑　《麓山精舍丛书》本

《荥工案牍》不分卷　〔清〕苏□等撰　同治钞本

《荥泽县广武坝民堰工程全图》〔清〕佚名绘　光绪彩绘本

《萨托民生渠合同》 绥远省政府中国华洋义赈救灾总会订　民国十八年
　　（1929）印本

《菉溪志》 诸世器撰　民国二十八年（1939）印本

《壶口辨》〔清〕吴骞撰　稿本

《真州水闸记》〔宋〕胡宿撰 《武英殿聚珍本·文恭集》本　道光八年
　　（1828）重修本　道光二十七年（1847）二修本　同治七年（1868）三修
　　本　同治十年（1871）改刊本　光绪十八（1892）、二十一年（1895）增
　　刻本

《珠江三大工程纪要》 广州市工务局编　民国二十三（1934）广州市工务局
　　印本

《珠江治本计划进行方案》 珠江水利工程总局编　民国三十七年（1948）珠江
　　水利工程总局印本

《珠江前航线改良计划报告书》（瑞典）柯维廉撰　民国十二年（1923）督办
　　广东治河事宜处印本

《乾隆五十七年分岁报河道钱粮册》〔清〕李奉翰奏报　乾隆五十九年（1794）
　　钞本

《乾道四明图经·水利》十二卷 〔宋〕张津等纂　清《四明文献录》本

《校水经·江水》〔清〕段玉裁撰 《经韵楼集》本

《校补行水金监续行水金监之意见》 赵世遑撰　民国复写本

《校勘再续行水金鉴小识》 佚名编　钞本

《桐城东河治略》 刘启文撰　民国铅印本

《桐溪记略》不分卷 〔清〕戴槃撰 《戴槃四种纪略》本

《耕种水田饮水沟渠办法》 吉林省建设厅颁布　民国十九年（1930）印本

《晏江条议》（一名《晏东杂著》）〔清〕陆士仪著 《书香斋丛书》本 《陆子
　　遗书》本

《热河考》〔清〕纪昀奉敕撰　乾隆三十三年（1768）本

《热河旱河图说》〔清〕佚名绘　光宣间彩绘本

《振理川东北农田水利之商榷》 严育栎撰　民国二十年（1931）　中国两部科
　　学院农林研究所铅印本

《挽河奏疏》一卷 〔明〕曹时聘撰　清初钞本

《敕修卢沟河堤记》〔明〕袁炜撰 《宛署杂记》本

《敕修两浙海塘通志》二十卷首一卷 〔清〕方观承等修　乾隆十六年（1751）

刻本

《郡城文渠志》二卷 〔清〕吉原等辑 同治十一年（1872）刻本

《郡城浚河征信录》五卷 〔清〕宗源瀚 光绪二年（1876）刻本

《通江木闸纪略》〔宋〕胡宿撰 《武英殿聚珍本丛书·文恭集》本 道光八年
（1828）重修本 道光二十七年（1847）二修本 同治七年（1868）三修
本 同治十年（1871）改刊本 光绪十八（1892）、二十一年（1895）增
刻本

《通志·陂渠》〔宋〕郑樵撰 民国二十一年（1932）商务印书馆印本

《通济堰志》〔清〕王庭芝撰 同治九年（1870）刻本

《通济堰重订巡河船章程》〔清〕佚名辑 光绪二十六年（1900）刻本

《通惠河志》二卷附录一卷 〔明〕吴仲撰 《玄览堂丛书》本 民国三十年
（1941）影印本

《通惠河志》二卷 〔明〕邵德久撰 嘉靖三十七年（1558）刻本 民国三十年
（1941）影印明隆庆刻本

《通惠河志》〔明〕梁梦龙撰 台北国立中央图书馆印本

《通漕类编》九卷 〔明〕王在晋撰 万历四十二年（1614）刻本 天启崇祯间
刻本

《通漕精华辑要》 傅佑常、王鹏程编 洗新堂同人印本

《都台浦河工案牍》 谢源深、朱日宣撰 宣统元年（1909）铅印本

《都江堰》 四川省水利局编 民国三十二年（1943）四川省水利局印本

《都江堰水利工程述要及其改善计划大纲》 四川省水利局编 民国三十二年
（1943）铅印本

《都江堰水利述要》 卢汉章、邵从燊编 民国二十七年（1938）四川省水利局
铅印本

《都江堰功小传》二卷 王人文纂辑 宣统三年（1911）刻本

《都江堰治本工程计划纲要》 四川省水利局编 民国二十九年（1940）铅印本

《都江堰所属各县河流堰渠系统表》 四川省水利局编 民国油印本

《都江堰流域兴利除害计划书》 官兴之撰 民国三十二年（1943）石印本

《都江堰堰工讨论会四川省永利局报告》 四川省水利局辑 民国二十七年
（1938）铅印本

《都江堰灌溉区域及水量之分配调节述要》 周郁如撰 民国美信印书局铅印本

《救治湖北不患刍议》 徐炳龙撰 民国二十四年（1935）石印本

《致韩省长论太湖上游水灾书》　王清穆撰　民国十二年（1923）铅印本

《珠江三大工程纪要》　广州市工务局编　民国二十三（1934）广州市工务局
　　印本

《珠江治本计划进行方案》　珠江水利工程总局编　民国三十七年（1948）珠江
　　水利工程总局印本

《珠江前航线改良计划报告书》（瑞典）柯维廉撰　民国十二年（1923）督办
　　广东治河事宜处印本

《胶莱河运道图说》二十八篇　〔清〕言启方撰　钞本

《铜陵江坝录》〔清〕陆显勋、沈守谦辑　光绪十四年（1888）同仁局刻本

《铜陵江坝事宜》一卷　〔清〕严樾撰　稿本

《乘槎劄记》不分卷　〔清〕许尚质撰　缩微复制本

《留余堂尺牍》六卷　〔明〕潘季驯撰　万历刻本

《钱塘江塘工地质后编（钱塘江之发育及其变迁）》　朱庭祜等辑　民国间油
　　印本

《钱唐游览志》〔清〕释巨海撰　康熙五十六年（1717）刻本

《钱塘湖石记》〔唐〕白居易撰　杭州岳庙碑刻　《白氏长庆集》本

《绥西水利管理处三十八年岁修工程项目》　佚名编　民国印本

《绥西渠道灌溉工程施工细则》　佚名撰　民国三十三年（1944）印本

《绥远河套治要》　周晋熙撰　　民国十三年（1924）印本

《绥远省水利局建筑后套灌溉区四首制杨永复议四大干渠进水闸计划书概
　　要》　佚名编　民国三十五年（1946）铅印本

《绥远省后套灌溉区初步整理工程计划概要》　王文景撰　民国三十五年
　　（1946）印本

《家藏手辑水经图说》　王广龄、王延龄撰　国家图书馆藏本

《宸断两河大工录》十卷　〔明〕佘毅中、张誉等辑　万历九年（1581）刻本

《请开长河导沂水以工代振禀》　陆文椿等撰　光绪三十二（1906）油印本

《请拨款切实兴办河西水利案》　省政府批准　民国三十六年（1947年）印本

《请拨款兴修甘肃省杂大两渠以利灌溉方案》　佚名编　民国《抗日时期的国民
　　政府与西北开发中国经济论文》本

《请复淮水故道图说·请复河运刍言》不分卷　〔清〕丁显撰　同治八年
　　（1869）集韵书屋刻本

《请复淮水故道图说·请复淮水故道全案》不分卷　〔清〕裴荫森等撰　钞

本　刻本

《请堵黄河中牟决口档摘要》 杨寿楣撰　民国本

《请毁私占湖堤揭子》〔清〕毛奇龄撰　浙江图书馆藏本

《浙江水利》〔清〕佚名撰　钞本

《浙西水利书》三卷 〔明〕姚文灏撰　弘治刻本　影写明刻本 《四库全书》
　　本 《豫章丛书》本

《浙西水利刍议》一卷　佚名撰　民国石印本

《浙西水利议答录》十卷（一名《水利文集》）〔元〕任仁发撰《永乐大典》本

《浙西水利备考》〔清〕王凤生撰　道光四年（1824）江声帆影阁刻本　光绪
　　四年（1878）浙江书局重刻朱墨套印本

《浙西水利集》十卷 〔元〕任仁发辑　旧钞本

《浙西水利害》三卷 〔明〕姚文灏撰 《豫章丛书》本

《浙西泖浦水利记》〔清〕王纯撰　沈景修署检刻本

《浙西海塘工程刍议》 邹师谦撰　民国二年（1913）本

《浙西横桥沤水利记》 徐用福编　光绪二十五年（1899）刻本

《浙江水利局办理十九二十两季海塘险工之经过》 浙江省水利局编　民国
　　二十一年（1932）浙江省水利局印本

《浙江考》 王国维撰 《观堂集林》本

《浙江省水利工作报告》 浙江省水利局撰　民国三十六年（1947）浙江省水利
　　局印本

《浙江省水利局年刊》 浙江省水利局编　民国十八年（1929）浙江省水利局
　　印本

《浙江省水利局修筑绍兴三江闸工程报告》 浙江省建设厅水利局撰　民国
　　二十一年（1932） 浙江省建设厅水利局印本

《浙川甘之农村与水利》 钱承绪编　民国二十九年（1940）上海中国经济研究
　　所本

《浙江全省舆图并水路道里记》〔清〕宗源瀚等编　光绪二十年（1894）浙江
　　舆图本

《浙江省建设厅绘制农田水利工程计划纲要》 浙江省建设厅编　民国三十二年
　　（1943）油印本

《浙江省钱塘江海塘工程局民国卅五年度工程计划书》 浙江省钱塘江海塘工程
　　局编　民国三十五年（1946）浙江省钱塘江海塘工程局石印本

《浙江海塘事宜册》〔清〕佚名撰　钞本　彩绘本

《浙江省海塘志略》佚名撰　刻本

《涑水记闻》二卷　〔宋〕司马光撰　清钞本

《涑水编》五卷存四卷　〔清〕翟凤翯撰　康熙蒲易书林刻本

《浦口汤泉小志》不分卷　龚心铭纂　民国十四年（1925）铅印本

《浦口汤泉小志·江浦温泉化验成分表》龚心铭编　民国十七年（1928）铅印

《浦东塘工善后局案》周馥撰　宣统二年（1910）上海时中局铅印本

《浦东塘工善后局续开东沟口暗沙浚浦局钉桩限制偏重升科妨害水利案》上海
　　浦东塘工善后局辑　民国十年年（1921）铅印本

《淞江下三江图叙说》〔明〕归有光撰　《震川先生集》本

《浚上南川都台浦河工案牍》〔清〕佚名编　宣统元年（1909）本

《浚上南北马家浜河工案牍并竣东华漕带浚中庄家沟》谢源深、朱日宣编　宣
　　统元年（1909）上海浦东塘工善后局铅印本

《浚上南北都台案牍》谢源深等辑　光绪三十一年（1905）上海时中书局印本

《浚江修闸议》〔清〕李林松撰　《易园集》本

《浚孟渎德胜藻港三河全案》五卷附《重浚江宁城河全案》〔清〕陶澍撰　道
　　光十五年（1835）刻本

《浚吴淞江议》〔清〕张世友撰　光绪十六年（1890）石印本

《浚河记》〔明〕王守仁撰　《王文成公全书》本

《浚河纪事》一卷　〔清〕盛沅撰　光绪十九年（1893）刻本

《浚河纪事》〔清〕朱克简撰　国家图书馆藏本

《浚河纪略》〔清〕李永书撰　乾隆刻本

《浚河录》四卷附《武进、阳湖两县开浚城河文稿、账目》〔清〕佚名撰　光
　　绪间木活字本　扬州大学图书馆藏本

《浚河事例》一卷　〔清〕盛沅撰　光绪十九年（1893）刻本

《浚治万福洙水河志》山东省建设厅编　民国山东省建设厅印本

《浚治长江计划文牍汇刊》佚名撰　民国九年（1920）铅印本

《浚治白苑港图说》〔清〕周秉清撰　民国三年（1914）铅印本

《浚复西湖录》一卷　〔明〕杨孟瑛撰　正德刻本

《浚浦局修浚苏州河吴淞江文件汇辑》（荷）海德生等辑　民国油印本

《读水经注小识》四卷　〔清〕庞鸿书撰　光绪三十年（1904）石印本

《调节东灞中河通航水位计划》扬子江水利委员会辑　民国二十六年　（1937）

复写本

《调查永定河河流图说》一卷 〔清〕陈克俊、刘相臣撰 民国十二年（1923）
　　钞本

《调查河套报告书》 冯际隆撰 民国十二年（1923）京华印书局铅印本

《调查浙西水道报告书（民国十七年）》 林保元、汪胡桢、萧开瀛撰 民国
　　十七年（1928）太湖流域水利工程处印本

《调查镇江上下游水道笔记》 高允昌撰 民国石印本

《诸水图考》〔明〕陈沂纂 《金陵古迹图考》本

《诸道山河地名要略》〔唐〕韦澳撰 民国二年（1913）上虞罗氏影印本

《谈泉杂录》五卷 高焕文辑 民国十五年（1926）嘉兴泉寿山房石印本

十 一 画

《萧山三江闸议》一卷 〔清〕毛奇龄撰 缩微复制本

《萧山水利》二卷续刻一卷三刻三卷附《萧山诸湖水利》一卷 〔明〕富玹撰、
　　贾应璧撰，〔清〕张文瑞辑 康熙五十七年（1718）、雍正十三年（1735）
　　孝友堂刻本

《萧山水利书初集》二卷 〔明〕富玹编 《续集》一卷 〔清〕来鸿雯编 《三
　　集》三卷 〔清〕张文瑞编 《附集》一卷〔清〕张学懋编 雍正刻本

《萧山水利志》〔明〕富玹辑撰 刻本（子目：顾冲撰《萧山水利事述》、《湘
　　湖均水约束记》、《湘湖勒石图记》，张懋撰《萧山湘湖志略》、《湘湖水利
　　图记》、《水利图跋》，魏骥 撰《萧山水利事要》）

《萧山水利续刻》一卷 〔清〕来鸿雯辑 康熙五十七年（1718）孝友堂刻本

《萧山河殇纪念录》 曹鼎新等编 民国九年（1920）铅印本

《萧山湘湖考略》一卷附录一卷 〔清〕于士达撰 嘉庆刻本

《萧山湘湖志》八卷外编一卷续志一卷 周易藻编 民国十六年（1927）铅
　　印本

《黄大王事迹全志》〔清〕赵载元撰 乾隆五十九年（1794）刻本

《黄水穿运及大清河一带现在情形图说》〔清〕佚名绘 咸丰绘本

《黄运两河纪略》〔清〕佚名辑 光绪钞本

《黄运两河修防谕旨奏疏章程》不分卷 〔清〕河南河防局辑 宣统晋呈钞本

《黄运两河修筑章程》〔清〕佚名辑 光绪三年（1877）本

《黄运河口古今图说》一卷附《治河奏稿》〔清〕麟庆撰 道光十年（1830）

刻本　道光二十一年（1841）云阴堂刻本

《黄运湖河全图说》〔清〕佚名绘　乾隆彩绘本

《黄岩县兴修水利报告书》　章育撰　民国三十五年（1946）黄岩县水利会铅印本

《黄岩县河闸志》〔清〕刘世宁撰　乾隆刻本

《黄河工段文武兵夫记略》一卷　周馥撰　民国十一年（1922）周氏石印本

《黄河工总论》〔清〕佚名撰　国家图书馆藏本

《黄河工程文册》〔清〕兰锡第撰　写本

《黄河工程秘录》〔清〕佚名辑　钞本

《黄河下游工程图说》〔清〕佚名绘　光绪彩绘本

《黄河之水文》　沈晋撰　民国三十四年（1945）印本

《黄河之河性》　吴明愿著　民国二十五（1936）河南民报社铅印本

《黄河之整理》　白郎都著　民国印本

《黄河与小清河联运工程计划大纲》　小清河临时工程委员会编　民国二十三年（1934）小清河临时工程委员会印本

《黄河水文》　谢家泽等编　民国三十七年（1948）印本

《黄河水利计划书》　张鲁泉著　民国二十二年（1933）天津永华印刷局印本

《黄河水利委员会组织法》　黄河水利委员会编　民国二十二年（1933）黄河水利委员会印本

《黄河水利委员会陕县水文站拟建站址房舍基地估价表》　黄河水利委员会　陕县水文站辑　民国三十五年（1946）复写本

《黄河水利委员会第二次大会特刊》　黄河水利委员会编　民国二十三年（1934）黄河水利委员会印本

《黄河水利委员会第四次大会议程》　黄河水利委员会编　民国二十四年（1935）黄河水利委员会油印本

《黄河水患之控制》　张含英撰　民国二十七年（1938）商务印书馆铅印本

《黄河水路图说》〔清〕佚名绘　光绪绘本

《黄河中游调查报告》　王华棠撰　民国二十三年（1934）华北水利委员会印本

《黄河石头庄冯楼堵口工程实录》　宋希尚撰　民国铅印本

《黄河旧道图说》〔清〕佚名绘　光绪彩绘本

《黄河年表》　沈怡等撰　民国二十四年（1935）军事委员会资源委员会印本

《黄河年表黄河志》　胡焕庸等著　民国二十四年至二十六年（1935—1937）本

《黄河考》一卷 〔清〕崔熙春撰 钞本

《黄河考》一卷 〔明〕张复撰 万历二十三年（1595）刻本 民国钞本

《黄河初学须知》十卷 〔清〕佚名辑 嘉庆十三年（1808）刻本

《黄河全图引》〔清〕张霭生撰 钞本

《黄河花园口合龙纪念册》 黄河堵口复堤工程局编建委员会主编 民国三十六年（1947）黄河堵口复堤工程局印本

《黄河运河图卷》〔明〕潘季驯撰 万历十八年（1590）刻本

《黄河志第二地质志略》 侯德封纂 民国二十六年（1937）商务印书馆铅印本

《黄河志第三篇水文工程》 张含英撰 民国二十五年（1936）商务印书馆铅印本

《黄河规复故道奏议》〔清〕佚名辑 光绪钞本

《黄河图议》一卷 〔明〕郑若曾撰 《郑开阳杂著》本 《四库全书》本

《黄河河工图谱》 佚名编 民国二十四年（1935）全国经济委员会水利处复制本

《黄河河流志略》 佚名撰 民国印本

《黄河治水及利水》（日）富永技师撰 民国二十七年（1938）东亚研究所第二调查委员会铅印本

《黄河治本论》 成甫隆撰 民国三十六年（1947）笃一轩铅印本

《黄河视察日记》 王应榆著 民国二十三年（1934）新亚细亚学会印本

《黄河南徙夺淮之危机及中牟堵口之必要》 佚名撰 民国印本

《黄河流域水土保持实施办法》 行政院水利委员会颁布 民国三十四年（1945）黄河水利委员会印本

《黄河流域水文计划》 黄河水利工程总局工务处研究室编 民国十八年（1929）印本

《黄河流域水文站之设置计划》 黄河水利工程总局工务处研究室编 民国十八年（1929）印本

《黄河堵口工程》 行政院新闻局编 民国三十六年（1947）行政院新闻局铅印本

《黄河海口日远运口日高图说》〔清〕阮元撰 《研经室续集》本

《黄河堤工埽坝情形总图大堤形势图说》 佚名绘 民国彩绘本

《黄河富源之利用》 崔景三、崔士杰撰 民国二十四年（1935）胶济铁路管理铅印本

《黄河源流考》一卷 周馥撰 《周慤慎公全集》本

《黄河概况及治本探讨》　黄河水利委员会撰　民国二十四年（1935）黄河水利
　　委员会铅印本

《黄浦江继续整治计划》　（荷）奈格编　清宣统三年（1911）印本

《黄淮安澜编》二卷　〔清〕龚元玠撰　嘉庆二十三年（1818）刻本

《营田辑要·水利》〔清〕黄辅辰撰　同治三年（1864）刻本

《菱湖志》三卷　〔清〕姚彦渠纂　稿本

《敬止录》〔明〕高宇泰撰　道光十九年（1839）刻本

《敬止集》三卷　〔明〕陈应芳撰　万历刻本　钞本

《敬告导淮会议与会诸君意见书》　张謇撰　民国十一年（1922）印本

《勘估堵闭李遂镇决口仍复北运故道拟办各工图说》　佚名绘　民国彩绘本

《勘修孟县河工坝埽图说》〔清〕洪之霖绘　光绪彩绘本

《勘泊纪略》　王叔湘（一名王宝槐）撰　民国铅印本

《勘查永定河道报告书》　吕珮芬撰　宣统三年（1911）朱丝栏钞本

《勘查下游三省黄河报告》　黄河水利委员会编　民国二十三年（1934）黄河水
　　利委员会印本

《勘测引大通河灌溉河西路线报告》　水利林牧公司勘测队撰　民国三十五年
　　（1946）印本

《勘测渠江干支流报告》　四川省水利局编　民国油印本

《勘验黄河大堤并护城堤及各埠口情形图说》〔清〕佚名绘　光绪彩绘本

《勘淮笔记》　沈秉璜撰　民国十五年（1926）铅印本

《勘筹山东黄河会议大治办法折》〔清〕李鸿章撰　民国石印本

《勘堤纪程》〔清〕周凯撰　《内自讼斋文集》本

《勘察江北运河水利统筹分疏泗沂沭淮草案计划书》　佚名撰　民国五年
　　（1916）铅印本

《职方考镜上·河渠论》八卷　〔明〕卢传印纂　万历刻本

《越州鉴湖图序》〔宋〕曾巩撰　《元丰类稿》本　《曾巩集》本

《盛湖志》二卷　〔清〕仲沈洙纂　稿本　乾隆三十五年（1770）刻本

《盛湖志补》四卷　〔清〕仲廷机纂　民国十四年（1925）乌程周庆云刻本

《琉璃河堤岸工完谢赐银币》〔明〕雷礼撰　《镡墟堂摘稿》本

《登起开闸三门湾报告书》　邹辉诸撰　民国八年（1919）印本

《桑园围志》十七卷　〔清〕何如铨等纂　光绪十五年（1889）刻本　光绪十九
　　年（1893）刻本

《崔大令查勘稻田及各河案禀底》〔清〕崔迺羣撰　钞本

《崔兴沽模范灌溉工程筹办经过及计划大纲》　内政部华北水利委员会编　民国二十三年（1934）内政部华北水利委员会印本

《常州奔牛闸记》〔宋〕陆游撰　《渭南文集》本

《常州武阳水利书》〔清〕王铭西撰　同治十三年（1874）刻本

《常棠澉水志》八卷　〔宋〕罗叔韶修，常棠纂　民国二十四年（1935）铅印本

《常熟县水利全书》十二卷附录二卷　〔明〕耿橘撰　万历刻本

《常熟水论》一卷　〔明〕薛尚质撰　清道光十一年（1831）六安晁氏活字本　《丛书集成初编》本　涵芬楼影印本

《鄂省丁漕水利合编》十卷　〔清〕林远村辑，潘霨重辑　光绪九年（1883）刻本

《阌乡县黄涧河工图说》〔清〕佚名绘　光绪彩绘本

《粤江》　卢冠六编　民国三十二年（1943）世界书店印本

《粤北各县农田水利查勘报告》　经济部珠江水利局编　民国三十年（1941）油印本

《粤东水利》〔清〕凌扬藻撰　《蠡勺编》本

《偃虹堤记》〔宋〕欧阳修撰　《欧阳修文集》本

《巢湖志》二卷　〔清〕于觉世、陆龙腾、李恩绶等纂　光绪刻本　油印本

《续云南水利问题》　丘勤宝撰　民国二十八年（1939）《西南边疆》本

《续水利本末》三卷　〔清〕连薥编　光绪四年（1878）枕湖楼刻本

《续水利略》一卷　〔清〕吴信臣修，黄登瀛纂　同治二年（1863）刻本

《续当湖外志》五卷　〔清〕马承昭纂　光绪元年（1875）刻本

《续行水金鉴》一百五十六卷附图一卷　〔清〕俞正燮、董士锡同纂　道光十二年（1832）河库道署刻本

《续刻木兰陂集志》〔清〕姚文崇、李嗣岱编　乾隆刻本

《续刻水利本末》不分卷　〔清〕连薥编　枕湖楼刻本

《续刻水利案》三卷　〔清〕连薥编　光绪四年（1878）枕湖楼刻本

《续河渠志》一卷　〔清〕佚名辑　钞本

《续修杜白二河湖水利自志》不分卷　吴锦堂撰　《续修四库全书》本

《续修海塘录》二卷　〔明〕乔拱璧修　《美国哈佛大学哈佛燕京图书馆藏中文善本汇刊》本

《续刻杜白两湖全书》　叶瀚原编，杨振骧续纂　民国四年（1915）铅印本

《续浚南湖图志》一卷　〔清〕浙江筹赈局撰　光绪浙江书局刻本

《续桑园围志》十六卷　温肃、何炳堃等重辑　民国二十一年（1932）铅印本

《续海塘通志》四卷　〔清〕乌尔恭额撰　道光刻本

《续海塘新志》四卷　〔清〕富呢扬阿撰　光绪浙江书局刻本

《续增高邮州志·河渠志》〔清〕张用熙、左辉春纂修　道光二十三年（1843）
　　刻本

《续豫东宣防录》〔清〕白钟山撰　乾隆本

《续澉水志》九卷　〔明〕董穀纂　嘉靖三十六年（1557）自刻本

《续魏塘纪胜》〔清〕佚名撰　嘉庆添香阁钞本

《续纂江苏水利全案正编》四十卷首一卷附编十二卷　〔清〕李庆云等纂　光绪
　　十五年（1889）水利工程局活字本

《（绵阳）天星堰灌溉工程述要》　四川省水利局编　民国三十一年（1942）四
　　川省水利局印本

《第二松花江水运》"伪满洲国"道局利水科编　民国二十三年（1934）印本

《第二松花江开发水利电气第一期事业计划书》"伪满洲国"道局利水科
　　编　中水东北勘测设计院档案室藏民国二十三年（1934）印本

《盘龙江水利图说》一卷　〔清〕孙髯撰　钞本

《鸳鸯湖小志》　陶元镛辑　民国铅印本

《麻阳县山脉水道考》　任时琳撰　民国三十七年（1948）稿本

《麻溪改坝为桥始末记》四卷　王念祖纂　民国八年（1919）戢社铅印
　　本　刻本

《鹿邑河渠纪略》〔清〕王仕世撰　光绪二十二年（1896）刻本

《清水潭竣工记》　殷自芳撰　稿本

《清代黄河河工档案》　国家图书馆文献开发中心编　缩微复制本

《清代永定河工档案》　国家图书馆文献开发中心编　缩微复制本

《清河县河口图说》不分卷　〔清〕徐仰庭等撰　道光稿本

《清河宣防纪略图说》一卷　〔清〕裴季伦辑　光绪铅印本　光绪二十一年
　　（1895）钞本

《清续文献通考·水利田》　刘锦藻撰　民国二十一年（1932）商务印书馆印本

《清湖小志》八卷首一卷　〔清〕张宗禄纂　稿本

《淮北水利规划书四种》　佚名辑　民国五年（1916）铅印本

《淮北水利纲要说》　徐守增撰　武同举绘图　民国四年（1915）铅印本

《淮北水道历史与今日现势之比较》 武同举撰 民国铅印本

《淮阳水利论》附图说 〔清〕冯道立撰 道光朱墨套印本

《淮阳水利图说》〔清〕冯道立撰 道光十九年（1839）朱墨套印刊本

《淮阳运河水道深浅图说》〔清〕佚名绘 彩绘本

《淮扬十一厅事宜图说》〔清〕官修 嘉庆彩绘本（子目：《山安厅事宜图说》、
《扬粮厅事宜图说》、《中河厅事宜图说》、《水利厅事宜图说》、《外河厅事
宜图说》、《里河厅事宜图说》、《扬河厅事宜图说》、《盱厅事宜图说》、《海
防厅事宜图说》、《江防厅事宜图说》、《高堰厅事宜图说》）

《淮扬水利图说》不分卷附《淮扬治水论》〔清〕冯道立撰 道光十九年
（1839）西园刻本 光绪二年（1876）淮南书局刻本 刻本 《续修四库
全书》本

《淮扬水道形势变迁统筹补救意见书》 裴楠撰 民国十年（1921）石印本

《淮扬治水论》一卷 〔清〕冯道立撰 道光十九年（1839）刻 道光二十年
（1840）刻本 《续修四库全书》本

《淮扬治水论》〔清〕魏源撰 《魏源集》本

《淮扬治水利害议》不分卷 钱湘灵撰 钞本

《淮阴县水利报告书》不分卷 赵邦彦编 民国铅印本

《淮安府志·运河》〔清〕卫哲治等修 乾隆刻本

《淮安萧湖游览记图考》〔清〕程钟撰 光绪二十一年（1895）钞本

《淮系年表全编》 武同举撰 民国十八年（1929）刻本

《淮沂沭泗治标商榷书》 张謇撰 民国石印本

《淮沂泗图说摘要、各河比较表》不分卷 谈礼成编 民国二年（1913）刻本

《淮河流域地理与导淮问题》 宗受于撰 民国二十二年（1933）钟山书局铅
印本

《淮南水利考》二卷 〔明〕胡应恩撰 明刻本 清天尺楼钞本

《淮郡文渠志》二卷 〔清〕何其杰辑 光绪十一年（1885）刻本 《景袁斋丛
书》本

《淮流一勺》二卷 〔清〕范以煦撰 道光二十八年（1848）刻本

《淮黄策略兼济运五议》一卷 〔清〕潘庆龄撰 紫江朱氏存素堂钞本

《淮堤霜月赋》〔清〕汪枚撰 《淮关统志》本

《淮壖小记》〔清〕范以煦、鲁一同撰 咸丰五年（1855）刻本

《涪江柳林滩航道工程纪要》 黄万里编 民国三十一年（1942）油印本

《淘河议》〔清〕陆士仪撰　民国《徐兆玮日记》本

《添修莫愁湖志》　三山二水吟客撰　清光绪十四年（1888）本

《淀湖小志》　诸福坤纂　稿本

《海宁水利议》〔明〕郑日休撰　光绪《宁志余闻》本

《海宁县水利要略》　佚名撰　民国钞本

《海宁念汛六口门二限三限石塘图说》〔清〕李辅耀、袁霓笙等撰，袁镇嵩
　　绘　光绪七年（1881）刻本　光绪武林任有容斋刻本

《海宁浚河录》〔清〕姚寿祺编　铅印本

《海宁海塘抢修工程概况》　宁盐平海塘抢修委员会筹设海宁海塘抢修工程处辑
　　民国三十四年（1945）油印本

《海宁塘未议》〔清〕张斯桂撰　同治六年（1867）木活字本

《海州文献录·水利录》〔清〕许乔林撰　道光二十五年（1845）刻本

《海河工程局报告书1928—1936年》　海河工程局撰　民国十八年至二十六年
　　（1929—1937）铅印本

《海河放淤工程报告书》　华北水利委员会撰　民国二十四年（1935）华北水利
　　委员会铅印本

《海盐县新办塘工成案》三卷附图　〔清〕汪仲洋撰　道光四年（1824）刻本

《海盐澉水志》〔宋〕常棠撰　明嘉靖三十六年（1557）刻本　民国二十四年
　　（1935）刻本

《海塘成案》〔清〕严烺撰　道光刻本

《海塘纪略》〔清〕宋楚望撰　乾隆本

《海塘录》十卷（一名《全修海塘录》）〔明〕仇俊卿撰　万历十五年（1587）
　　刻本

《海塘录》二十六卷首二卷　〔清〕翟均廉纂　《四库全书》本　《四库全书珍本
　　初集》本

《海塘通工大修案》〔清〕佚名撰　同光间钞本

《海塘揽要》十二卷首一卷　〔清〕杨铋撰　嘉庆十六年（1811）刻本

《海塘新志》六卷　〔清〕琅玕等撰　《续志》四卷　〔清〕富呢扬阿撰　嘉庆徐
　　氏刻本　嘉道间十卷本

《海塘新案》不分卷　〔清〕马新贻、杨昌浚等撰　浙江省水利厅藏钞本

《海塘辑要》十卷首一卷　（英）韦更斯撰，傅兰雅译，〔清〕赵元益笔述　同
　　治六年（1867）江南制造局刻本　《丛书集成初编》本

《祥泛漫工奏稿全集》二卷 〔清〕陈明等撰 钞本

十 二 画

《曹溪志》四卷 〔明〕释德清撰 《明史·艺文志》本

《曹溪志》〔清〕胡凤丹辑 光绪三年（1877）永康胡氏退补斋刻本

《提议武估淮北水道规划导淮应提前疏浚泗沭沂案》 武同举、陆文椿、王宝槐
　　等撰 民国《江苏河海工程测绘养成所水利观摩会》 油印本

《提倡甘肃造林兴修水利案》 行政院编 《国民政府西部开发战略蒋介石未曾
　　实现的梦》本

《桂阳汇水说》〔清〕汪之昌撰 《续修四库全书》本

《韩国钧为苏鲁运河会议敬告淮北同人书附全案》 佚名编 民国铅印本

《梅陂灌溉水电工程计划书》 江西水利局编 民国三十年（1941）江西水利局
　　铅印本

《靳文襄公奏疏》八卷 〔清〕靳辅撰 《四库全书》本

《堤防》 吴远基撰 《高要县民国时期水利建设者档案材料选编》本

《堤围》 佚名撰 民国《龙山乡志》本

《琴江志》四卷续志三卷 黄曾成纂 民国十一年（1922）铅印本

《裘文达公奏议》〔清〕裘曰修撰 嘉庆刻本 同治十一年（1872）刻本

《裁虹并泗奏疏》〔清〕闵鹗元撰 《赞〈裁虹并泗奏疏〉文》本

《疏河心镜》〔清〕凌鸣喈撰 钞本 《凌氏传经堂丛书》本 《昭代丛书》本

《疏河钯障图说》〔清〕戚宗海撰 咸丰七年（1857）刻本

《疏浚汉水内外二河故道议》〔清〕周凯撰 《内自讼斋文集》本

《疏浚江南运河工程纪实》 江苏省建设厅疏浚镇武运河工赈处编 民国二十五
　　年（1936）铅印本

《疏浚武阳东塘西塘运河征信录》十二卷 〔清〕窦镇山等撰 光绪二十九年
　　（1903）刻本

《疏浚郡河清册》〔清〕宁波河工局编 咸丰六年（1856）刻本

《疏浚泖浦塘要口记》〔清〕徐用福撰 光绪二十五年（1899）刻本

《疏瀹论》一卷 〔清〕潘欲仁撰 光绪十四年（1888）刻本

《疏瀹提要》一卷 〔清〕佚名撰 日本藏手写本

《隋炀帝开运河》 潘星南撰 民国三十一年（1942）上海民众书店印本

《量行沟洫之利》〔清〕陈斌撰 《牧令书》本 同治四年（1865）重刻

本 《牧令书辑要》本

《最近扬子江之大势》（日）国府犀东撰，〔清〕赵必振译 光绪二十八年（1902）铅印本

《黑水考证》四卷 〔清〕李荣陛撰 《豫章丛书》本 《万载李氏遗书四种》本

《黑水说》〔清〕陈沣撰 《陈沣集》本

《黑水解》〔清〕俞正燮撰 《俞正燮全集》本

《黑龙江系水路志》 南满铁道株式会社庶务部调查课编 民国十三年（1924）印本

《黑龙江述略》六卷 〔清〕徐宗亮撰 光绪十七年（1891）刻本

《黑岗口黄河巨型试验初步计划》 黄河水利委员会编 民国二十五年（1936）黄河水利委员会蓝晒本

《黑河纪略》〔清〕佚名撰 铅印本

《黑河劄记》不分卷 杨孟超撰 铅印本

《蜀江纪程》〔清〕佚名撰 道光二十七年（1847）稿本

《蜀水考》四卷 〔清〕陈登龙撰，朱锡谷补助，陈一津疏 光绪四年（1878）成都叶氏刻本 光绪五年（1879）绵竹杨氏清泉精舍刻本 光绪十六年（1890）成都书院刻本

《蜀水经》十二卷 〔清〕李元撰 乾隆五十九年（1794）刻本 嘉庆五年（1800）临海洪颐煊传经堂刻本

《蜀西都江堰工志》 吴鸿仁撰 民国二十六年（1937）铅印本

《蜀堰碑》〔元〕揭傒斯撰 《揭傒斯全集》本

《蜀輶日记》〔清〕陶澍撰 道光五年（1825）刻本

《颍州重浚西湖记》〔清〕卢见曾撰 《雅雨堂文集》本

《凿石浦志》〔清〕郭寿谖、郭庆珪辑 光绪三十年（1904）南山书舍木活字本

《凿泉浅说》 梁建章撰 民国四川省水利局油印本

《凿泉浅说问答》 河北省农田水利委员会编 民国大城梁式堂印本

《鄞三江口涂案卷》 冯贞群编 钞本

《鄞慈水灾纪略》 佚名编 印本

《棠梨树港车册》〔清〕佚名撰 光绪木活字本

《跋浯溪志》一种 〔清〕钱邦芑撰 《续修四库全书》本

《筹汉末议》不分卷 〔清〕佚名撰 钞本

《筹议苏鲁治运暨各江河湖文件考》 窦鸿年等禀 民国五年（1916）铅印本

《筹河篇》一卷 〔清〕魏源撰 《续修四库全书》本

《筹治黄河商榷书》 吴文孚撰 民国十五年（1926）印本

《筹济编》三十二卷首一卷 〔清〕杨景仁 道光九年（1829）费炳章刻本 光
　　绪四年（1878）内阁刻本 光绪五年（1879）刻本

《筹浚江北运河工程局筹备时期概略》 马士杰撰 民国本

《筹浚淮水故道折》〔清〕马新贻撰 《马端敏公奏议》本

《筹堵黄河中牟决口文件辑要》 殷同编 民国三十年（1941）筹堵黄河中牟决
　　口委员会印本

《筹潦汇述》 广东地方自治研究社编 民国七年（1918）印本

《御制热河考鄂博说滦河濡水源考证》一卷 〔清〕翁方纲撰 稿本

《御制阅海塘记》〔清〕乾隆撰 拓本

《皖北水利测量图说》 宗嘉禄辑 民国四年（1915）皖北水利测量事务所铅印本

《皖北治水弥灾条例》 吴学廉编 民国印本

《皖江大通义渡录》〔清〕陈六舟撰 光绪十五年（1889）刻本

《答江浙水利联合会同人书》 王清穆撰 民国印本

《皖省治淮计划书》 宗嘉禄撰 民国铅印本

《答无锡胡君雨人书》 王清穆撰 民国铅印本

《答河道潘巡抚》〔明〕张居正撰 《张太岳集》本

《答河漕王敬所言漕运》〔明〕张居正撰 《张太岳集》本

《答复王委员整理湖南水道意见书》 曹继辉等撰 民国铅印本

《筑堤图说》〔清〕佚名编绘 彩绘稿本

《筑堤详文》〔清〕马逢皋撰，徐栋辑 道光二十八年（1848）刻本 同治四
　　年（1865）重刻本

《筑圩图说》一卷 〔清〕孙峻撰 嘉庆十八年（1813）刻本 同治八年
　　（1869）刻本

《筑围说》（一说《筑堤书》）一卷 〔清〕陈瑚撰 道光十三年（1833）刻
　　本 《棣香斋丛书》本

《筑塘记》（一名《筑塘说》）〔明〕黄光升撰 天启《海盐县图经》本

《释名·释水》〔汉〕刘熙撰 《丛书集成初编》本

《释道南条九江》〔清〕魏源撰 《魏源集》本

《锦江胜记》〔清〕朱航撰 道光十四年（1834）刻本

《道光三年水灾记》一卷　〔清〕古虞野史氏撰　《虞阳说苑》本

《道河议》〔清〕王念孙撰　《高邮王氏四种》本

《塞外纪程》〔清〕陈法撰　民国二十二年（1933）铅印本

《寒圩志》〔清〕杨学渊纂　钞本

《章水经流考》一卷　〔清〕李崇礼撰　《经学丛书》本　《逊敏堂丛书》本

《敦煌县用水细则》〔唐〕佚名撰　当代《敦煌吐鲁番文献研究论集》第3
　　辑本

《渠务良规》〔清〕佚名撰　光绪二十三年（1897）祝维城选刻本

《渠阳水利》〔清〕程璇撰　雍正十年（1732）刻本

《湖广总志·九江堤防考略》〔明〕徐学模纂　万历四年（1576）刻本

《湖北水利堤工事务清理委员会清理报告书》　湖北水利堤工事务清理委员会
　　撰　民国二十一年（1932）铅印本

《湖北汉水图说》不分卷　〔清〕田宗汉撰　光绪二十七年（1901）刻本

《湖北安襄郧道水利集案》二卷图一卷　〔清〕王概编　乾隆十一年（1746）
　　刻本

《湖北江汉水利议》〔清〕杨守敬撰　《杨守敬集》本

《湖北金水闸建闸纪略》　佚名撰　民国二十四年（1935）印本

《湖北金水整理计划草案》　扬子江水道整理委员会编　民国十八年（1929）扬
　　子江水道整理委员会印本

《湖北河防约言》〔清〕施山撰　钞本

《湖北省各县水灾、匪灾实录》　湖北省政府编　民国三十七年（1948）湖北省
　　政府印本

《湖北堤防纪要》　萧耀南、王兆虎撰　民国十四年（1925）本

《湖防纪略》〔清〕吴恩藻撰　光绪刻本

《湖防私记·余事》〔清〕柔韵初撰　光绪十三年（1887）木活字本

《湖南水灾善后委员会兴修洞庭水利研究委员会拟具第一期兴修洞庭水利
　　案》　湖南水灾善后委员会兴修洞庭水利研究委员会编　民国湖南水灾善
　　后委员会兴修洞庭水利研究委员会印本

《湖南四至水陆程途清册》〔清〕佚名辑　光绪宣统间铅印本

《湖沼》（日）田中馆秀三著　民国二十五年（1936）商务印书馆铅印本

《湖隐外史》〔明〕叶绍袁撰　《午梦堂全集》本

《湖湘五略》十卷（存《湖湘谳略》二卷《湖湘详略》二卷《湖湘详略补》二

卷）〔明〕钱春撰　万历四十二年（1614）刻本

《湖游小识》一卷　〔清〕潘履祥撰　光绪九年（1883）刻本　光绪三十二年（1906）刻本

《渭水河》　佚名撰　民国十年（1921）朱丝栏钞本

《渭北引泾水利工程报告〈1932年事〉》　李仪祉撰　民国铅印本

《渭惠渠第一期工程纪略》　陕西省水利局渭惠渠工程处编　民国二十五年（1936）陕西省水利局渭惠渠工程处石印本

《湘桂水道工程处案卷目录》　湘桂水道工程处辑　民国油印本

《湘桂水道局部改进工程第二期施工报告》　扬子江水利委员会湘桂水道工程处撰　民国二十九年（1940）　油印本

《湘桂粤三江民船运输调查》　粮食运销局辑　民国二十三年（1934）油印本

《湘桂粤内地水道运输情形》　佚名辑　民国油印本

《湘湖水利永禁私筑勒石记》〔清〕毛奇龄撰　雍正十三年（1735）张文瑞所辑　校友堂刻本

《湘湖水利志》三卷　〔清〕毛奇龄撰　《西河合集》本　康熙五十九年（1720）毛氏从孙圣临补刻本刻　《学海类编》本　《萧山丛书》本

《湘湖考略》一卷　〔清〕于士达撰　道光二十七年（1847）学忍堂活字本

《湘湖测量报告书附图》　陈恺撰　民国四年（1915）浙江水利委员会铅印本

《湘湖调查计化报告书附图十五幅》　浙江省党部撰　民国十六年（1927）第三中山大学铅印本

《渡泸辩》〔明〕杨慎撰　《杨升庵全集》本

《滑县民堤图说》〔清〕杨冠瀛绘　光绪十五年（1889）彩绘本

《漆沮通考》一卷　〔清〕郑士范撰　光绪二十二年（1896）刻本

《溇港浚修备考》〔清〕徐凤衔撰　光绪二年（1876）刻本

《剡溪记》〔明〕陈仁锡撰　民国《历代游记选》本

十 三 画

《蒲达泾菖蒲溇新港河工征信录》　佚名撰　民国铅印本

《蒲溪小志》四卷　〔清〕顾传金纂　钞本　上海文管会铅印本

《蒲溪志》四卷　〔清〕佚名撰　钞本

《蓟运河河源考》一卷　佚名撰　民国油印本

《雷溪纪闻》　佚名辑　钞本

《楚水图记》〔清〕刘献廷辑　《广阳杂记》本

《楚北水利堤防纪要》二卷　〔清〕俞昌烈撰　同治四年（1865）湖北藩署刻本

《楚北江汉宣防备览》二卷　〔清〕王凤生撰　道光十二年（1832）刻本

《楚南诸水源流考》〔清〕孙良贵撰　钞本

《楚漕江程》十六卷　〔清〕董恂辑　咸丰刻本

《碎石方价》一卷　〔清〕佚名　嘉庆二十三年（1818）河库道衙刻本　光绪
　　三十四年（1908）京都荣录堂刻本

《惠州西湖志》〔清〕徐旭旦纂　康熙五十四年（1715）世复堂刻本

《惠州西湖志》四卷　〔清〕郑钦陛、李日景撰　《楝亭书目》本

《惠济河辑说》四卷首一卷　〔清〕王儒行纂　同治八年（1869）汲古堂刻本

《惠济河疏浚虹吸管引水暨省会水道整理工程报告》河南省整理水道改良土壤
　　委员会撰　民国二十四年（1935）河南省整理水道改良土壤委员会印本

《塘工两年》浙江省钱塘江海塘工程局编　民国三十七年（1948）浙江省钱塘
　　江海塘工程局印本

《虞城县呈境内黄河旧身图说》〔清〕佚名绘　光绪彩绘本

《督办永定河工事宜处中华民国六年北三大工机关费暨工程费支出计算书》支
　　出计算书督办永定河工事宜处编　民国六年（1917）朱格钞本

《督办永定河决口堵筑工程事宜分处文卷》五卷附一卷　督办永定河决口堵筑
　　工程事宜分处编　民国十四年（1925）朱丝栏钞本

《督办永定河决口堵筑工程事宜处报告》五卷附一卷　督办永定河决口堵筑工
　　程事宜处撰　民国十五年（1926）铅印本

《督办江苏运河工程局季刊》督办江苏运河工程局编　民国九年至十六年
　　（1920—1927）督办江苏运河工程局印本

《督办江苏运河工程局第一届至第七届计划议案》督办江苏运河工程局辑　民
　　国铅印本

《督办江苏运河工程事宜公署查勘刘庄朱口李升屯黄花寺等处估工清册》佚名
　　编　民国铅印本

《督办苏浙太湖水利工程局职员录》督办苏浙太湖水利工程局辑　民国十二年
　　（1923）铅印本

《督抚江西奏疏》〔明〕潘季驯撰　万历刻本

《督河奏疏》十卷　〔清〕许振祎撰　光绪二十五年（1899）广州刻本　民国铅
　　印本

《督署迤西河淤丈尺图形》〔清〕佚名绘　光绪彩绘本

《解释刘念台先生绍兴天乐乡水利议》宗能述撰　民国二年（1913）铅印本

《管理稻田水利暂行章程》吉林省建设厅颁布　民国十八年（1929）印本

《编拟黄河治本初步计划第一期工作报告》黄河治本研究团黄河水利工程总局
　　辑　民国三十七年（1948）油印本

《禀复道宪洪查勘四女寺减河工程并说贴估册各稿》〔清〕单晋銇撰　刻
　　本　钞本

《福建历代浚湖事略》一卷　〔清〕郭柏苍撰　光绪十年（1884）刻本

《新办海盐县塘工成案》三卷　〔清〕汪仲洋纂　道光四年（1824）刻本

《新乡县福寿渠水利协会规约》新乡县福寿渠水利协会编　民国石印本

《新刘河志》一卷《娄江志》二卷　〔清〕白登明修，顾士琏纂　刻本

《新译海塘辑要》十卷　（英）傅兰雅撰　清上海制造局刻本

《新建南海县桑园围石工碑记》〔清〕阮元撰　《研经室集》本

《新河河工汇录》王杰士撰　民国印本

《新刻水陆路程便览》〔明〕黄汴纂　刻本

《新修清水河厅志》十八卷（一名《新修山西清水河厅志》）〔清〕文秀修，卢
　　梦兰纂，佚名增补　传钞本

《新浚海盐内河图说》一卷　〔明〕佚名撰　水科院藏本

《新清河要策》〔清〕黄广清撰　光绪十七年（1891）《万国公报》本

《新编长江险要图说》五卷　〔清〕余宏淦撰　民国石印本

《新编南北湖小志》吴侠虎撰　稿本

《新镌海内奇观》十卷附考一卷　〔明〕杨尔曾辑　万历三十八年（1610）刻本

《新疆之水利》倪超编　民国三十七（1948）商务印书馆铅印本

《新疆水利会第一期报告书》五卷附《成绩表》一卷　刘文龙等撰　民国六年
　　（1917）北京兰石斋石印本

《新疆水利会第二期报告书》十卷　刘文龙等撰　民国七年（1918）北京华国
　　书局石印本

《新疆吐鲁番盆地——民国1943年行政院水利委员会西北水利垦移报告》童
　　承康撰　民国三十二年（1943）国立中央大学地理系铅印本

《新疆省政府沙湾新盛渠工程计划书》新疆水利勘测总队编　民国三十四年
　　（1945）印本

《滇省工房经管垣塘汛河道及解京颜料铁锡等厂造具须知清册》佚名编　钞本

《滇省水道》　徐珂编　民国《清稗类钞》本

《滏阳河图序》一卷　〔清〕佚名撰　钞本

《滏河情形》　佚名撰　民国本　民国钞本

十 四 画

《嘉兴府水道图说》〔清〕师承瀛辑　光绪四年（1878）重刻本

《嘉池堰堰簿》　佚名撰　钞本

《嘉鱼县续修堤志》四卷　〔清〕方瀚修，马笏臣、周秉心纂　光绪十一年
　　（1885）孔国玉木活字重印本

《嘉府水陆道里记》　褚光斗撰　清光绪三十三年（1907）印本

《嘉南大圳水利事业概要》　台湾省嘉南圳农田水利协会编　民国三十五年
　　（1946）台湾省嘉南圳农田水利协会印本

《嘉陵江志》　马以愚纂　民国三十五年（1946）重庆商务书馆铅印本

《截留漕粮拨运奏疏》八卷　〔清〕佚名辑　道光朱墨钞本

《塌河淀附近河道图说》〔清〕佚名撰　光绪彩绘本

《畿辅水利四案》四卷补一卷附录一卷　〔清〕潘锡恩辑　道光三年（1823）刻
　　本　刻本

《畿辅水利议》（一名《北直水利书》）一卷　〔清〕林则徐撰　《海粟楼丛书》
　　本　《林文忠公遗书》本　光绪二年（1876）三山林氏刻本　光绪五年
　　（1879）长洲黄氏辑刻本

《畿辅水利初案》〔清〕潘锡恩辑　道光三年（1823）刻本

《畿辅水利志》一百卷　〔清〕蒋时进撰　道光十年（1830）刻本

《畿辅水利私议》一卷　〔清〕吴邦庆撰　道光四年（1824）益津吴氏刻《畿辅
　　河道水利丛书》本

《畿辅水利经进稿》（版心题《畿辅水利议》）一卷　〔清〕林则徐撰　光绪
　　二十四年（1898）文德堂石印本

《畿辅水利备览》〔清〕唐鉴撰　道光十九年（1839）刻本

《畿辅水利营田图说》〔清〕吴邦庆辑　道光四年（1824）官刻本

《畿辅水利辑览》一卷　〔清〕吴邦庆撰　道光四年（1824）益津吴氏刻本

《畿辅水道管见》一卷《畿辅水利私议》一卷　〔清〕吴邦庆撰　道光三年
　　（1823）刻本益津书局刊本

《畿辅安澜志》五十六卷　〔清〕王履泰撰　《武英殿聚珍版丛书》本　嘉

庆十三年（1808）刻本　福建刻武英殿聚珍版丛书本　光绪二十五年
（1899）广雅书局本

《畿辅河防备考》五卷〔清〕王如鉴撰　缩微复制本

《畿辅河渠略》十四卷〔清〕崔乃羣撰　稿本

《畿辅河道水利丛书》〔清〕吴邦庆辑　道光四年（1824）益津吴氏刻本
（子目：《直隶河渠志》一卷〔清〕陈仪撰，《陈学士文钞》一卷〔清〕陈
仪撰，《潞水客谈》一卷〔明〕徐贞明撰，《怡贤亲王疏钞》一卷〔清〕
允祥撰，《水利营田图说》一卷〔清〕吴邦庆撰，《畿辅水利辑览》一
卷〔清〕吴邦庆撰，《泽农要录》一卷〔清〕吴邦庆撰，《畿辅水道管
见》一卷《畿辅水利私议》一卷〔清〕吴邦庆撰）

《畿辅治河说》一卷〔清〕徐原一撰　《续修四库全书》本

《畿辅通志·河渠略·水道·治河说》〔清〕李鸿章等修，黄彭年等纂　民国钞
本　民国二十三年（1934）商务书馆铅印本

《辟泇奏疏》一卷〔明〕曹时聘撰　清初钞本

《鳄渚回澜记》八卷〔清〕陈坤撰　《如不及斋丛书》本

《福建省政府修浚闽江工程局第十一年度至第十五年度报告书》　陈鸿泰撰　民
国十九至二十三年（1930—1934）福建省政府修浚闽江工程局印本

《满洲水利计划》（日）本间德雄编　中水东北勘测设计院档案室藏　民国
二十六年（1937）印本

《满洲国水道源流考略》八卷首一卷　周沆编　民国二十六年（1937）新京东
亚印书局铅印本

《满洲国治水方案》　满铁经济调查会编　民国二十四年（1935）吉林大学图书
馆藏本

《澄怀堂文抄——答问〈西北水利书〉》〔清〕陈裴之撰　道光刻本

《漳河上游拦洪水库地址勘察报告》　刘锡彤著　民国二十二年（1933）华北水
利委员会印本

《漳河水道记》〔清〕崔述撰　民国《大名县志》本

《滹沱河地区水利建设事业工事史》　建设总署石门河渠工程处编　民国三十一
年（1942）建设总署石门河渠工程处铅印本

《滹沱河流域》　马加著　民国三十五（1946）作家书屋铅印本

《滹沱河灌溉计划》　华北水利委员会编　民国二十二年（1933）华北水利委员
会　天津印本

《滦河濡水源考证》〔清〕高宗敕撰　写本　国家图书馆藏本

《漕书》一卷　〔明〕张鸣凤撰　刻本　钞本

《漕运》〔清〕倪在田撰　民国二十四年（1935）印本

《漕运议》一卷　〔清〕王苣孙撰　刻本

《漕运记》〔明〕何乔远撰　《名山藏》本

《漕运全书》〔清〕傅云龙纂　绿丝栏稿本

《漕运则例纂》〔清〕杨锡绂撰　乾隆三十二年（1767）杨锡绂刻本　乾隆
　　三十五年（1770）内府刻本

《漕运扼要议》〔明〕陈继儒撰　《陈眉公先生全集》本

《漕运昔闻》一卷　〔清〕佚名撰　朱丝栏钞本

《漕运河道图考》一卷附录一卷《海运议》一卷　〔清〕蔡绍江撰　道光刻本

《漕运真传》　佚名撰　民国石印本　钞本

《漕运通志》十卷　〔明〕杨宏、谢纯撰　嘉靖七年（1528）刻本

《漕运程途志略》〔清〕佚名撰　道光二十七年（1847）钞本

《漕运编》二卷　〔明〕崔旦撰　《丛书集成初编》本

《漕抚奏疏》四卷　〔明〕王宗沐撰　万历元年（1573）刻本

《漕政举要录》十八卷　〔明〕邵宝撰　正德刻本

《漕河一瞥》十一卷　〔明〕周之龙撰　万历刻本

《漕河志》三卷　〔明〕佚名撰　《函史》本

《漕河驳辩》〔清〕康文河撰　道光五年（1825）刻本

《漕河图志》八卷　〔明〕王琼撰　弘治九年（1496）刻本

《漕河奏议》四卷　〔明〕王以旌撰　《国朝献征录》本

《漕河奏议》〔明〕朱衡撰　隆庆六年（1572）刻本

《漕河祷冰图记》〔清〕陶澍撰　刻本《陶文毅公全集》本

《漕河撮稿》六卷　〔明〕周金纂　《客座赘语》本

《漕南汇记》〔清〕佚名撰　同治本

《漕船志》一卷《漕运录》二卷　〔明〕席书撰　《玄览堂丛书》本

《蓟运河图说》〔清〕佚名撰　光绪绘本

《舆地纪胜·漕河》〔宋〕王象之撰　道光二十九年（1849）重刻本

《禀江坝情形》〔清〕严樾撰　道光钞本

《舆地纪胜·漕河》〔宋〕王象之撰　道光二十九年（1849）重刻本

《磋湖志》二卷　〔清〕仲沈洙撰　康熙五十五年（1716）刻本

《里下河束堤归海论集》 吴君勉辑 民国铅印本

《澉阙石塘录》〔明〕吴嘉允、吴钦章辑，〔清〕冯敦忠校刊 崇祯刻本 康熙
三十四年（1695）十菊斋重刻本 雍正二年（1724）刻本 旧钞本

《澉阙捍海石塘记》〔明〕钱龙锡撰 复旦大学图书馆藏本

十 五 画

《横桥堰水利记》一卷附《泖河案牍》一卷 〔清〕徐用福纂 光绪二十五年
（1899）刻本 民国元年（1912）铅印本

《横桥堰水利考》〔清〕徐用福辑 光绪二十四年至二十五年（1898—1899）
刻本

《横溪录·溪上咏》〔明〕徐鸣时编 崇祯二年（1629） 刻本

《摘录永定河三角淀通判文德等意见书并批示缀言》 文德等撰 民国元年
（1912）朱丝栏钞本

《增订固始县水利章程图说》三卷（一名《固始县水利章程图说》） 中华全国
水利委员会固始分会编 民国八年（1919）石印本

《增补蜀水考分疏》四卷 〔清〕陈登龙撰 光绪二十二年（1896）成都书局
刻本

《增修莫愁湖志》二卷 〔清〕醉吟馆主撰 光绪十四年（1888）刻本

《履园丛话——水学》〔清〕钱泳撰 道光十八年（1838）刻本

《燕赵水利论》不分卷 白月恒撰 民国铅印本

《墨水考证》 李荣陛撰 民国四年（1915）南昌退庐胡思敬刻本

《镇江水利图说》存一卷 〔明〕佚名撰 刻本

《镇海东西管修浚中大河工程始末记》 周汝磐辑 民国十四年（1925）铅印本

《豫东运河网工程计划概述》 佚名编 民国复写本

《豫东宣防录》八卷 〔清〕白钟山撰 乾隆五年（1740）刻本

《豫东碎石方价成规》〔清〕吴邦庆撰 道光十五年（1835）刻本

《豫河三志》十二卷首一卷 陈汝珍等编 民国二十一年（1932）开明印刷局
铅印本

《豫河志》二十八卷 吴筼孙编 民国十二年（1923）铅印本 民国十九年
（1930）重印本

《豫河续志》二十卷附《豫河变迁考》一卷《河南黄沁两河详图》一卷 陈善
同、王荣擂编 民国十五年（1926）河南河务局刻本

《豫南水利厄言》一卷 〔清〕徐寿兹撰 光绪二十七年（1901）大梁刻本

《豫省归淮河道情形图说》 佚名绘 民国彩绘本

《豫省拟定河工成规》（一名《河工则例》）二卷续增一卷《碎石方价》一卷
《秸麻帮》一卷 〔清〕官修 乾隆河东署官刻本 道光刻本

《豫省续增成规》一卷 〔清〕工部编 乾隆刻本

《衡漳考》不分卷 〔清〕吕游撰 乌丝栏钞本

《黎襄勤公奏议》六卷 〔清〕黎世序撰 道光刻本

《题定河工则例》〔清〕工部订 刻本

《德阳县嘉池堰书》 佚名辑 民国复写本

《德胜河验收土方暨会议记》 庄启辑 民国十七年（1928）油印本

《鄱阳志》三十卷 〔宋〕史定之纂，〔明〕佚名辑 《舆地纪胜》本

《鹤阳新河纪略》一卷 〔清〕朱洪章撰 光绪十八年（1892）梓文阁刻本

《潋水志汇编》四种 程熙元辑 民国二十四年（1935）铅印本

《潋水新志》十二卷首一卷 〔清〕方溶纂修 民国《潋水志汇编》本

《潘方伯公遗稿》六卷 〔清〕潘学祖、潘延祖编 光绪二十二年（1896）刻本

《潘司空奏疏》七卷 〔明〕潘季驯撰 《四库全书》本

《潮白河苏庄水闸之养护与管理》 华北水利委员会编 民国二十一年（1932）
铅印本

十 六 画

《整治湘桂水道工程计划》 湘桂水道工程处编 民国印本

《整理山东小清河工程计划大纲》 小清河临时工程委员会编 民国二十年
（1931）小清河临时工程委员会印本

《整理东濠下游报告书》 广州市工务局撰 民国二十五（1936）广州市工务局
印本

《整理导淮图案报告》 建设委员会秘书处编 民国建设委员会印本

《整理酉水航道工程计划纲要》 扬子江水利委员会辑 民国二十六年（1937）
油印本

《整理余杭南湖计划》 扬子江水利委员会编 民国二十六年（1937）复写印本

《整理金沙江水道工程计划》 扬子江水利委员会金沙江工程处编 民国三十三
年（1944）晒印本

《整理海河治标工程进行报告书》 整理海河委员会撰 民国二十二年（1933）

整理海河委员会铅印本

《整理綦江工程概要》 綦江工程局编 民国二十八年（1939）綦江工程局印本

《整理豫河方案》 陈汝珍撰 民国二十年（1931）印本

《戴公重修水利记》〔明〕丘濬撰 民国二十六年（1937）稿本

《黔行水程记》 孟继埙撰 清末刻本 民国刻本

《襄州宜城县长渠记》〔宋〕曾巩撰 清《元丰类稿》本

《襄河水利案牍汇抄》 彭湛然撰 民国二十五年（1936）铅印本

《襄堤成案》〔清〕陈广文编 光绪二十年（1894）刻本

《澂湖源流图说·嘉兴府水道总说·秀水县水道图说·嘉善县海盐县石门县平湖
县桐乡县水道图总说》〔清〕佚名撰 套色刻本

《潞水客谈》一卷 〔明〕徐贞明撰 清两淮盐政采进本 嘉庆刻本 道光四
年（1824）益津吴氏刻本 咸丰三年（1853）南海伍氏刻本 浙江书局刻
本 《畿辅河道水利丛书》本 《笔记小说大观》本 《丛书集成初编》本

十 七 画

《濮阳河上记》四卷 徐世光著 民国九年（1920）铅印本

十 八 画

《蟹渚（韩江）回澜记》〔清〕陈坤撰 同治刻本

二 十 画

《灌田公司》〔清〕佚名编 光绪二十四年（1898）《农学报》本

《灌记初稿》〔清〕彭洵撰 光绪二十年（1894）刻本

《灌江定考》一卷《备考》一卷《汇集实录》一卷《备修善集》一卷 〔清〕王
来通纂，张来翕续辑 嘉庆五年（1800）续辑刻本

《灌江备考四种》不分卷 〔清〕王来通纂，熊永泰续辑 乾隆刻本 光绪
十一年（1885）续辑刻本（子目：《灌江备考》〔清〕王来通撰，《灌江定
考》〔清〕王来通撰，《汇集实录》〔清〕王来通撰，《川主五神合传》〔
清〕陈怀仁撰）

《灌园史》四卷补遗一卷 〔明〕陈诗教撰 刻本

《灌溉》 冯雄著 民国二十二年（1933）商务印书馆印本

《灌溉工程设计参考手册》 农业部水利处编 民国三十八年（1949）华北人民

政府农业部水利处铅印本

《灌溉事业管理养护规则》　行政院制订　民国三十三年（1944）印本

二十三画

《蠹仙泉谱》一卷　〔清〕汤蠹仙撰　《汤氏丛书》本

《麟庆行述》〔清〕完颜崇实编　道光二十六年（1846）刻本

历代河图目录

二　　画

三　　画

《下北河厅兰阳汛东坝头现在河势工程情形图》〔清〕佚名绘　光绪彩绘本

《下北河厅属现在河势情形图》〔清〕佚名绘　光绪彩绘本

《下北河厅属经营一切事宜河势情形图》〔清〕佚名绘　光绪彩绘本

《下北河厅光绪三十三年分岁修砖土石各工河图》〔清〕佚名绘　光绪三十三
　　年（1907）彩绘本

《下北河厅属光绪二十八年分岁修埽砖土石各工河图》〔清〕佚名绘　光绪
　　二十八年（1902）彩绘本

《下北河厅属河图》〔清〕佚名绘　光绪彩绘本

《下北河厅属宣统元年分岁修埽砖土石各工河图》〔清〕佚名绘　宣统元年
　　（1909）彩绘本

《下北河图：葛沽至海口》〔清〕佚名绘　光绪彩绘本

《下河厅光绪二十三年咨办工程咨估图》〔清〕佚名绘　光绪二十三年（1897）
　　彩绘本

《下河厅光绪二十三年咨办工程咨销图》〔清〕佚名绘　光绪二十三年（1897）
　　彩绘本

《下河厅经管河道起止里数图》〔清〕佚名绘　光绪绘本

《下南厅祥工大坝对岸启放沟工溜势情形图》〔清〕佚名绘　道光彩绘本

《下南厅祥符上汛三十一堡拟估坝基挑水坝情形图》〔清〕佚名绘　道光彩
　　绘本

《下南厅属祥符上汛三十二堡漫工现在情形图》〔清〕佚名绘　道光彩绘本

《下南河厅经管祥陈三汛堤工事宜图》〔清〕佚名绘　光绪彩绘本

《下南河厅属光绪二十八年分岁修埽土石各工河图》〔清〕佚名绘　光绪
　　二十八年（1902）彩绘本

《下南厅属祥符上汛现在河势情形图》〔清〕佚名绘　光绪彩绘本

《下南河厅属宣统元年分岁修埽土石各工河图》〔清〕佚名绘　宣统元年
　　（1909）彩绘本

《下南河同知黄家驹承办光绪三十年分兰仪县境针庄旧黄河身内估筑拦黄土埝
　　工程河图》〔清〕黄家驹绘　光绪三十年（1904）彩绘本

《下游北岸第二营河形堤势图说》〔清〕佚名绘　光绪彩绘本

《下游北岸第三营防守险工埽坝形势图说》〔清〕佚名绘　光绪彩绘本

《下游南岸第一营防守堤埝河图贴说》佚名绘　民国彩绘本

《下游南岸第四营阎家堤埝险工图》佚名绘　民国彩绘本

《万里海防图》〔清〕朱子庚仿绘　道光二十三年（1843）彩色刻本

《万泉河道图》〔清〕南怀仁绘　清康熙彩绘本

《大河南北两岸舆地图》〔清〕佚名绘　光绪彩绘本

《大城县春工总图》（一名《大城县培堤图》）〔清〕佚名绘　光绪绘本

《大浦码头站平面图》　佚名绘　昭和十五年（1940）晒印本

《大清一统海道总图》　佚名绘　清光绪间绘本

《大清一统舆图海道集释》七卷　〔清〕陈运溶撰　宣统三年（1911）湘西陈氏
　　刻本

《大清河子牙河堤工图》〔清〕佚名绘　光绪宣统间彩绘本

《大清河暨赵王赵牛等河上游各县并本境水势沿河村庄里数全图》〔清〕佚名
　　绘　光绪彩绘本

《卫河全览》〔清〕马光裕编绘　顺治八年（1651）刻本

《卫河系统沿岸各县利用河水灌溉地区位置图》　佚名绘　民国三十三年
　　（1944）晒印本

《卫辉府封丘县议筑黄陵一带堤埝情形图》〔清〕佚名绘　光绪彩绘本

《卫辉府属十县水道图》〔清〕佚名绘　刻本

《卫粮厅光绪二十八年分做过岁修埽工砖土石各工河图》〔清〕佚名绘　光绪
　　二十八年（1902）彩绘本

《卫粮厅光绪三十三年分做过岁修埽砖土石各工河图》〔清〕佚名绘　光绪
　　三十三年（1907）彩绘本

《卫粮厅宣统元年分做过岁修埽砖土石名工河图》〔清〕佚名绘　宣统元年
　　（1909）彩绘本

《卫粮厅属阳武、阳封、封丘三汛现在河势情形图》〔清〕佚名绘　宣统彩
　　绘本

《卫粮厅黄河图》〔清〕佚名绘　光绪彩绘本

《马颊河图》〔清〕佚名绘　光绪绘本

《上北河图：天津至葛沽》〔清〕佚名绘　光绪彩绘本

《上河厅光绪二十年加帮聊堂二汛残缺堤工题销图》〔清〕许广身编绘　光绪
　　二十年（1894）彩绘本

《上河厅光绪二十三年加帮聊堂二汛残缺堤工题估图》〔清〕佚名绘　光绪
　　二十三年（1897）彩绘本

《上河厅光绪二十三年岁修工程报销图》〔清〕佚名绘　光绪二十三年（1897）

彩绘本

《上河厅光绪二十三年咨办工程咨估图》〔清〕佚名绘　光绪二十三年（1897）
　　彩绘本

《上河厅光绪二十三年咨办工程咨销图》〔清〕佚名绘　光绪二十三年（1897）
　　彩绘本

《上河厅光绪二十五年加帮聊堂二汛残缺堤工题估图》〔清〕罗锦文编绘　光
　　绪二十五年（1899）彩绘本

《上河厅属经管河道里数闸坝桥洞界址图》〔清〕佚名绘　光绪绘本

《上南厅属郑州下汛十堡漫口河势图》〔清〕佚名绘　光绪彩绘本

《上南厅属荥郑二汛堤坝石垛工程实在情形事宜图》〔清〕佚名绘　光绪彩
　　绘本

《上南河厅属荥郑中三汛现在河势情形图》〔清〕佚名绘　光绪彩绘本

《上南河厅属荥郑中各汛现在河势情形图》〔清〕佚名绘　光绪彩绘本

《上南河厅属宣统元年分岁修埽土石工程河图》〔清〕佚名绘　宣统元年
　　（1909）彩绘本

《上南河厅属堤坝埽工事宜河图》〔清〕佚名绘　光绪十九年（1893）彩绘本

《上海马家浜东华漕图》〔清〕佚名绘　宣统二年（1910）时中书局印本

《上海港口图》　浚浦总局制　民国十六年（1927）彩绘本

《上游南北两岸各处埽坝形势险要旧全河图》〔清〕佚名绘　光绪彩绘本

《上游南岸寿张县高家大庙堵筑形势图》〔清〕佚名绘　光绪十五年（1889）
　　彩绘本

《上游南岸第一营黄河大堤形势图》　佚名绘　民国彩绘本

《上游黄河两岸金堤临黄险工村庄里分贴说全图》〔清〕贾庄河防局绘　光绪
　　二十年（1894）彩绘本

《上游黄河堤埝全图》（一名《绘呈上游黄河堤堰形势全图》）〔清〕高保津
　　绘　光绪绘本

《山左河道图》〔清〕佚名绘　光绪彩绘本

《山东十七州县运河泉源总图》〔清〕佚名撰　乾隆彩绘本

《山东上游黄河河势堤工图》〔清〕佚名绘　光绪彩绘本

《山东及江苏黄河水灾图》　中国华洋义赈救灾总会编绘　民国二十四年
　　（1935）晒印本

《山东兰山县境河道全图》〔清〕佚名绘　光绪彩绘本

《山东新小清河形势全图》〔清〕佚名绘　光绪十九年（1893）彩绘本

《山东濮郓范寿各县黄河堤埝图》〔清〕佚名绘　光绪彩绘本

《山西省水陆形势图》佚名绘　民国十九年（1930）上海大众书局印本

《山西山水图》〔清〕佚名绘　雍正彩绘本

《山河全图》四卷〔清〕佚名绘　刻本

《小清河及支流湖泊实测图》山东小清河河务局编绘　民国二十二年（1933）
　　绘本

《小清河流域支流湖泊形势全图》杨雪登绘　民国七年（1918）绘本

《千里堤险工段落图》佚名绘　民国彩绘本

《六省黄河堤工埽坝情形总图》〔清〕工部绘　同治二年（1863年）彩绘本

《广东海防汇览》四十二卷〔清〕卢坤等编　道光刻本　光绪刻本

《广东海图》〔清〕佚名绘　彩绘本

《广东省水陆形势图》佚名绘　民国十九年（1930）上海大众书局印本

《广东省水道图》〔清〕佚名绘　刻本

《广西省水陆形势图》佚名绘　民国十九年（1930）上海大众书局印本

《广西桂林府南北陡河图》〔清〕杨应琚绘　乾隆十九年（1754）绘本

四　　画

《天平闸渠道形势图》〔清〕佚名绘　光绪彩绘本

《天津五河淀地图》（一名《天津五大河塌河淀地势全图》）〔清〕佚名绘　光
　　绪彩绘本

《天津水陆交通略图》佚名绘　民国初石印本

《天津至大沽北塘海河图》〔清〕佚名绘　光绪彩绘本

《天津至保定河图》〔清〕佚名绘　光绪彩绘本

《天津附近海口河道图》〔清〕佚名绘　光绪彩绘本

《天津海河图》〔清〕佚名绘　光绪双色绘本

《开封府鄢陵县造送舆河图》〔清〕佚名绘　光绪彩绘本

《开封府下南厅祥符上汛三十二堡漫工图》〔清〕佚名绘　道光彩绘本

《无为州江坝地舆情形图》〔清〕佚名绘　光绪彩绘本

《无庐二邑河道水利全图》〔清〕佚名绘　光绪彩绘本

《丰北厅旧口门图》〔清〕佚名绘　光宣间彩绘本

《丰汛大坝淤滩并唐家湾引河情形图》〔清〕佚名绘　嘉庆彩绘本

《中牟下汛九堡拟估引河沟工沟线情形图》〔清〕周普安绘　道光彩绘本

《中牟下汛九堡拟估引河情形图》〔清〕佚名绘　道光彩绘本

《中牟下汛堤南拟估遥堤情形草图》〔清〕佚名绘　道光彩绘本

《中运河平面及纵断面图》　督办江苏运河工程总局制　民国二十二年（1933）
　　晒印本

《中国水系图》　全国经济委员会水利处编　民国二十五年（1936）全国经济委
　　员会水利处印本

《中国沿江海港口实测详图》　佚名绘　民国石印本

《中国铁路公路水道图》　佚名绘　民国二十六年（1937）晒印本

《中国黄河经纬度里之图》不分卷　〔清〕梅启照撰　光绪八年（1882）南昌梅
　　启照东河节署刻本

《中国海道图》〔清〕佚名绘　光绪石印本

《中河九堡漫口筑坝挑河图》〔清〕佚名绘　道光彩绘本

《中河厅中牟下汛九堡漫工拟估引河段落及沟工沟线情形草图》〔清〕周普安
　　绘　道光彩绘本

《中河厅中牟下汛九堡漫工河势情形图》〔清〕周普安绘　道光彩绘本

《中河厅中牟下汛九堡漫工原估东西坝基并挑水坝基情形图》〔清〕周普安
　　绘　道光彩绘本

《中河厅中牟下汛九堡漫溢情形图》〔清〕佚名绘　道光彩绘本

《中河厅中牟下汛头堡至九堡现在河势情形图》〔清〕佚名绘　宣统彩绘本

《中河厅中牟下汛现在河势图》〔清〕佚名绘　光绪彩绘本

《中河厅中牟下汛堤工里数埽坝各工一切事宜图》〔清〕佚名绘　光绪十九年
　　（1893）彩绘本

《中河厅光绪二十八年分岁修埽土石名工河图》〔清〕佚名绘　光绪二十八年
　　（1902）彩绘本

《中河厅奉委较量水面高矮内地丈尺情形草图》〔清〕佚名绘　光绪彩绘本

《中河厅实在河势及大堤弯曲情形图》〔清〕佚名绘　光绪彩绘本

《中河厅宣统二年分岁修埽土石各工河图》〔清〕佚名绘　宣统二年（1910）
　　彩绘本

《中河厅宣统元年分做过岁修埽土石各工河图》〔清〕佚名绘　宣统元年
　　（1909）彩绘本

《中河厅属中牟下汛九堡漫工现在河势情形图》〔清〕周普安绘　道光彩绘本

《中河厅属中牟下汛三八堡现在河势情形图》〔清〕佚名绘　光绪彩绘本

《中河厅属中牟下汛壬辰年现在河势情形图》〔清〕佚名绘　光绪十八年
　　（1892）彩绘本

《中河厅属中牟下汛光绪十九年分现在河势情形图》〔清〕佚名绘　光绪十九
　　年（1893）彩绘本

《中河厅属中牟下汛经管堤工里数埽坝各工一切事宜图》〔清〕佚名绘　宣统
　　彩绘本

《中河厅属中牟下汛经管堤工埽坝现在河势图》〔清〕佚名绘　道光彩绘本

《中河厅属牟工东圈埝拟估帮宽并添筑戗坝现在河势图》〔清〕佚名绘　道光
　　二十四年（1844）彩绘本

《中河厅属补远纤堤并做草闸挑河筑坝情形图》〔清〕佚名绘　道光二十二年
　　（1842）彩绘本

《中河厅堤埽工程河道归海现在情形图》〔清〕佚名绘　道光绘本

《中河清汛北岸纤堤拟建石闸情形图》〔清〕佚名绘　道光彩绘本

《中游南北两岸堤埝河图贴说》〔清〕佚名绘　光绪绘本

《中游黄河南北两岸大堤民埝全图》〔清〕佚名绘　光绪绘本

《内河口关图》〔清〕佚名绘　光绪彩绘本

《内黄县漳洹卫三河水道全图》〔清〕佚名绘　光绪彩绘本

《甘肃省水陆形势图》　佚名绘　民国二十四年（1935）上海大众书局

《甘肃湟惠渠一览图》附《甘肃湟惠渠工程纪要》　佚名绘　民国三十一年
　　（1942）石印本

《甘肃溥济渠一览图》附《甘肃溥济渠工程纪要》　佚名绘　民国三十一年
　　（1942）石印本

《甘肃溥济渠平面图》　佚名绘　民国三十一年（1942）石印本

《凤阳府淮水入湖详图》〔清〕佚名绘　光绪彩绘本

《乌苏里江流域图》〔清〕佚名绘　康熙五十八年（1719）彩绘本

《乌程长兴二邑溇港全图》一卷　〔清〕梁恭辰撰　水科院藏本

五　　画

《正定府属河图》〔清〕佚名绘　光绪彩绘本

《正定府疆域城垣关隘河道仓座全图》〔清〕佚名绘　光绪彩绘本

《古歙山川图》一卷　〔清〕吴逸绘　乾隆阮溪水香园刻本

《石景山武汛图》〔清〕佚名绘　光宣间彩绘本

《龙治河河工图》佚名绘　民国绘本

《东下河水利图》〔明〕陈应芳绘　万历绘本

《东平州拟议挑筑河道情形图》〔清〕佚名绘　光绪彩绘本

《东台水利去路图》〔清〕祝补斋编绘　咸丰彩绘本

《东台水利来源图》〔清〕祝补斋编绘　咸丰彩绘本

《东台扬堤加高图》〔清〕祝补斋编绘　咸丰彩绘本

《东西汉水图及江水全图》〔清〕佚名绘　光绪元年（1875）绘本

《东西两防海塘图》〔清〕严烺等纂　道光十五年〔1835〕刻本

《东昌府河图》〔清〕佚名绘　光绪彩绘本

《东昌府聊城县运河全图》〔清〕佚名绘　光绪彩绘本

《东昌属境徒骇马颊两河图说》〔清〕佚名绘　光绪彩绘本

《东明漫水下注东境酌议堵口筑堤图说》〔清〕佚名绘　咸丰彩绘本

《东坝基进占图》〔清〕佚名绘　道光彩绘本

《东洋人海图》〔清〕冯道立撰　刻本

《东洋海口图》〔清〕冯道立撰　刻本

《民国堤防图》（一名《民国湖北堤防图》）佚名绘　民国印本

《民埝全图》〔清〕佚名绘　光绪彩绘本

《北六工河流形势图（永定河）》佚名绘　民国彩绘本

《北运河平面图》京兆尹公署内务科自治课绘　民国六年（1917）绘本

《北运河部分规复自李遂镇至通州拟开河道图》佚名绘　民国绘本

《北运河塌河淀附近形势图》〔清〕佚名绘　光绪绘本

《北河图》〔清〕佚名绘　光绪彩绘本

《北洋分图》〔清〕佚名绘　同治三年（1864）湖北官书局刻本

《北湖图》〔清〕董醇绘　咸丰六年（1856）绘本

《北淝河平面及纵断面图》江淮水利测量局制　民国五年（1916）晒印本

《申江胜景图》〔清〕吴猷绘　光绪十年〔1884〕点石斋石印本

《由江宁省城至湾沚镇外江内河总图》〔清〕佚名绘　光绪末年绘本

《卢沟桥司汛河流形势图》〔清〕佚名绘　光宣间绘本

《史河平面及纵断面图》江淮水利测量局制　民国五年（1916）晒印本

《归陈二府黄水经由归宿大概情形图》〔清〕陆成沅绘　道光彩绘本

《归德府属睢州柘城鹿邑三县惠济河情形图》〔清〕佚名绘　光绪彩绘本

《宁河县海河图》佚名撰　清光绪彩绘本

《宁夏全省河渠图》宁夏省建设厅制　民国二十年（1931）石印本

《宁夏河渠图》〔清〕佚名绘　光宣间彩绘本

《宁夏黄河惠农图》〔清〕佚名绘　彩绘本

《兰仪工实在情形图》〔清〕佚名绘　光绪彩绘本

《兰仪干河口拟建筑横堤闸坝图说》〔清〕佚名绘　光绪彩绘本

《兰仪县河图》〔清〕佚名绘　光绪彩绘本

《兰阳汛堤河势草图》〔清〕佚名绘　光绪间彩绘本

《兰封县黄河形势图》黄河水利委员会测　民国二十三年（1934）黄河水利委
　　员会晒印本

《汉川县舆图》〔清〕田宗汉绘　光绪绘本

六　画

《西子湖图》〔清〕陈允叔绘　光绪二年（1876）石印本

《西平县洪沙二河图》〔清〕吴镜沅绘　光绪彩绘本

《西平舞阳两县洪河庄村图》〔清〕佚名绘　光绪彩绘本

《西宁塘汛图》（一名《青海塘汛图》）〔清〕周焕文绘　光绪彩绘本

《西华县河图》〔清〕佚名绘　光绪彩绘本

《西坝基进占图》〔清〕佚名绘　道光彩绘本

《西湖图》佚名绘　民国二十二年（1933）六艺书局石印本

《西淝河平面及纵断面图》江淮水利测量局制　民国五年（1916）晒印本

《考城县旧河图》〔清〕佚名绘　光绪彩绘本

《考城县绘勘老黄河身图》〔清〕佚名绘　光绪彩绘本

《扶沟县贾鲁河决口图》〔清〕佚名绘　宣统彩绘本

《扬子江水道图》扬子江水道整理委员会制　民国二十三年（1934）扬子江水
　　道整理委员会摄影本

《扬子江淮河流域灾区及工振处振修工程图》国民政府救济水灾委员会编　民
　　国二十一年（1932）彩绘本

《扬河扬粮二厅塌卸砖石各工情形图》〔清〕佚名绘　嘉庆彩绘本

《导淮工程初步施工计划图》佚名绘　民国二十四年（1935）绘本

《导渭计划区域图》陕西省陆地测量局编制　民国二十一年（1932）石印本

《防护省城情形图》〔清〕佚名绘　光绪彩绘本

《吕堨南北两渠图》〔清〕郑学樵撰　安徽省图书馆藏本

《光绪十五年李弼绘续纂江苏水利全案重浚吴松江图之三》〔清〕李庆云等
　　撰　光绪十五年（1889）水利工程局铅印本

《光绪二十一年中游南北两岸抢护险工处所文职衔名图说》〔清〕佚名绘　光
　　绪二十一年（1895）绘本

《光绪二十二年中游南北两岸抢护险工处所武职衔名图说》〔清〕佚名绘　光
　　绪二十二年（1896）绘本

《光绪二十三年中游南北两岸抢护险工处所武职员弁衔名图说》〔清〕佚名
　　绘　光绪二十三年（1897）绘本

《自兰仪县起至虞城县山东江南各交界旧河故道滩地图》〔清〕佚名绘　光绪
　　彩绘本

《朱仙镇杨岗地方贾鲁河决口形势图》〔清〕佚名绘　宣统彩绘本

《朱仙镇河图》〔清〕佚名绘　宣统彩绘本

《朱仙镇贾鲁河图》〔清〕佚名绘　光绪彩绘本

《朱仙镇贾鲁河南岸决口形势图说》〔清〕佚名绘　光绪彩绘本

《华北各省水道图》　佚名绘　民国二十九年（1940）绘本

《合龙大工全图》〔清〕沙致良绘　存素堂藏绘本

《全国水利局治淮施工计化图》　全国水利局绘　民国石印本

《全河漕图》〔明〕潘季驯绘　万历十八年（1590）彩绘本

《众水归淮图·运河图·淮南诸河图·五水济运图·黄河图》〔清〕崔应阶
　　撰　乾隆三十二年（1767）刻本

《会勘丰汛六堡漫工展宽引河并宣泄漫水情形图》〔清〕佚名绘　嘉庆彩绘本

《会勘运河淤滩段落丈尺并绕坡情形图》〔清〕佚名绘　宣统绘本

《会勘武定府商惠滨沾徒骇河道情形图》〔清〕佚名绘　宣统彩绘本

《会勘项蔡境内坝堤决口情形并酌拟修筑疏浚全图》〔清〕佚名绘　光绪彩
　　绘本

《会勘海安阜三州县境内淤地情形总图》〔清〕官修　嘉庆二十一年（1816）
　　彩绘本

《休宁县水路图》　休宁县政府制　民国二十五年（1936）彩绘本

《各省粮船运道图》　佚名辑　稿本

《牟工西坝复估各项土工图》〔清〕佚名绘　道光彩绘本

《齐东县防河图》〔清〕佚名绘　同治绘本

《齐河县河图》〔清〕佚名绘　光绪绘本

《齐河县管辖黄河图》〔清〕绘本　光绪彩绘本

《安西直隶州修理瓜州等处渠道工段丈尺河图》〔清〕佚名绘　光绪三十四年
　　（1908）彩绘本

《安徽全省水界总图》〔清〕佚名绘　光绪彩绘本

《安徽省水陆形势图》　佚名绘　民国十九年（1930）上海大众书局印本

《安徽省合肥县重要水道略图》　佚名绘　民国二十四年（1935）绘本

《安徽省城至九江长江江防图》〔清〕佚名绘　光绪彩绘本

《安徽巢县水道全图》　佚名绘　民国二十五年（1936）绘本

《江北运河水利及淮泗沂沭利害关系图》　沈秉璜绘　民国全国水利局印本

《江北运河全图》　江北运河工程局制　民国二十二年（1933）晒印本

《江西全省航道图》　江西水利局制　民国二十九年（1940）江西水利局印本

《江西省水陆形势图》　佚名绘　民国二十六年（1937）大众书局印本

《江西通省水路全图》〔清〕佚名绘　光宣间刻本

《江防厅属瓜洲历年坍塌江工情形图》〔清〕佚名绘　道光二十年（1840）彩
　　绘本

《江防海防图》〔明〕佚名绘　成化八年（1472）至天启元年（1621）彩绘本

《江苏全省水陆交通图》　江西陆军测量局制　民国十六年（1927）彩绘本

《江苏运河图》〔清〕佚名绘　道光彩绘本

《江苏省黄水泛滥灾区图》　江苏省建设厅制　民国二十四年（1935）晒印本

《江南长江计里全图》〔清〕黄芍岩制　光绪二十四年（1898）长江水师节署
　　刻本

《江南水道大势图》　胡雨人编　民国十年（1921）铅印本

《江南苏松镇标中营水陆汛境舆图》〔清〕佚名绘　光绪彩绘本

《江南河工图》〔清〕高晋绘　乾隆三十年（1765）彩绘本

《江南河道图案》〔清〕佚名撰　道光刻本

《江南省黄运河湖堤埽闸坝工程情形总图》〔清〕佚名绘　嘉道间彩绘本

《江南萧工以下黄水归海现在情形图》〔清〕佚名绘　道光二十二年（1842）
　　彩绘本

《江浙太湖全图》〔清〕徐传隆绘　光绪三十一年（1905）彩绘本

《江浙闽沿海图》〔清〕朱正元编　光绪二十五年（1899）石印本

《江淮河及南北运道全图》〔清〕王凤生撰　道光六年（1826）刻本

《池河平面及纵断面图》 江淮水利测量局制　民国五年（1916）晒印本

《祁门县水道灌溉图》〔清〕佚名绘　光绪彩绘本

《初七日自赵北口至苏家桥一带河道情形图》〔清〕佚名绘　光绪彩绘本

《初八日自苏家桥至石沟一带河道情形图》〔清〕佚名绘　光绪彩绘本

《许州直隶州河图》〔清〕佚名绘　光绪彩绘本

七　　画

《苏松常镇河道图》〔清〕佚名编绘　刻本

《苏浙沿海图》 参谋本部陆地测量总局制　民国二十二年（1933）绘本

《苏浙皖三省水陆交通图》 陈之初编　民国二十六年（1937）中国史地文化研
　　究社彩绘本

《芯挑水石坝并石垛工程河图》〔清〕佚名绘　光绪二十九年（1903）绘本

《芡河平面及纵断面图》 江淮水利测量局制　民国五年（1916）晒印本

《两河地里图》〔明〕佚名绘　万历三十年（1602）彩绘本

《寿张县河堤图》〔清〕佚名绘　光绪彩绘本

《寿张县黄运河堤民埝图》〔清〕佚名绘　光绪彩绘本

《寿张县黄运河堤埝沟洫图》〔清〕佚名绘　光绪彩绘本

《运河水道全图》〔清〕佚名绘　国家图书馆藏本

《运河厅光绪十八年冬挑河筑坝需用桩蓁银两咨估图》〔清〕佚名绘　光绪
　　十八年（1892）彩绘本

《运河厅光绪二十三年拆修济宁州汛运河东岸草桥下大石堤工题估图》〔清〕
　　佚名绘　光绪二十三年（1897）彩绘本

《运河厅光绪二十三年修筑济宁州汛运河两岸残缺堤工题估图》〔清〕佚名
　　绘　光绪二十三年（1897）彩绘本

《运河厅光绪二十三年咨案工程咨销图》〔清〕佚名绘　光绪二十三年（1897）
　　彩绘本

《运河厅光绪二十四年咨案工程咨估图》〔清〕佚名绘　光绪二十四年（1898）
　　彩绘本

《运河厅河道全图》〔清〕佚名绘　光绪彩绘本

《运河图》〔清〕崔应阶撰　乾隆三十二年（1767）刻本

《运河图》一卷 〔清〕佚名绘　绘本

《运河总图》 翰卿绘　水科院藏本

《运洳捕上下泉六厅光绪二十二年抢修工程报销图》〔清〕佚名绘　光绪
　　二十二年（1896）绘本

《运洳捕上下泉六厅光绪二十五年抢修工程报销图》〔清〕佚名绘　光绪
　　二十五年（1899）绘本

《运洳捕上下泉陆厅光绪二十三年抢修工程报销图》〔清〕佚名绘　光绪
　　二十三年（1897）绘本

《运洳捕上下泉陆厅光绪二十六年分做过岁抢二修另案等工用过银两及河道起
　　止里数图》〔清〕佚名绘　光绪二十六年（1900）彩绘本

《运洳捕上下伍厅光绪十五年冬桃河工程汇案报销图》〔清〕佚名绘　光绪
　　十五年（1889）绘本

《进筑挑水坝第十九占图》〔清〕佚名绘　光绪彩绘本

《拟估贾鲁河改道避沙情形图》〔清〕佚名绘　宣统彩绘本

《拟估挑新引河头兜水坝拦河土埝情形图》〔清〕周普安绘　道光彩绘本

《拟修朝阳村顺坝全图》　张家口市政局制　民国十六年（1927）晒印本

《拟清河改道并浑河出口淤嘴图说》〔清〕佚名绘　光绪彩绘本

《扶沟县双洎河图》〔清〕佚名绘　光绪彩绘本

《扶沟县贾鲁河图》〔清〕佚名绘　宣统彩绘本

《杞县丈量惠济河图》〔清〕佚名绘　光绪彩绘本

《杞县城舆河图》〔清〕佚名绘　光绪彩绘本

《陈州府淮宁县大沙河图》（一名《陈州府属沙河南岸堤图》）〔清〕佚名
　　绘　光绪彩绘本

《陈州府淮宁县河图》〔清〕佚名绘　光绪绘彩本

《陈州城河图》〔清〕佚名绘　光绪彩绘本

《灵宝县陕州两处河势情形图》〔清〕佚名绘　光绪彩绘本

《灵宝陕州渑池新安孟津巩县汜水黄河情形总图》〔清〕佚名绘　宣统彩绘本

《灵宝陕州渑池新安陵园津巩县汜水黄河情形图》〔清〕佚名撰　宣统彩绘本

《邵伯汛图》〔清〕董醇绘　咸丰六年（1856）彩绘本

《改估贾鲁河情形图》〔清〕佚名绘　道光彩绘本

《孟县黄河民工土石坝垛各工报销河图》〔清〕佚名绘　光绪彩绘本

《孟津县舆河图》〔清〕佚名绘　光绪石印本

《里运东部河道总图》　督办江苏运河工程总局制　民国十四年（1925）晒印本

《里运河平面及纵断面图》　督办江苏运河工程总局制　民国十年（1921）晒

《直隶河淀估浚工程图说》不分卷　〔清〕佚名撰　稿本

《直隶河道全图》〔清〕徐志导编绘　光绪三十年（1904）中东局本

《直省河道平面总图》　直省河道测勘处绘　民国四年（1915）石印本

《直隶沿海各州县入海水道及沙碛远近陆路险易图说》　周馥绘　光绪彩绘本

《直隶省易受水患区域图》　顺直水利委员会绘　民国十五年（1926）石印本

《直隶省津保一带淀河图》〔清〕佚名绘　光绪彩绘本

《直隶通省河道堤埝全图》〔清〕佚名绘　光绪彩绘本

《直隶清水河东西淀全图》〔清〕佚名绘　光绪彩绘本

《直境阎潭一带堤埝河势图说》〔清〕佚名绘　光绪彩绘本

《奉化县水陆全图》　奉化水利总局测制　民国十四年（1925）奉化水利总局影
　　印本

《奉化县水道全图》　陈宗鑫编绘　奉化水利局民国十一年（1922）影印本

《奉直鲁沿海略图》　佚名撰　民国印本

《奉委会勘荥泽境师家河地方索须河冲堤分流图说》〔清〕佚名绘　光绪彩
　　绘本

《荥泽县民埝石坝工程现在河势草图》〔清〕佚名绘　光绪彩绘本

《挑挖小马庄引河并裁切温榆河淤滩等工情形图说》〔清〕佚名绘　光绪彩
　　绘本

《挑挖富河引河裁切淤滩情形图说》〔清〕佚名绘　光绪彩绘本

《松江府属水道全图》〔清〕黄文蔚绘　光绪三十三年（1907）上海凸版印刷
　　合资公司彩印本

《松江府海塘图》〔清〕佚名绘　乾隆十七年（1752）本

《杭州西湖全图》　商务印书馆编　民国九年（1920）商务印书馆印本

《杭州湾图》佚《砀山境内南北两岸土坝全图》〔清〕佚名绘　嘉庆彩绘
　　本　民国三十六年（1947）晒印本

《武邑东乡北运河迤东各乡苇渔课地舆图》〔清〕王恩俊绘　光绪宣统间彩
　　绘本

《武定府乐陵县河图》〔清〕佚名绘　光绪绘本

《武定府利津县村庄距城里数四至八到河海地舆图》〔清〕佚名绘　光绪彩
　　绘本

《武定府利津县城河图》〔清〕佚名绘　光绪彩绘本

《武定府利津县城河海口界址图》〔清〕佚名绘　光绪彩绘本

《武定府河道舆图》〔清〕佚名绘　光绪彩绘本

《武定府属惠青滨蒲利等州县黄河情形图》〔清〕佚名绘　光绪彩绘本　刻本

《武定府惠民县河道情形全图》〔清〕佚名绘　光绪彩绘本

《武陟县沁河堤工图》〔清〕佚名绘　光绪彩绘本

《武陟县拦黄堰民工图》〔清〕佚名绘　光绪彩绘本

《武陟县黄河赵庄等处民工新建坝埽图》〔清〕佚名绘　光绪彩绘本

《武清东安一带永定河堤工图》　佚名绘　民国初彩绘本

《昭文县浒浦口沈家宅基估筑护滩工程图说》〔清〕佚名绘　光绪彩绘本

《峄县境内候孟泉座落方向汇流济运情形图》〔清〕佚名绘　光绪彩绘本

《峄县泉河图》〔清〕佚名绘　光绪彩绘本

《岭海舆图》一卷　〔明〕姚虞撰　道光二十年（1840）刻本　光绪十五年
　　（1889）上海鸿文书局影印本

《歧口舆河界址海防全图》〔清〕佚名绘　光绪彩绘本

《委查现在河势情形草图》〔清〕佚名绘　光绪彩绘本

《委勘中河厅中牟下汛河势工程实在情形图》〔清〕佚名绘　道光彩绘本

《鱼台县河图》〔清〕佚名绘　光绪宣统间绘本

《金乡县河图》〔清〕佚名绘　光绪宣统间刻本

《金沙江上下两游图》〔清〕张允随绘　乾隆六年（1741）彩绘本

《金沙江水道第一期整理工程报告附图》　金沙江工程处撰　民国三十一年
　　（1942）晒印本

《金沙江全图》〔清〕佚名绘　乾隆绘本

《金沙江澜沧江发源图》〔清〕阿弥达撰　乾隆绘本

《金柱口河道全图》〔清〕佚名绘　光绪彩绘本

《金焦山至鹅鼻嘴一带长江水势两岸情形图》〔清〕佚名绘　光绪彩绘本

《和县公路河流图》　佚名绘　民国二十五年（1936）石印本

《郓城县民埝全图》〔清〕佚名绘　光绪绘本

《郓城县沮河民埝赵王河黄水入境分溜图》〔清〕佚名绘　光绪彩绘本

《郓城县黄河全图》〔清〕佚名绘　光绪彩绘本

《京兆直隶河道图》　佚名绘　民国绘本

《京汉路线西及天津一带水势地图》　佚名绘　民国七年（1918）绘本

《京城内外河道全图》〔清〕佚名绘　彩绘本

《京杭大运河图引》〔清〕张一魁撰　《商辂文集》本

《京杭运河全图》〔清〕佚名绘　光绪初绘制

《京畿水田图》〔清〕弘旿绘　乾隆绘本

《兖州府滋阳县城河图》〔清〕佚名绘　光绪彩绘本

《兖州府滋阳县泉河图》〔清〕佚名绘　光绪彩绘本

《实测杭州西湖图》　商务印书馆编　民国十二年（1923）商务印书馆印本

《宝山县海塘工图》〔清〕佚名绘　光绪绘本

《宝氾永高甘五汛东西两岸河道闸坝涵洞砖石土埽及本年应修各工程段落长丈
　　一切事宜全图》〔清〕佚名绘　光绪彩绘本

《宝应、高邮、邵伯三处湖河现在情形图》〔清〕佚名绘　光绪彩绘本

《宝坻县境蓟运河鲍丘河河工丈尺图》〔清〕佚名撰　宣统彩绘本

《宝坻县蜈蚣河图》（一名《照绘孙敬等原呈河图》）　佚名绘　民国初绘本

《宛平县西南境挖河修道图》〔清〕佚名绘　光绪彩绘本

《郑工现在河势图》〔清〕佚名绘　光绪彩绘本

《郑中河厅属宣统元年分岁修埽土石工程河图》〔清〕佚名绘　宣统元年
　　（1909）彩绘本

《郑中河厅属现在河势情形图》〔清〕佚名绘　光绪彩绘本

《郑申河厅属图》〔清〕佚名绘　光绪三十年（1904）绘本

《郑州附近漫口图》〔清〕佚名撰　光绪绘本

《郑汛裴昌庙河势图》〔清〕佚名绘　光绪彩绘本

《单县黄河图》〔清〕佚名绘　光绪彩绘本

《单砀两境黄河现在水势情形图》〔清〕佚名绘　嘉庆道光间彩绘本

《单砀境内黄河南北两岸堤坝全图》〔清〕佚名绘　嘉庆道光间彩绘本

《河北运河堤工图》〔清〕佚名绘　国家图书馆藏本

《河北省子牙河平面图》　河北省子牙河务局制　民国二十年（1931）晒印本

《河北省五大河区域图总图》　河北省河道设计委员会制　民国十九年（1930）
　　晒印本

《河北省河道略图》　华北水利委员会绘　民国二十四年（1935）晒印本

《河防一览图》〔明〕潘季驯等绘　万历十八年（1590）刻本　拓本

《河成后营防守惠民北岸上段河形地势图说》〔清〕佚名绘　光绪彩绘本

《河成后营承防惠民北岸齐东南岸民埝图说》〔清〕佚名绘　光绪彩绘本

《河成前营承防惠滨北岸河图贴说》〔清〕佚名绘　光绪彩绘本

《河间县唐河古洋河堤工图》　佚名绘　民国彩绘本

晒印本

《沿海长江险要图》 佚名撰　民国海鸿文书局石印本

《沿海防卫指掌图》附《舆图全书天文秘略二种》〔清〕魏闇撰　彩绘本

《沿海全图》〔清〕陈伦炯撰　刻本

《沿海图》〔清〕佚名绘　咸丰摹绘本

《详送七邑分方河编号图说》〔清〕孙元衡撰　康熙《新城县续志》本

《郎溪县湾沚镇南漪湖附近地形图》 郎溪县政府制　民国三十三年（1944）晒
印本

九　画

《荆州万城大堤图》〔清〕舒惠绘　光绪二十年（1894）木刻彩印本

《荆襄水师防汛城市关隘细图》二卷 〔清〕姜思治绘　光绪三十四年（1908）
写本

《荥泽县民埝工河图》〔清〕荥泽县署绘　光绪彩绘本

《荥泽县河图》〔清〕佚名绘　光绪彩绘本

《泰安府平阴县黄河堤埝图》〔清〕佚名绘　光绪彩绘本

《南下汛河图》〔清〕佚名绘　光绪绘彩本

《南上汛现在河流形势图》〔清〕佚名绘　光绪彩绘本

《南五工堤工埽段河流形势图》〔清〕佚名绘　光绪彩绘本

《南北运河图》〔清〕佚名绘　乾隆彩绘本

《南北洋合图》 佚名绘　同治三年（1864）湖北官书局刻本

《南阳独山昭阳微山四湖略图》 佚名绘　民国间彩绘本

《南江河流形势图》〔清〕佚名绘　光绪彩绘本

《南运河全图》〔清〕佚名绘　光绪绘本

《南运河图》〔清〕佚名绘　光绪彩绘本

《南运河堤工图》〔清〕佚名绘　光绪彩绘本

《南运湖河实测图》 南运疏浚兼管全省水利筹办处测绘科制　民国十年
（1921）绘本

《南岸四厅五州县所属干河河道堤工情形图》〔清〕佚名绘　光绪彩绘本

《南洋分图》〔清〕佚名撰　同治三年（1864）湖北官书局刻本

《南通、靖江、启东、如皋、泰兴、扬州、高邮、盐城、淮阴区域水路要
图》上海内河轮船公司编　民国三十年（1941）晒印本

《峡江图考》不分卷　〔清〕江国璋撰　光绪二十七年（1901）上海袖海山房书
　　局石印本

《皇朝沿海河道图》〔清〕佚名绘　石印本

《泉河厅光绪二十三年咨办工程咨估图》〔清〕佚名绘　光绪二十四年（1898）
　　彩绘本

《泉河厅光绪二十三年咨办工程咨销图》〔清〕佚名绘　光绪二十三年（1897）
　　彩绘本

《泉河厅光绪二十三年修做东平州汛新戴字各号碎石护堤并挑坝等工题估
　　图》〔清〕佚名绘　光绪二十三年（1897）绘本

《泉河通判管理东平州汛戴村各坝工程全图》〔清〕佚名绘　光绪彩绘本

《保定府属河图》〔清〕佚名绘　光绪宣统间彩绘本

《顺义县牛栏山通天津河图》　佚名绘　民国三十年（1941）彩绘本

《独山、昭阳、微山三湖平面图》　山东运河工程局绘　民国二十年（1931）
　　绘本

《绘造江南清黄河道各工事宜全图》〔清〕佚名绘　嘉庆彩绘本

《姜家埝至穆家口永定河下游形势图》〔清〕佚名绘　光绪绘本

《洪河平面及纵断面图》　江淮水利测量局制　民国五年（1916）晒印本

《洪泽湖口北部黄河堤工图》〔清〕佚名绘　嘉庆彩绘本

《洪泽湖附近水运图》　佚名绘　彩绘本

《洪湖运河新旧闸坝各工并拟疏浚河道图》〔清〕佚名绘　故宫博物院藏本

《洞庭图》〔清〕佚名绘　绘本

《测勘小清河利病及工程概要图》　山东南运湖河疏浚兼管全省水利事宜筹办处
　　测绘科制　民国七年（1918）绘本

《洛惠渠灌区图》　李仪祉主编　民国十三年（1924）印本

《浍河平面及纵断面图》　江淮水利测量局制　民国五年（1916）晒印本

《济宁以南两岸堤工已未出水情形图》〔清〕佚名绘　光绪绘本

《济南泺口起至滨州老君堂止现在河势工程情形图》〔清〕佚名绘　光绪彩绘本

十　　画

《曹县赵王等河图》〔清〕佚名绘　光绪绘本

《晋省地舆全图》〔清〕李宝甫绘　乾隆五十九年（1794）绘朱色拓本　乾隆
　　五十九年（1794）绘墨色拓本

《桃北厅属萧家庄黄河漫口与旧道入海里数并五州县被水灾轻重情形图》〔清〕
　　佚名绘　道光二十二年（1842）彩绘本

《桃北萧家庄漫口以下间段估挑引河形势图》〔清〕佚名绘　道光二十二年
　　（1842）彩绘本

《桃河厅属萧家庄漫口拟定坝基引河情形图》〔清〕佚名撰　道光二十二年
　　（1842）彩绘本

《桃源汛郭家行拟估建造滚水石坝情形图式》〔清〕佚名绘　道光彩绘本

《原估贾鲁河改道避沙开挑浅情形全图》〔清〕佚名绘　光绪彩绘本

《通州至天津北运河图》〔清〕佚名绘　光绪彩绘本

《通州沿江形势图》（荷）特来克绘　民国绘本

《通惠河南北两岸岁修各工图说》〔清〕官绘　国家图书馆藏本

《通惠漕运图卷》一卷　〔清〕沈喻绘　国家博物馆藏本

《陶庄引河图》〔清〕佚名绘　乾隆绘本

《陶城堡临清间运河纵断面图》　杨登先绘　民国二十四年（1935）晒印本

《盐场河图》〔清〕佚名撰　《楝亭书目》本

《昭文县海塘全图》〔清〕官绘　道光彩绘本

《胶莱运河平面图》　佚名绘　民国二十九年（1940）晒印本

《徐淮海三属河道图》〔清〕官修　光绪彩绘本

《绥远水利全图》　佚名绘　民国十九年（1930）石印本

《绥远省水陆形势图》　佚名绘　民国十九年（1930）上海大众书局印本

《铁谢寨以西全河大势图》〔清〕佚名绘　光绪彩绘本

《钱塘江北岸杭海盐平塘岸图》　浙江省建设厅制　民国二十年（1931）晒印本

《钱塘江南岸绍萧塘岸图》　浙江省建设厅制　民国二十年（1931）晒印本

《饶阳县北堤滹沱河决口详细图》〔清〕佚名绘　光绪彩绘本

《饶阳县滹沱河北堤决口图》　佚名绘　民国彩绘本

《高宝湖全图》　江北运河工程处制　民国十九年（1930）晒印本

《津沽水道图》〔清〕佚名绘　光绪彩绘本

《浙西水利图》〔清〕佚名绘　朱墨套印本

《浙江至奉天沿海图》〔清〕佚名撰　光绪二年（1876）彩绘本

《浙江余杭上下南湖实测图》　浙江水利委员会制　民国四年（1915）浙江水利
　　委员会印本

《浙江沿海图》（一名《江省城河道图》）〔清〕佚名绘　光绪彩绘本

《浙江江海塘工全图》〔清〕佚名绘　光绪二十一年（1895）彩绘本

《浙江江海塘工统塘柴埽石塘篓坦盘里头各工形势字号丈尺里堡地名全
　　图》〔清〕佚名绘　光绪二十一年（1895）彩绘本

《浙江江海塘形势全图》　浙江海塘测量处制　民国五年（1916）石印本

《浙江省主要河流总图》　吴振冈制　浙江省水利局晒印本

《浙江省垣水利图》〔清〕浙江官书局制　同治三年（1864）刻本

《浙江省海塘全图》〔清〕佚名绘　彩绘本

《浙江海塘工程图》〔清〕佚名绘　光绪彩绘本

《浙江海塘今昔江岸形势及近年兴筑各项工程地位图》　浙江省水利局制　民国
　　二十二年（1933）晒印本

《浙江海塘防要口隘详考全图》〔清〕佚名绘　光绪彩绘本

《浙江海塘全图》〔清〕张光赞测量　同治十三年（1874）拓本

《浙江海塘沙水情形图》〔清〕佚名绘　光绪七年（1881）彩绘本

《浙江海塘图》〔清〕佚名绘　雍正彩绘本

《浙江海塘新图》〔清〕佚名绘　光绪浙江官书局刻本

《浙江鄞县东钱湖形势图》　浙江水利委员会制　民国五年（1916）浙江水利委
　　员会印本

《涡阳县全境河渠平面图》　涡阳县政府制　民国二十年（1931）石印本

《涡阳县沟河圩寨全图》〔清〕佚名绘　光绪彩绘本

《涡河平面及纵断面图》　江淮水利测量局制　民国五年（1916）晒印本

《浚浦工程状况图》　浚浦总局编　民国十三年（1924）彩绘本

《淀北村庄并上下游河道全图》〔清〕佚名绘　光绪彩绘本

《祥工拟估引河沟工沟线图》〔清〕佚名绘　道光彩绘本

《祥工省城入奏情形原稿河图》〔清〕陈舒绘　光绪彩绘本

《祥河厅光绪二十八年分做过岁修埽砖土石各工河图》〔清〕佚名绘　光绪
　　二十八年（1902）彩绘本

《祥河厅宣统元年分做过岁埽砖石各工河图》〔清〕佚名绘　宣统元年（1909）
　　彩绘本

《祥河厅属祥符上汛现在堤坝归段河势情形图》〔清〕佚名绘　光绪彩绘本

《祥符上下汛堤工图》〔清〕佚名绘　光绪彩绘本

《祥符县所属黄河以南地势图》〔清〕佚名绘　光绪彩绘本

《祥符县城西岸城堤被水形势图》〔清〕佚名绘　光绪彩绘本

《祥符县舆河图》〔清〕祥符县署绘　光绪彩绘本

《祥境朱仙镇贾鲁河决口图》〔清〕佚名绘　宣统彩绘本

《诸江图》〔清〕董恂绘　绘本

《曹县旧营黄堤岸图》〔清〕佚名绘　光绪彩绘本

十 一 画

《黄工南岸三汛巡防分局弁兵分段梭巡堤图》〔清〕佚名绘　光绪彩绘本

《黄水入曹属分流各处以及新筑郓巨荷三县民堰全图》〔清〕佚名绘　光绪宣
　　统间彩绘本

《黄汛盛涨埝冲决漫入运渠情形图》〔清〕佚名绘　光绪彩绘本

《黄运台串图》〔清〕林镛绘　光绪绘本

《黄运交汇图》〔清〕佚名绘　光绪彩绘本

《黄运河全图》〔清〕张鹏翮撰　钞本

《黄运河南北运口河形旧图》〔清〕佚名绘　光绪彩绘本

《黄运河南北运口河形图》〔清〕佚名绘　光绪彩绘本

《黄运河南北运口河形新图》〔清〕佚名绘　光绪彩绘本

《黄沁厅属光绪二十八年分岁修埽砖土石各工河图》〔清〕佚名绘　光绪
　　二十八年（1902）彩绘本

《黄沁厅属唐郭汛拦黄埝现在河势情形图》〔清〕佚名绘　宣统彩绘本

《黄河下游地形图》　黄河水利委员会编绘　民国三十四年（1945）黄河水利委
　　员会彩绘本

《黄河下游堤工图》〔清〕佚名绘　光绪彩绘本

《黄河上游南北两岸大堤民埝村庄里数并阎潭河全图》〔清〕佚名绘光绪彩
　　绘本

《黄河水利委员会实测一万分一图》　黄河水利委员会测　民国十九年（1930）
　　黄河水利委员会印本

《黄河水利委员会实测五万分一图》　黄河水利委员会测　民国十九年（1930）
　　黄河水利委员会印本

《黄河平面图》　佚名绘　民国二十九年（1940）晒印本

《黄河平剖面图》　河南省河务局制　民国二十年（1931）彩绘本

《黄河地形图》　河北省政府建设厅测量处测制　民国二十一年（1932）彩绘本

《黄河发源图》〔清〕阿弥达绘　乾隆刻本

《乾隆三十年江南河工图》〔清〕高晋绘　乾隆绘本

《乾隆山东水泉图》〔清〕佚名绘　乾隆彩绘本

《堵筑丰汛六堡漫工现在办理情形图》〔清〕佚名绘　嘉庆彩绘本

《勘估永定河下口调河头裁湾形势图》〔清〕佚名绘　光绪彩绘本

《勘估城（开封）濠应挑长丈土方数目图》〔清〕佚名绘　光绪彩绘本

《勘估堵闭达古庄另挑新河拟办各工图说》佚名绘　民国彩绘本

《勘拟山东南运湖河水利草案工程计划图》佚名绘　民国三年（1914）绘本

《勘定改估贾鲁河情形图》〔清〕佚名绘　光绪彩绘本

《勘查豫省中河漫口黄水经过州县入淮归湖情形图》〔清〕佚名绘　道光
　　二十三年（1843）彩绘本

《勘验柘城县惠济河图》〔清〕佚名绘　光绪彩绘本

《盛朝七省沿海图》〔清〕佚名绘　嘉庆三年（1798）彩绘本

《登州府蓬莱县城河舆图》〔清〕佚名绘　光绪彩绘本

《堂邑县城河图》〔清〕佚名绘　光绪绘本

《巢湖全图》〔清〕佚名绘　光绪彩绘本

《第二松花江水系红石砬子、小丰满、吉林、四道沟量水标水位图》　满洲水力
　　电气建设局编　民国印本

《筐儿港引河及七里海东西引河图》〔清〕佚名撰　宣统彩绘本

《铜瓦厢金门以下黄河串运入海情形图》〔清〕张瀛奎绘　光绪十三年（1887）
　　彩绘本

《铜瓦厢附近黄河形势图》　黄河水利委员会测制　民国二十三年（1934）黄河
　　水利委员会晒印本

《铜沛营大坝汛查估房亭河间段挑展情形图》〔清〕佚名绘　嘉道间彩绘本

《商丘县沟渠图》〔清〕佚名绘　光绪彩绘本

《商州防汛图》〔清〕佚名绘　光绪彩绘本

《商河全境河道图》〔清〕佚名绘　光绪彩绘本

《章丘县黄河大堤缕堤决口情形图》〔清〕佚名绘　宣统彩绘本

《（康雍乾）御治江南黄、运、河湖、堤埽、闸坝工程盛绩图》〔清〕内务府官
　　绘本　嘉庆彩绘本

《鹿邑县惠济河图》〔清〕佚名绘　光绪彩绘本

《清弋关河道图》〔清〕佚名绘　光绪彩绘本

《清代京杭运河全图》〔清〕官绘　光绪彩绘本

《清代黄河河工图》〔清〕查筠绘　同治彩绘本

《清平县河图》〔清〕佚名撰　光绪宣统间刻本

《淮宁县大沙河图》〔清〕佚名绘　光绪彩绘本

《清江浦河堤工图》〔清〕佚名绘　乾隆绘本

《淮宁县水寨集督销局创修迎水坝阖寨筑堤修寨全图》〔清〕佚名绘　光绪彩
　　绘本

《淮扬水利全图》〔清〕冯道立撰　刻本

《淮扬水利图说漕堤放坝下河筑堤东水归海图之二》〔清〕佚名绘　道光十九
　　年（1839）西园刻本

《淮扬河工图》〔清〕佚名绘　嘉庆彩绘本

《淮泗交汇图》〔清〕佚名绘　光绪彩绘本

《淮河平面及纵断面图》　江淮水利测量局制　民国五年（1916）晒印本

《淮河现状图》　李德毅测制，罗德民校　民国十五年（1926）晒印本

《淮河河图》〔清〕佚名绘　光绪彩绘本

《淮徐海三属河道闸坝形势图》〔清〕佚名绘　光绪彩绘本

《淮黄交汇入海图》〔清〕祝补斋编绘　咸丰彩绘本

《淮湖济漕图》〔清〕佚名撰　《楝亭书目》本

《涪江柳林滩航道工程竣工图》　涪江航道工程处编绘　民国三十一年（1942）
　　石印本

《海丰县大沽河沿海七埠全图》〔清〕佚名绘　光绪彩绘本

《海丰县城垣河道图》〔清〕佚名绘　光绪彩绘本

《海丰县海口并沿海村庄情形图》〔清〕佚名绘　光绪绘本

《海边交界图》〔清〕佚名撰　咸丰彩绘本

《海河工程计划图：天津—海口》　海河工程局制　民国十六年（1927）海河工
　　程局印本

《海河并各支河全图》　海河工程总局绘　民国六年（1917）海河工程总局印本

《海盐阜三境河图》〔清〕官修　道光彩绘本

《海塘图》〔清〕佚名绘　道光十二年（1832）钞本

《涆河平面及纵断面图》　江淮水利测量局制　民国五年（1916）晒印本

《渑池县黄河水势情形图》〔清〕佚名绘　宣统彩绘本

《遂平县河图》〔清〕佚名绘　光绪彩绘本

《遂平县新河堤图》〔清〕佚名绘　光绪彩绘本

《梁庄东古城堤图》〔清〕佚名绘　光绪彩绘本

十 二 画

《惠民县境沙河北岸情形图》〔清〕佚名绘　光绪彩绘本

《堤东湖潴河渠图》〔清〕董醇绘　咸丰绘本

《堤防坝下河筑堤束水归海图》〔清〕祝补斋编绘　咸丰彩绘本

《疏浚湘湖计划图》　浙江水利委员会制　民国五年（1916）石印本

《黑龙江江源图》〔清〕佚名绘　康熙五十八年（1719）绘本

《睢州下汛漫工情形图》〔清〕佚名绘　乾隆五十二年（1787）彩绘本

《鲁港出口河道图》〔清〕佚名绘　光绪彩绘本

《御坝常闭水不归黄沿江分泄图》〔清〕祝补斋编绘　咸丰彩绘本

《御览三省黄河全图》〔清〕吴大澂等绘　光绪十六年（1890）绘本

《御览河图》〔清〕康熙敕绘　康熙绘本

《道光二十三年黄河漫溢所经地方图》〔清〕佚名绘　道光二十三年（1843）
　　彩绘本

《肇庆府署基围图》〔清〕罗照沧等纂　光绪二十九年（1903）刻本

《谨呈六月二十五日楚饷失鞘漳河尚图》〔清〕佚名绘　光绪彩绘本

《湖北汉水全图》〔清〕田宗汉撰　光绪刻本

《湖北省水陆形势图》　佚名绘　民国十九年（1930）上海大众书局印本

《湖团汛舆图》〔清〕佚名绘　光绪彩绘本

《湖州府水道全图》〔清〕王凤生撰　水科院藏本

《湖南西路常辰沅靖河图》〔清〕李洪斌绘　光绪绘本

《滑县河图》〔清〕佚名绘　光绪彩绘本

《渭水源流图》〔清〕佚名绘　宣统二年（1910）彩绘本

《渭河河道形势图》　陕西省水利局制　民国二十一年（1932）晒印本

十 三 画

《雷塘图》〔清〕董醇绘　咸丰六年（1856）彩绘本

《惠济河新堵水门河图》〔清〕佚名绘　光绪彩绘本

《献县所属河道春工图》〔清〕佚名绘　光绪绘本

《献县境河道村镇全境舆图》〔清〕佚名绘　光绪彩绘本

《献县滹沱河淤塞全图》〔清〕佚名绘　光绪彩绘本

十　四　画

《漕堤放坝水不归海汪洋一片图》〔清〕祝补斋编绘　彩绘本

《滹沱河北岸重修堤防图》　佚名绘　民国彩绘本

《滹沱河图》　佚名绘　民国九年（1920）绘本

《滹沱河源流图》〔清〕佚名绘　光绪彩绘本

十　五　画

《履勘宝坻夏令水涸时低洼之处积水长丈宽深形势图》　京兆北运河防局绘　民
国初年彩绘本

《豫东两省黄河故道堤工道里图》〔清〕佚名绘　咸丰彩绘本

《豫东运河纲计划略图》　河南省水利处绘　民国二十五年（1936）石印本

《豫河南北两岸八厅经管工坝垛埽段情形全图》〔清〕黄家驹绘　光绪绘本

《豫省卫河全图》〔清〕佚名绘　光绪彩绘本

《豫省南岸新堤各挑水坝工情形图》〔清〕佚名绘　嘉道间彩绘本

《豫省黄河南北上游七厅现在河势工程情形全图》〔清〕张瀛奎绘　光绪十三
年（1887）绘本

《豫冀鲁三省黄河图》　全国经济委员会水利处制　民国二十五年（1936）全国
经济委员会水利处印本　民国二十七年（1938）济南水利工程局印本

《德州河图》〔清〕佚名绘　光绪彩绘本

《畿辅六大河流图》〔清〕佚名绘　光绪绘本

《潮白河由鲍丘转窝头河入蓟运并疏浚北运引河全图》　佚名绘　民国彩绘本

十　六　画

《整理湘桂水道工程计划附图》　扬子江水利委员会辑　民国二十九年
（1940）晒印本

《冀州境内村庄河道舆图》〔清〕佚名绘　光绪彩绘本

《冀赵深定易五直隶州属河图》附《保定附属河图正定附属河图》〔清〕佚名
绘　经折装彩绘本

《潞河督运图卷》〔清〕江萱绘　乾隆彩绘本

《濉河平面及纵断面图》　江淮水利测量局制　民国五年（1916）晒印

十　七　画

《濮州河埝河堤丈尺全图》〔清〕佚名绘　光绪彩绘本

二 十 画

《霸州河堤图》〔清〕佚名绘　光绪彩绘本

《灌邑（县）岷江分水图》　吕兰绘　宣统二年（1910）《成都通览》本　民国
　　翻印清绘本

《灌河平面及纵断面图》　江淮水利测量局制　民国五年（1916）晒印本